自然辩证法概论

（第2版）

杨水旸　石　诚　编著

国防工业出版社
·北京·

内 容 简 介

本书是以教育部颁布的《<自然辩证法概论>教学大纲》（2012、2013）为依据，主要针对高校理工科硕士生“自然辩证法概论”思想政治理论课教学而编写的教材，同时兼顾了科学技术哲学等相关学科专业开设自然辩证法课程之教学需求。书中除绪论外，分为马克思主义自然观、马克思主义科学技术观、马克思主义科学技术方法论、马克思主义科学技术社会论、中国马克思主义科学技术观及其实践等五个组成部分。其中，诸多章节内容更加突出反映了理工科硕士生的专业特点和发展需求，如科学观、技术观、工程观、思维方法论、科学方法论、技术方法论、工程方法论、创新型国家建设、信息化与工业化融合等，这些也正是本书的显著特点。

本书可作为高校开设自然辩证法课程的教材或教学参考书，也可供广大师生、科技人员、管理人员和社科工作者参考。

图书在版编目（CIP）数据

自然辩证法概论／杨水旸，石诚编著．—2版．—北京：国防工业出版社，2017.1

ISBN 978-7-118-11079-1

Ⅰ．①自…　Ⅱ．①杨…　②石…　Ⅲ．①自然辩证法－概论
Ⅳ．①N031

中国版本图书馆CIP数据核字（2016）第291113号

※

国防工业出版社出版发行

（北京市海淀区紫竹院南路23号　邮政编码100048）

三河市众誉天成印务有限公司印刷

新华书店经售

*

开本710×1000　1/16　**印张**17½　**字数**269千字

2017年1月第1版第1次印刷　**印数**1—4000册　**定价**39.00元

国防书店：（010）88540777　　发行邮购：（010）88540776

发行传真：（010）88540755　　发行业务：（010）88540717

前言

本书以教育部最新颁布的《<自然辩证法概论>教学大纲》[1] 为根据，以《自然辩证法概论》[2] 为重要参考，以我校多年使用的《自然辩证法概论》[3] 教材为依托，主要针对高校理工科硕士生“自然辩证法概论”思想政治理论课教学而编写，同时兼顾了科学技术哲学等相关学科专业开设自然辩证法课程之教学需求。

书中除绪论外，分为马克思主义自然观、马克思主义科学技术观、马克思主义科学技术方法论、马克思主义科学技术社会论、中国马克思主义科学技术观及其实践等五个组成部分。其中，诸多章节内容更加突出反映了理工科硕士生的专业特点和发展需求，如科学观、技术观、工程观、思维方法论、科学方法论、技术方法论、工程方法论、创新型国家建设、信息化与工业化融合等，这些也正是本书的显著特点。

在本书的研究、撰稿和出版过程中，参考和汲取了国内外有关专家、学者的研究成果，并力求在参考文献中列出；同时，也得到了国防工业出版社、本书责任编辑丁福志先生以及我校研究生院等支持与帮助。在此，一并致以诚挚的谢意！

由于作者的学识水平和教学经验所限，再加上成书时间仓促等，书中如有不妥和疏误之处，敬请专家、学者和读者批评指正。

编者

2016 年 4 月 16 日

① 编写组．自然辩证法概论（教学大纲）．北京：高等教育出版社，2012；2013.

② 郭贵春．自然辩证法概论．北京：高等教育出版社，2013.

③ 杨水旸．自然辩证法概论．北京：国防工业出版社，2009.

目录

绪 论

自然辩证法是马克思主义关于自然和科学技术发展的一般规律、人类认识和改造自然的一般方法以及科学技术与人类社会相互作用的一般原理的理论体系，是对以科学技术为中介和手段的人与自然、社会的相互关系的概括、总结。自然辩证法是马克思主义自然辩证法，是马克思主义理论的重要组成部分。

一、自然辩证法的学科性质

“自然辩证法”（Dialectics of Nature）这一名称，源于恩格斯研究自然界和自然科学中辩证法问题的重要著作《自然辩证法》。在这部未完成的著作中，主要论述了自然科学史、唯物辩证法的自然观和自然科学观、自然科学和哲学的关系、自然界的辩证法规律和自然科学的辩证内容等。这部著作开辟了马克思主义哲学的一个新领域，为自然辩证法这一学科的建立奠定了理论基础。①

1. 自然辩证法是马克思主义的重要组成部分

马克思主义由马克思主义哲学、马克思主义政治经济学和科学社会主义三个主要部分组成。马克思主义哲学是关于自然、社会和思维发展的一般规律的科学，是马克思主义的世界观和方法论，是整个马克思主义理论体系的基础，贯穿和体现于马克思主义全部学说和实践之中。它由辩证唯物主义和历史唯物主义两大部分组成，体现了唯物主义自然观和历史观的统一。辩证唯物主义的基本思想和理论，主要就是在自然辩证法的研究中形成和完成的。自然辩证法是从具体科学技术认识上升到马克思主义普遍原理的一个中间环节，既是联结马克思主义与科学技术的重要纽带，又是马克思主义的一个组成部分。②

2. 自然辩证法具有综合性、交叉性和哲理性的特点

它是一门自然科学、社会科学与思维科学相交叉的哲学性质的马克思主义理论学科。它站在世界观、认识论和方法论的高度，从整体上研究和考察包括

---

① 马克思恩格斯文集（第 9 卷）. 北京：人民出版社，2009：3.

② 黄枬森．自然辩证法的自我超越．哲学研究，2010（3）：124.

天然自然和人工自然在内的自然的存在和演化的规律，以及人通过科学技术活动认识自然和改造自然的普遍规律；研究作为中介的科学技术的性质和发展规律；研究科学技术和人类社会之间相互关系的规律等。

3. 自然辩证法具有哲学的性质

它明显区别于自然科学和技术的各门具体学科，即不是研究自然界某一领域的特殊规律、科学技术某一具体学科的特殊规律或人类认识与改造自然的某些特殊方法。但自然辩证法又不同于普遍的哲学原理，它在科学技术的具体学科与马克思主义哲学的普遍原理之间，居于一个中间层次。自然辩证法是运用马克思主义哲学的普遍原理去探索自然界、人类认识和改造自然的科学技术研究活动中的一般规律，以及科学技术发展的一般规律，但这些规律不具有哲学最高的抽象性。

4. 自然辩证法是一门相对独立的理论学科

它与自然哲学、科学哲学、技术哲学、科学技术史、科学学、科学社会学等邻近的学科，在研究领域、方法和目标等方面相互联系和交叉，但它们都具有不同的学科性质和定位。

随着时代的发展，自然辩证法的表现形式和研究内容也将有所变化和调整，但作为马克思主义理论的组成部分，这一本质属性是不能变化的。因此，自然辩证法作为马克思主义的世界观和方法论，具有重要的意识形态特征，它既是关于自然、科学和技术的认识的概括和总结，又是把马克思主义运用于指导具体科学技术实践的重要平台和通道。

二、自然辩证法的研究内容

马克思主义自然辩证法，是一个完整的科学学说体系。马克思主义自然观、马克思主义科学技术观、马克思主义科学技术方法论和马克思主义科学技术社会论，构成了马克思主义自然辩证法的重要理论基石。中国马克思主义科学技术观，是中国马克思主义者关于自然、科学技术及其方法、科学技术与社会等的一般规律和原理的概括总结，是自然辩证法中国化发展的最新形态和理论实践。

1. 马克思主义自然观

自然观是人们对自然界的总体看法。马克思主义自然观是自然辩证法的重要理论基础，是马克思主义关于自然界的本质及其发展规律的根本观点，它旨在对自然界的存在方式、演化发展以及人和自然的关系，做出既唯物又辩证的说明。它根植于现代科学技术，“事情不在于把辩证法的规律从外部注入自然界，而在于从自然界中找出这些规律并从自然界里加以阐发。”① 朴素唯物主义

① 马克思恩格斯选集（第3卷）. 北京：人民出版社，1972：52.

自然观、机械唯物主义自然观是马克思主义自然观形成的思想渊源，辩证唯物主义自然观是自然观的高级形态，是马克思主义自然观的核心。系统自然观、演化自然观、人工自然观和生态自然观是马克思主义自然观的当代形态。

2. 马克思主义科学技术观

科学技术观是人们对科学技术的总体看法。马克思主义科学技术观是马克思主义关于科学技术的本质及其发展规律的根本观点，反映了自然观与社会历史观的统一。它是在总结马克思、恩格斯科学技术思想的历史形成和基本内容的基础上，分析科学技术的本质特征和体系结构，揭示科学技术的发展模式和动力，进而概括科学技术发展的规律和趋势。它是马克思主义关于科学技术的本体论和认识论，是马克思主义科学技术论的重要组成部分。科学技术可相对区分为基础科学、技术科学和工程技术，简称科学、技术和工程。科学观、技术观和工程观分别反映了科学、技术和工程的不同本质和发展规律，是对马克思主义科学技术观的深化和探索。

3. 马克思主义科学技术方法论

科学技术方法论研究科学技术活动的一般方法的性质和规律。马克思主义科学技术方法论从辩证唯物主义立场出发，通过总结辩证思维方法、创新思维方法、数学思维方法和系统思维方法等基本方法，对其进行概括和升华，形成具有普遍指导意义的思维方法论。马克思主义科学技术方法论体现和贯彻在科学家、工程师的具体科学技术研究中，是马克思主义科学技术论的重要组成部分。科学方法论、技术方法论和工程方法论，是对马克思主义科学技术方法论的发展和探索。

4. 马克思主义科学技术社会论

科学技术与社会主要研究科学技术与社会的关系，追求科学、技术和社会的协调发展。马克思主义科学技术社会论是从马克思主义的立场观点出发，探讨社会中科学技术的发展规律，包括科学技术的社会功能、科学技术的社会建制、科学技术的社会运行等普遍规律。主要涉及科学技术社会经济发展观、科学技术异化观、科学技术伦理观、科学技术社会运行观、科学技术文化观的方面的观点和内容，是马克思主义科学技术论的重要组成部分。

5. 中国马克思主义科学技术观及其实践

中国马克思主义科学技术观是中国共产党人集体智慧的结晶，是对毛泽东、邓小平、江泽民、胡锦涛科学技术思想的概括和总结，既一脉相承又与时俱进，是他们科学技术思想的理论升华和飞跃，是他们科学技术思想的凝结和精髓。中国马克思主义科学技术观概括和总结了毛泽东、邓小平、江泽民、胡锦涛的科学技术思想，包括科学技术的功能观、战略观、人才观、和谐观和创新观等基本内容，体现出时代性、实践性、科学性、创新性、自主性、人本性等特征。

中国马克思主义科学技术观在实践中不断得到应用和发展，以往在推进科学技术现代化、实施科教兴国和可持续发展战略等方面曾取得了辉煌的历史成就，目前建设中国特色的创新型国家、推进中国信息化与工业化深度融合等，同样是中国马克思主义科学技术观的伟大实践和具体体现。中国马克思主义科学技术观，是马克思主义科学技术观与中国具体科学技术实践相结合的产物，是马克思主义科学技术论的重要组成部分。

马克思主义自然辩证法的理论体系是统一的，研究内容是开放的，随着科学技术的进步将不断得到丰富和发展。

三、自然辩证法的历史发展

自然辩证法创立于19世纪70年代，它是马克思、恩格斯为适应当时无产阶级斗争和自然科学发展的新成果的需要，在概括和总结19世纪自然科学发展的最新成果，批判分析德国古典哲学、形而上学思维方式并汲取辩证法的合理思想，综合当时哲学、政治经济学和科学社会主义学说理论成就的基础上创立的。

1. 自然辩证法创立前史

自然辩证法形成之前，人类曾以自然哲学的形式，形成对自然自发的唯物主义和朴素的辩证法的理解。早期关于自然的思考，具有浓厚的直观、思辨和猜测的性质。近代初期科学发展形成了以力学为模式解释宇宙、世界的机械自然观，虽然其本质是唯物论的，但具有机械决定论和形而上学的特征。

2. 自然辩证法的创立

马克思、恩格斯关于自然辩证法研究的设想始于19世纪40年代。“马克思和我，可以说是唯一把自觉的辩证法从德国唯心主义哲学中拯救出来并运用于唯物主义的自然观和历史观的人。可是要确立辩证的同时又是唯物主义的自然观，需要具备数学和自然科学的知识”。[①] 马克思、恩格斯总结和概括了当时自然科学取得的重要成就，并主要体现在《数学手稿》《自然辩证法》《反杜林论》《机器、自然力和科学的应用》和《资本论》等著作中。

在人类历史从农业文明推向工业文明的时代，马克思、恩格斯克服了朴素唯物主义自然观和机械唯物主义自然观的缺陷，考察和研究了科学技术发展及其与自然、社会的关系和规律，形成了关于科学技术及其与自然、社会相互作用和普遍发展的学说，创立了自然辩证法。

3. 自然辩证法在苏联的发展

19世纪末20世纪初物理学领域的三大发现（X射线、放射性和电子），揭开了物理学革命的序幕。列宁总结和概括了这一时期的科学成果，在《唯物主

---

① 马克思恩格斯文集（第9卷）. 北京：人民出版社，2009：13.

义和经验批判主义》等著作中，为自然辩证法的发展做出了新的贡献。他一再告诫自然科学家要学习辩证法，应当做一个自觉的辩证唯物主义者，还提出建立自然科学家与哲学家的“联盟”等重要思想。列宁于1924年逝世后，其自然辩证法思想在苏联得到传播。1925年，恩格斯的《自然辩证法》在苏联出版，促进了自然辩证法在苏联和世界的广泛传播。

4. 自然辩证法在中国的发展

自然辩证法在中国的传播和发展，是同马克思主义在中国的传播和发展相伴随的。早在20世纪30年代，随着《自然辩证法》《反杜林论》《唯物主义与经验批判主义》等经典著作中译本的出版，出现了学习自然辩证法的组织，促进了自然辩证法在中国的传播。新中国成立初期，自然辩证法被纳入科学技术发展规划，促进了自然辩证法的研究与应用。改革开放以来，自然辩证法紧密结合中国现代化建设，开始了建制化过程，尤其是在世界新技术革命浪潮中，把研究领域扩展到科技发展战略、科学技术与经济发展、科技政策、科技管理、科技发展与人类文明、批判分析当代各种关于科学技术与社会的思潮等重大问题上。在中国现代化进程中，自然辩证法从理论与实践的结合上不断丰富自己的内容，拓展自己的研究领域，在理论上不断走向成熟。中国自然辩证法突出了其研究传统和价值取向，强化了自然辩证法的意识形态特征和理论教育功能，形成了系统的自然辩证法理论体系。

中国马克思主义科学技术观是自然辩证法中国化发展的最新形态，是中国共产党人集体智慧的结晶，是对毛泽东、邓小平、江泽民、胡锦涛等科学技术思想的概括和总结，是他们科学技术思想的理论升华和飞跃，是他们科学技术思想的凝练和精髓。

四、自然辩证法与中国特色社会主义建设

新的时期，中国马克思主义科学技术观在坚持全面落实经济建设、政治建设、文化建设、社会建设、生态文明建设五位一体总布局的前提下，把生态文明建设放在突出地位，强调树立尊重自然、顺应自然、保护自然的生态文明理念；探索马克思主义辩证思维方法的新形式，提出科学发展观的根本方法是统筹兼顾的思想；把科技创新摆在国家发展全局的核心位置，坚持走中国特色自主创新道路，把全社会的智慧和力量凝聚到创新发展上来。

中国马克思主义科学技术观为人们认识和改造自然，促进科学技术与自然、社会的协调发展、加快建设创新型国家、推进信息化与工业化融合发展等，都提供了重要的思想武器。建设中国特色的创新型国家，是中国马克思主义科学技术观的具体体现和重要任务，提高自主创新能力是中国特色的创新型国家建设的核心，国家创新体系建设是中国特色的创新型国家建设的关键。同时，大

力推进信息化与工业化深度融合，是走中国特色新型工业化道路、发展现代产业体系、实现工业由大变强、转变经济发展方式的重大举措和根本途径，也是中国马克思主义科学技术观的具体体现和重要任务。

当代中国自然辩证法研究要积极投身于中国特色社会主义建设。注重把中国马克思主义科学技术观的思想理论与社会经济发展实际结合起来，充分发挥自然辩证法在促进哲学社会科学与自然科学或科学技术相互渗透方面的独特功能，尤其是为我国创新型国家建设、推进信息化与工业化融合提供更好的理论指导。当代中国自然辩证法研究要有意识地通过各种途径，积极发挥其自然观、科学技术观、科学技术方法论等方面在启迪、培育人们的创新意识、创新精神和创新方法上的功能，加强科技人力资源能力建设，把培育能适应社会发展需要的高素质人才作为重要任务。当代中国自然辩证法研究还要充分发挥自身学科的优势和特征，积极发展和培育创新文化，进一步传播科学知识、科学方法、科学思想、科学精神为己任，为广大民众更好地接受科学技术的武装，形成讲科学、爱科学、学科学、用科学的社会风尚，做出自己应有的贡献。

第一章 马克思主义自然观

自然观是人们关于自然界及其与人类关系的总的观点，是人们认识和改造自然界的本体论基础和方法论前提。它和自然科学发展相一致，并随着每一时代科学技术的发展而改变自己的形式。它在历史上始终存在着唯物主义和唯心主义、辩证法和形而上学等论争，经历了朴素唯物主义自然观、机械唯物主义自然观、辩证唯物主义自然观等阶段。

辩证唯物主义自然观是自然观的高级形态。马克思主义自然观是马克思、恩格斯关于自然界及其与人类关系的总的观点，其核心是辩证唯物主义自然观。马克思主义自然观是具有革命性、科学性、开放性和与时俱进等特点的辩证自然观，是马克思主义自然辩证法的重要组成部分。

中国马克思主义自然观是运用马克思主义自然观的基本原理，并依据现代科学技术发展的新成果，概括和总结自然界及其与人类关系所形成的总的观点。它主要包括系统自然观、演化自然观、人工自然观和生态自然观等，是马克思主义自然观发展的重要成果和当代形态。

系统自然观、演化自然观、人工自然观和生态自然观之间的关系，是既相对独立又相辅相成的，它们共同构成中国马克思主义自然观的理论体系。

（1）它们都围绕人与自然界关系这个主题展开研究。不仅丰富和发展了马克思主义自然观的本体论、认识论和方法论，而且坚持人类与自然界、人工自然界和天然自然界、人与生态系统的辩证统一，为践行科学发展观提供了理论依据，为实现可持续发展和生态文明建设奠定了理论基础。

（2）它们在研究人与自然界的关系方面各有其侧重点。系统自然观为正确认识和处理人与自然的关系提供了新的思维方式；演化自然观注重分析和促进人与自然关系的辩证转化和发展；人工自然观突出并反思了人的主体性和创造性；生态自然观站在人类文明的立场，强调了人与自然界的协调和发展。

（3）它们在研究人与自然界的关系方面相互关联。系统自然观通过系统思维方式、为演化自然观、人工自然观和生态自然观提供了方法论基础；演化自然观通过辩证思维方式，为系统自然观、人工自然观和生态自然观提供了方法论根据；人工自然观通过突出人的主体性和实践性，为系统自然观、演化自然观和生态自然观提供了认识论前提；生态自然观通过强调人与自然界的统一性、协调性关系，为系统自然观、演化自然观和人工自然观指明了发展方向和目标。

第一节　马克思主义自然观的形成

马克思主义自然观是在吸收朴素唯物主义自然观和机械唯物主义自然观中的先进思想，以及当时的自然科学成果的基础上形成的。马克思主义自然观形成的理论基础和重要标志是辩证唯物主义自然观。

一、朴素唯物主义自然观

朴素唯物主义自然观是建立在古代生产力基础上的朴素唯物主义和自发辩证法的自然观，它是马克思主义自然观形成的最初思想渊源。

（一）朴素唯物主义自然观的渊源和基础

1. 朴素唯物主义自然观的渊源

原始社会的人类实践水平和认识能力低下，活动范围狭窄，古代人对自然界既产生了客观现实的、朴素的观念，又形成了某些神秘的观念。原始社会的宗教神话自然观是朴素唯物主义自然观形成的思想渊源。

宗教神话自然观的观点。即用原始的宗教神话去解释自然现象。例如，自然物都是有生命的、有活动能力的东西（“物活论”）；风、雨、雷、电、地震、火山等都是“神力”所致（“泛神论”）；生、老、病、死等都是“灵魂”作用的结果，灵魂是脱离肉体独立存在且永生不死轮回存在的东西（“灵魂不死说”）。同时认为，自然界是神从原始混沌中创造出来的。如古希腊人创造了“盖亚”创造万物等神话，中国古人创造了“盘古开天辟地说”和“女娲补天说”等神话。此外，还认为某些动物（如龟、虎、鹰等）是人的祖先，通过祭祀或祭拜活动，能够乞求其庇护，使自已免受灾难，即所谓的“图腾崇拜说”。

宗教神话自然观的作用。宗教神话自然观虽然含有狭隘愚昧的成分，但是，它主张通过追溯事物的本原来解释事物是其所是的原因的思维方式，影响着朴素唯物主义自然观的形成，使得后来的哲学家们在追溯自然界的本原方面，能够从自然方面的因素来考虑，以一种自然现象来解释另一种自然现象。

2. 朴素唯物主义自然观的基础

奴隶社会的脑力劳动和体力劳动相分工，产生了阶级的分化。同时，哲学与自然科学相融合，形成了整体知识形态的自然哲学。自然哲学是近代自然科学的前身，它是指从哲学的角度依靠经验和观察等方法思考自然界而形成的哲学思想。柏拉图的《蒂迈欧篇》、亚里士多德的《物理学》等都是古代自然哲学的代表著作。

自然哲学的作用。自然哲学冲破了宗教神话自然观的桎梏，为朴素唯物主义自然观的形成奠定了理论基础。泰勒斯、阿那克西曼德等人既研究自然界的本原等问题，又研究几何学、天文学和地理学等问题，他们对自然界及其与人类的关系问题进行哲学研究，创立了朴素唯物主义自然观。同时，为朴素唯物主义自然观奠定了认识论和方法论基础。古希腊人主张通过经验观察和理性思辨，发现自然的秩序和原因。例如，德谟克利特主张认识自然界要通过感性认识和理性认识阶段，要运用归纳、类比和假说等方法；亚里士多德提出了认识自然界的演绎推理和论证的方法。

（二）朴素唯物主义自然观的观点和特征

1. 朴素唯物主义自然观的主要观点

自然界是无限多样的，统一于具体的物质形态中；自然界是生成的、相互联系和运动变化的；人和其他动物都来源于自然界。这种自然观具有朴素的唯物主义倾向和自发的辩证法思想。

（1）朴素的唯物主义倾向。古代自然哲学家从直觉出发，从整体来观察自然界，形成了自然界是由基本物质构成的认识，对世界的本原做出了实质上是正确的回答。古希腊的原子论和古中国的元气学说都是这种回答的例证。它们肯定自然界的物质性和统一性，“十分自然地把自然现象的无限多样性的统一看作是不言而喻的，并且在某种具有固定形体的东西中，在某种特殊的东西中去寻找这个统一。”[①] 与古希腊不同的是，中国古代还注意到了物质的连续性，摆脱了把世界的本原归结为物质的特殊形态的局限，从一般的特点来把握自然界。

（2）自发的辩证法思想。即认为自然界及构成自然界的本原都处于运动变化之中；看到自然界矛盾的两个方面，对立面的统一和斗争是事物发展的动力。整个自然界的变化过程，赫拉克利特明确给予了表述：一切都存在，同时又不存在，因为一切都在流动，都在不断变化和消灭。“万物皆流，万物常在”是他对自然界的形象比喻。中国古代的《易经》把复杂多样的事物概括为阴和阳这一对基本范畴，阴阳二气学说认为世界万物由阴阳二气相互作用而成，它们的统一和斗争是一切事物运动变化的原因。

2. 朴素唯物主义自然观的主要特征

即直观性、猜测性和思辨性等。古代人把自然界作为一个整体来看，在本质上是正确的。但是，由于科学技术水平等限制，这个整体只能是笼统的、模

---

① 恩格斯．自然辩证法．北京：人民出版社，1971：164.

糊的整体。由直观性尽管看到了自然界的物质性和统一性，但把自然界归纳为几种具体的物质形态。由猜测尽管提出了许多被后来科学发展证实的事实，但它不是科学的推断，而是睿智和臆想的结合。由思辨尽管揭示了自然界运动的辩证性质，但把自然界看成是一个简单的周而复始的循环。

朴素唯物主义自然观的典型代表是古代中国和古希腊（公元前 8 世纪至公元 2 世纪）的朴素唯物主义自然观。

（三）中西方朴素唯物主义自然观及其比较

1. 古代中国朴素唯物主义自然观的基本观点

自然界的本原是某一种物质（如水、火等）或某几种物质（如金、木、水、火、土等）或某种抽象的东西（如气、道、端、理等）；自然界的发展遵循相辅相成、中庸和谐的辩证法则；宇宙具有无限性和永恒性，是时间、空间、物质、运动的统一；人来源于自然界，并与自然界形成了“天人合一”的关系；运用“阴阳”“五行”和“气”等哲学思想和归纳、抽象等方法认识自然界。

2. 古希腊朴素唯物主义自然观的基本观点

自然界的本原是某种具有固定形体的东西、某种或某几种特殊的东西，如水、数、气、火、种子、原子、无限者、“四元素”（水、气、火、土）、“四因素”（质料因、形式因、动力因、目的因）等；自然界在其内部各元素间的矛盾作用下，无限和永恒地变化和发展着；宇宙是有形的、有中心的、有限的，它是运动的；人来源于动物，生物是进化的；人类通过感性认识和理性认识等路径及演绎推理等方法认识自然界。

3. 古代中国和古希腊朴素唯物主义自然观的比较

在追溯自然界的本原方面，中国古人和古希腊人都持有一元论或多元论的观点，如古代中国的“元气说”或“五行说”和古希腊的“原子论”或“四因说”等；在认识人类与自然界的关系方面，古代中国人和古希腊人都主张人类来源于自然界；在认识宇宙方面，中国侧重研究宇宙的时间和空间等问题，希腊侧重研究宇宙的演化等问题；在认识自然的方法论方面，中国古人善于运用直觉领悟的方法认识自然界，古希腊人善于运用演绎推理的方法认识自然界。

（四）朴素唯物主义自然观的作用和缺陷

1. 朴素唯物主义自然观的作用

它是马克思主义自然观形成的思想渊源。古代人从自然界本身及其相互联系和变化发展中认识自然界，蕴含着朴素的唯物主义和自发的辩证法思想。中国的“五行说”和希腊的“原子论”是古代朴素唯物主义的典型代表。中国的“阴阳学说”充满了辩证法的思想光辉。希腊赫拉克利特提出的“一切皆流，一切皆变”“人不能两次踏入同一条河流”等论断，“是对辩证唯物主义原理的绝妙说明"[①]，他被列宁称为"辩证法的奠基人之一"[②]。

它是近代自然科学发展的历史渊源。亚里士多德创立的以演绎逻辑为核心的形式逻辑体系，成为西方科学发展的基础之一。古希腊人阿利斯塔克提出的"地球绕着太阳转"；德谟克利特等人的"原子论"、巴门尼德的"存在充盈一切"学说和恩培多克勒的进化论等，分别成为近代哥白尼创立日心说、道尔顿创立化学原子论、麦克斯韦等创立电磁理论和达尔文等人创建生物进化论的历史渊源和理论基础。正如恩格斯所说，"在希腊哲学的多种多样的形式中，差不多可以找到以后各种观点的胚胎、萌芽。因此，如果理论自然科学想要追溯自己今天的一般原理发生和发展的历史，它也不得不回到希腊人那里去。"[③]

2. 朴素唯物主义自然观的缺陷

它蕴含着唯心主义的因素。由于受到原始宗教和神话的影响，古希腊人的自然观虽然在总体上是朴素唯物主义自然观，但是在他们那里已经包藏着后来分裂的种子。例如，泰勒斯的"水本原说"中，既有唯物主义思想，又有"磁石也有灵魂""万事万物都包含着神"等唯心主义成分；毕达哥拉斯的"数本原"说和柏拉图的"理念论"显露出唯心主义的特点。古代中国人创立的"心本原说""玄本原说"等也显露出唯心主义的特征。随着时间的推移，便产生了唯心主义世界观，从而出现了唯物主义和唯心主义的对立。

它不能科学地说明自然界。受当时社会生产力和自然哲学的限制，古希腊人只是从总体上凭借其天才的直觉和思辨认识自然界，而不能把唯物主义和辩证法有机地结合起来解释自然界；他们不能在细节方面科学地、具体地说明自然界，缺乏严密的科学论证，经不起严格的科学分析，给唯心主义留下了可乘之隙。

（五）朴素唯物主义自然观的演变

朴素唯物主义自然观的上述缺陷，使其"在以后就必须屈服于另一种观点"[④]，起初受到中世纪宗教神学自然观的冲击，继而被近代机械唯物主义自然观所代替。

中世纪（5～15世纪）的科学被深深地禁锢在神学之中。教父哲学、经院哲学是中世纪宗教神学自然观的理论基础。这种自然观主张上帝是自然界的本原，地球是宇宙的中心，人类只有信仰上帝才能获得幸福。在这一时期，罗马教皇取得了欧洲世俗政权的最高权力，基督教成为思想文化的统治者；科学

---

① 列宁全集（第55卷）. 北京：人民出版社，1990：299.

② 列宁全集（第55卷）. 北京：人民出版社，1990：296.

③ 马克思恩格斯全集（第20卷）. 北京：人民出版社，1971：386.

④ 马克思恩格斯全集（第20卷）. 北京：人民出版社，1971：385.

“不得超过宗教信仰所规定的界限”，成了“教会恭顺的婢女”①；谁敢对宗教信条持有异议，就会受到宗教裁判所的残酷迫害。在宗教神学和经院哲学的奴役下，荒诞的学说到处流行，整个中世纪被称为“黑暗时期”。中世纪宗教神学自然观是对朴素唯物主义自然观的冲击和取代，实质上也是向原始神话自然观的回归和倒退。

在中世纪的后期，有一些有识之士对宗教神学开始进行批判并提出了唯物主义的见解。例如，贝伦加就提出了具有叛逆精神的反神学观点，罗杰尔·培根倡导经验和实验科学，威廉·奥康提倡批判的、经验的态度和探索精神，奥雷斯姆提出地球自转的见解，奥卡姆提出理论的简单性“剃刀原则”，吉洛姆继承了伊壁鸠鲁的原子论等。这些思想动摇和瓦解了神学自然观的理论基础，有力地推动了朴素唯物主义自然观向近代机械唯物主义自然观的过渡。

二、机械唯物主义自然观

16～18 世纪的自然哲学家们根据牛顿经典力学等自然科学成果，概括和总结自然界及其与人类的关系，形成了机械唯物主义、形而上学的自然观。它是马克思主义自然观形成的重要思想渊源。

（一）机械唯物主义自然观的时代背景

近代自然科学的产生是机械唯物主义自然观产生的基本前提，近代自然科学在普遍的革命中产生与发展是机械唯物主义自然观形成的时代背景。

1. 资产阶级革命与文艺复兴运动为近代科学开拓了道路

近代自然科学从中世纪的黑夜中产生并迅速发展起来，与欧洲由封建社会向资本主义社会过渡的社会变革有密切联系。新兴资产阶级为了取得统治地位，以恢复古希腊罗马等古典文化为旗帜，掀起了一场思想解放运动——文艺复兴运动。这场运动首先发生在意大利，后波及欧洲。文艺复兴的中心思想是“人文主义”。它提倡人性，反对神性；提倡人权，反对神权；歌颂世俗，蔑视天堂；鼓吹个性解放，反对宗教桎梏。文艺复兴运动对自然科学从神学的束缚下解放出来起到了重要作用。

这一时期，涌现出一大批如达·芬奇、莎士比亚等“在思维能力、激情和性格方面，在多才多艺和学识渊博方面的巨人”②。他们发现了具有尊严、才能和自由的人以及和谐的、能动的、经验的自然。他们认为，自然界是生气勃勃的运动实体，人类可以用数学研究自然界，具有利用和改造自然界的创造力。这些自然观思想有力地批判了中世纪宗教神学自然观，为朴素唯物主义自然观

---

① 马克思恩格斯选集（第 3 卷）. 北京：人民出版社，1972：390.

② 马克思恩格斯文集（第 9 卷）. 北京：人民出版社，2009：409.

向机械唯物主义自然观的演变起到了重要的促进作用。

2. 资本主义生产推动了近代自然科学的产生

在由封建制度向资本主义制度变革的过程中，手工工场逐渐取代了个体手工业。手工工场的出现标志着资本主义生产方式的诞生。资本主义生产方式有力地推动了生产的发展，生产的发展不仅创造了大量的物质财富，也给自然科学提出了大量的课题，提供了丰富的经验材料和实验条件，使真正的实验科学成为可能。

航海探险是为满足资本主义原始积累的需要而发展起来的，它的直接结果是第一次证明了大地是球形的假设，使人真正“发现”了地球。地理大发现开阔了人们的视野，为天文学、力学、生物学、大地测量学积累了大量的材料，直接推动了许多学科的建立。

中国有三大发明的传入对近代科学的产生也起了推动作用。火药是 13 世纪通过阿拉伯人传入欧洲的；指南针在 12 世纪末传入欧洲后，13 世纪被应用于航海并起了巨大作用；印刷术在 14 世纪末传入欧洲，很快成为促进科学和传播新思想的工具。马克思曾评价说，火药、指南针、印刷术——这是预告资产阶级社会到来的三大发明；火药把骑士阶层炸得粉碎，指南针打开了世界市场并建立了殖民地，而印刷术则变成新教的工具，总的来说变成科学复兴的手段，变成对精神发展创造必要前提的最强大的杠杆。

资本主义生产需要科学，这是近代科学产生的直接动因。对此，恩格斯说：“在中世纪的黑夜之后，科学以意想不到的力量一下子重新兴起，并且以神奇的速度发展起来，那么，我们要再次把这个奇迹归功于生产。”①

3. 在同宗教神学的斗争中孕育了近代科学革命

在中世纪，宗教神学占统治地位，哲学和科学只能成为神学的奴仆。但是，科学与神学是水火不相容的，科学要生存发展，必须打破神学的束缚，进行反对宗教神学的革命。托勒密的地心说被宗教神学歪曲后，用来论证上帝的存在。因此，这场革命首先在天文学领域取得突破。波兰天文学家哥白尼举起了这面大旗，在经过 36 年的踌躇之后，于 1543 年临终之际出版了《天体运行论》这部标志着近代科学革命的划时代著作。这部著作被恩格斯誉为是科学给神学递交了“挑战书”，“从此自然科学便开始从神学中解放出来”②。

日心说动摇了神学的统治，被教会斥为异端邪说。在同宗教神学的斗争中，意大利哲学家布鲁诺为宣传和捍卫日心说，被罗马宗教裁判所投进监狱，1600 年又将他烧死在罗马鲜花广场。到 1632 年伽利略出版《关于两大世界体系的对

---

① 恩格斯. 自然辩证法. 北京：人民出版社，1971：163.

② 恩格斯. 自然辩证法. 北京：人民出版社，1971：8.

话》一书，因支持哥白尼学说被教会判处终身监禁。

为追求科学真理，医学领域也进行着反宗教神学的激烈斗争。1543年，比利时的生物学家维萨留斯出版《人体构造》，纠正了古代盖伦学说的错误，批判了上帝造人的观点。此后，西班牙医生塞尔维特提出了血液小循环的观点；到1628年英国医生哈维出版《心血运动论》，提出血液大循环学说，使人体血液循环理论得以确立。血液循环理论也是对宗教神学的有力批判，它是近代科学与宗教神学斗争的另一个战场。维萨留斯被迫害致死，塞尔维特被教会杀害，哈维虽幸免于难但也受到了打击。

（二）机械唯物主义自然观的科学基础

机械唯物主义自然观的科学基础是牛顿的经典力学。

1. 牛顿经典力学体系的建立是机械唯物主义自然观产生的直接理论前提

牛顿经典力学是近代科学革命的标志性成就。如果说在哥白尼之后布鲁诺是从哲学上对它进行了传播和发展，那么开普勒、伽利略则是从科学上对它进行了捍卫和发展。开普勒对第谷·布拉赫留给他的长达21年的观测资料进行整理和计算，提出了“行星运行三定律”，由此彻底否定了天体匀速圆周运动的概念，使行星运动的不均匀性得到了自然而合理的说明。伽利略利用自制的望远镜对太阳系进行观察，发现了月亮表面高低不平，天上和地上没有区别；木星有4颗卫星，木星也是一个中心；太阳上有黑子，太阳有自转周期。伽利略还研究了地面物体的运动，提出了自由落体定律、惯性定律和抛射体运动轨迹理论。这些成就集中反映在他被监禁后写成的《关于力学和位置运动的两种新科学的对话与数学证明》一书中，并阐明了力学运动第一定律和第二定律的科学思想。此后，惠更斯等发现了力学运动的第三规律。牛顿在此基础上，对力学运动三大定律做出了系统总结。他还发现了万有引力定律，使“天上”和“地上”两个不同的力学世界统一起来，从而使经典力学成为一个完整的理论体系。牛顿把经典力学的发展推到了登峰造极的地步。在经典力学研究中，由于大量运用数学，使数学取得了三大成就，即耐普尔发明对数、笛卡儿创立解析几何、牛顿和莱布尼兹发明微积分。

但总的来看，近代前期自然科学的发展依然有限，只有力学、天文学和数学得到了发展；物理学除光学因天文学的需要有了一定的发展外，对热、电、声、磁的研究还处于搜集材料的阶段；化学刚刚从炼金术中解放出来，还在信奉燃素说；地质学和古生物学还没有超出矿物学的胚胎阶段；动植物学基于林耐的工作，虽然有了发展，但还处在分类的阶段。这一时期，真正的科学还没有超出力学范围。

2. 牛顿经典力学是机械唯物主义自然观形成的科学基础

（1）当时自然科学水平还不高，自然科学获得的材料还不足以说明自然现象之间的联系，还不能把自然界理解为运动过程，在认识过程中忽略了事物的现状联系（即横向联系）和历史联系（即纵向联系）。

（2）只有力学得到了较大发展，人们往往用力学去解释一切自然现象，把一切运动归结为机械运动，使自然观打上了形而上学的烙印。

（3）自然科学处于分门别类搜集材料阶段，运用力学方法通过观察实验分析事物的细节，把活的东西当成死的东西、把运动的看成静止的进行研究。培根把这种方法引入哲学后，形成了几个世纪所特有的局限性，即形而上学思维方式。运用这种思维方式认识自然界，便形成了自然观上的形而上学性。

3. 牛顿经典力学是机械唯物主义自然观思想的科学基础

经典力学认为，自然界由不可再分割的粒子构成；物体若不受外力作用则将处于静止或匀速直线运动状态，物体的所有运动都是机械运动，物体运动只有速度和位置的变化而无质量变化；割裂了物质和运动的关系，时间和空间只具有绝对性，不依赖于物质或运动而存在，物质、运动、时间、空间不具有内在的统一性。这种观点，是同宗教神学自然观根本对立的，它是唯物主义自然观发展的一个新阶段。

（三）机械唯物主义自然观的观点和特征

1. 机械唯物主义自然观继承和维护了历史上唯物主义的思想传统

其主要思想渊源可追溯到古代和近代，如古希腊德谟克利特的“原子论”，即主张自然界最初来源于不可分割的原子的机械运动，自然界事物之间存在着必然的因果关系；近代英国斯宾诺莎等人的唯物主义的“唯理论”观点等。

2. 机械唯物主义自然观的主要观点

恩格斯指出，“这个总观点的中心是自然界绝对不变这样一个见解。”① 具体地说，自然界是由物质构成的，物质是由不可分割的最小微粒组成的，物质的性质取决于物质微粒的数量组合与空间结构，物质具有不变的质量和固定的惯性；一切物质运动都是物质在绝对的空间和时间中的机械运动，都遵循机械决定论的因果关系，物质的运动来源于外力的作用；自然界的未来发展严格地取决于过去的历史，不存在偶然性和随机性；人与自然是分离的。

3. 机械唯物主义自然观的主要特征

（1）机械性。承认自然界事物的机械运动及其因果关系，主张还原论和机械决定论。

（2）形而上学性。承认世界的物质不变性和永恒性，用孤立的、静止的、片面的观点解释自然界，看不到事物之间的普遍联系与变化发展。

（3）不彻底性。虽然承认自然界的物质性，但仍主张“自然界的绝对不变

---

① 马克思恩格斯选集（第3卷）. 北京：人民出版社，1972：240.

性”、神的“第一推动力”和“合目的”的上帝万能论，整个自然界被创造出来是为了证明造物主的智慧。

（四）机械唯物主义自然观的作用和缺陷

1. 机械唯物主义自然观对于马克思主义自然观的形成具有重要作用

它为马克思主义自然观的形成奠定了唯物主义思想基础。它强调自然界存在的客观性、无秩序和发展的规律性，冲破了中世纪宗教神学自然观的禁锢，传承了古代唯物主义自然观的传统。

它为马克思主义自然观的形成提供了方法论前提。它培植求实和崇尚理性的科学精神；它促进对自然界的认识从注重宗教神学到注重经验事实，从注重思辨和想象到注重观察、实验和数学推理，从注重把宗教作为判断认识标准到注重把实践作为判断认识标准；它强调通过观察、实验和分析等科学方法分门别类地深入研究自然界。

它为马克思主义自然观的形成起到过渡作用。它的总观点虽然因缺乏辩证法而低于古希腊，但在研究自然界细节方面却高于古希腊；它的唯物主义观点虽然有着机械性、形而上学性和不彻底性，但它把唯物主义推进到了一个新的历史阶段，正如恩格斯所说，“把自然界分解为各个部分，把自然界的各种过程和事物分成一定的门类，对有机体的内部按其多种多样的解剖形态进行研究，这是最近四百年来在认识自然界方面获得巨大进展的基本条件”①；它既继承了古希腊哲学和中世纪哲学的崇尚理性精神，又为后人留下了注重观察实验与数学相结合的科学研究传统。历史表明，机械唯物主义自然观是唯物主义自然观发展一种过渡形态，随着自然科学在19世纪的全面发展与繁荣，它必然为辩证唯物主义自然观所取代。

2. 机械唯物主义自然观的缺陷

它主张自然界是一架机器，把自然界中的各种运动都归结为机械运动，抹杀了物质运动形式及其性质的多样性，割裂了自然界和人类社会的固有联系；它以孤立、片面、静止的思维方式考察自然界，否定了辩证的思维方法；它主张自然界是绝对不变的，物质的运动和自然界的合目的性的创造都来自于上帝。此外，在资产阶级成为统治阶级之后，利用这种自然观宣扬资本主义制度的合理性和永恒性，使它的消极性进一步突显出来。因此，机械唯物主义自然观被恩格斯称为“陈腐的”“僵化的”“保守的”“低于希腊的”自然观。②

三、辩证唯物主义自然观

辩证唯物主义自然观是马克思和恩格斯继承了古希腊朴素唯物主义自然观，

---

① 马克思恩格斯选集（第3卷）. 北京：人民出版社，1972：240.

② 马克思恩格斯全集（第20卷）. 北京：人民出版社，1971：380，379，378，365.

批判地吸收了法国唯物主义自然观和德国唯心主义自然观中的合理因素，克服了机械唯物主义自然观的固有缺陷，并以19世纪的自然科学成果为基础，形成的关于自然界及其与人类的关系的总的观点。它是马克思主义自然观形成的重要标志，也是马克思主义自然观的理论基础。

（一）辩证唯物主义自然观的思想渊源

1. 古希腊自然哲学

马克思、恩格斯通晓古希腊哲学。他们把德谟克利特誉为“经验的自然科学家和希腊人中第一个百科全书式的学者”①。马克思把伊壁鸠鲁称为“最伟大的希腊启蒙思想家”②，他把伊壁鸠鲁的原子论写入自己的《博士论文》中，并作为论述自然观的思想史料。古希腊哲学把自然界“当作整体、从总体上来进行观察”③，“对自然界本来是怎样就把它理解成怎样，而不去添加任何外来的东西”④。

2. 法国唯物主义自然观

它虽然主张人在自然界面前只有受动性而没有能动性，但它能够以感觉经验为基础说明自然界，主张自然界具有客观实在性，人的本质是肉体感受性，感觉和经验是外部世界作用于感觉的结果，从而发展了唯物主义反映论。

3. 德国唯心主义辩证法

它虽然抽象地发展了人的能动性，但它主张自然界是一个整体，是不断运动、变化和发展的，自然界的发展是一个由低级向高级转变的历史过程，并遵循对立统一、质量互变和否定之否定的辩证法则；时间、空间、运动和事物是统一的，矛盾是事物运动的根本动力；生命来自于自然界，能动的自我意识是人的本质，人是自然界的一部分。

（二）辩证唯物主义自然观的科学基础

从18世纪下半叶开始，欧洲发生了以蒸汽机为主要标志的近代以来的第一次技术革命，并相继在欧洲的许多国家发生了产业革命，推动了自然科学的全面发展与繁荣。到19世纪，自然科学研究从搜集材料阶段进入了系统地整理材料和理论概括阶段，即由“主要是搜集材料的科学，关于既成事物的科学”，发展到“本质上是整理材料的科学，是关于过程、关于这些事物的发生和发展以及关于联系——把这些自然过程结合为一个大的整体——的科学。”⑤ 在自然科学的各个领域相继涌现出一系列重大发现，越来越深刻揭示出自然界的辩证发

---

① 马克思恩格斯全集（第3卷）. 北京：人民出版社，1960：146.
② 马克思恩格斯全集（第1卷）. 北京：人民出版社，1995：63.
③ 马克思恩格斯全集（第4卷）. 北京：人民出版社，1995：287.
④ 恩格斯．自然辩证法．于光远，等译．北京：人民出版社，1984：31.
⑤ 马克思恩格斯选集（第4卷）. 北京：人民出版社，1995：245.

展性质，揭示了“自然界的一切归根到底是辩证地而不是形而上学地发生的。”①自然科学所取得的一个又一个重大成就，在各个领域向形而上学自然观发起了进攻，也为辩证唯物主义自然观的创立奠定了科学基础。

1. 星云假说和地质“渐变论”

1755年德国康德提出了关于太阳系起源的星云假说。认为太阳系起源于弥漫的物质星云，在自身引力的斥力的作用下，逐渐形成了有序的天体系统。它以自然界自身的矛盾来分析天体的运动，把“地球和整个太阳系表现为某种在时间的进程中逐渐生成的东西”②，为辩证唯物主义自然观的产生提供了天文学的依据，既否定了“神的第一次推动”，又批判了宇宙神创论。1796年法国拉普拉斯也提出了类似的星云假说，后人把这个学说统称为“康－拉星云说”。

1830年赖尔提出了地质渐变论。认为地球表面的变迁是由于各种自然力综合作用的结果，不是超自然的力量和上帝的意志。因为当时在法国居维叶的灾变说占统治地位，认为生物化石和地质岩层的不连续性，是由于受到了突然发生的大灾难引起的，是上帝的引发和惩罚并使地球上生物全部灭绝，然后再创造出生物。赖尔“以地球的缓慢变化这样一种渐进作用代替了由于造物主的一时兴发所引发的突然革命。”③

2. 能量守恒与转化定律和电磁场理论

能量守恒与转化定律是时代的产物。1824年迈尔首先论述了能量守恒原理，3年后又论述了机械能、热能、化学能、电磁能的转化，认为能量守恒是支配宇宙的普遍规律。焦耳测定了热功当量，用实验证明了能量守恒原理。到1847年赫尔姆霍茨对能量守恒给出了的普遍的数学形式。这一定律表明，自然界的一切运动形式之间是可以相互联系和相互转化的，转化前后其能量守恒。它使得自然界中一切运动的统一，现在已经不再是一个哲学的论断，而是自然科学的事实了。恩格斯把这一定律誉为19世纪“伟大的运动基本规律”。

在前人研究基础上，英国麦克斯韦创立了电磁场理论。丹麦人奥斯特受自然力统一思想的影响，于1820年首先发现电能够转化成磁。英国法拉第于1831年发现磁能够转化为电；为了解释电和磁的作用，他还引入了场的概念，认为场是带电体或磁体周围的一种物理实在。到1873年，法拉第的学生麦克斯韦建立了电磁场的基本方程，并预言光波就是电磁波。电磁场理论的建立导致了第二次技术革命。19世纪的物理学成就，揭示了力、热、光、电、磁等各种物理现象之间的内在联系和统一性。

---

① 马克思恩格斯选集（第3卷）．北京：人民出版社，1995：361.

② 恩格斯．自然辩证法．北京：人民出版社，1971：12.

③ 恩格斯．自然辩证法．北京：人民出版社，1971：12.

3. 人工合成尿素和元素周期律

1828年德国维勒人工合成了尿素。过去认为，无机界和有机界之间存在不可逾越的界限，有机物只能从有机物中产生而不能从无机物中产生。但维勒以氰、氰酸银、氰酸铝和氨水、氯化铵等无机原料，人工合成了有机物——尿素，由此敲响了化学中“生命力论”的丧钟，证明了化学定律在无机物和有机物中同样适用，揭示了无机界和有机界的内在联系。

1869年俄国门捷列夫发现了元素周期律。他通过不自觉地应用黑格尔的量转化为质的规律，发现了元素性质随原子量的增加而呈周期性变化的规律，揭示了元素之间存在的纵横联系，完成了科学上的一个勋业。

4. 细胞学说和生物进化论

德国的施旺和施莱登共同创立了细胞学说。1838年施莱登提出一切植物都是由细胞构成的，细胞是一切植物结构的基本单位。1839年施旺又把这种认识推广到动物界，提出细胞是一切动物的基本单位，并最早使用“细胞学说”这个名称，用它来解释生物界的统一性。

1859年英国达尔文创立了生物进化论。他通过5年的环球考察和长时间的思考，论证了任何物种都有其产生、发展和灭亡的历史。物种通过自然选择产生，自然选择通过生存斗争实现，物竞天择、适者生存是生物进化的普遍规律。生物进化论的提出，彻底摧毁了上帝创世说，否定了形而上学的物种不变论，第一次把生物学放在完全科学的基础之上。

这一系列自然科学成就表明：天体在演化，地质在变迁，无机自然界的各种运动形式之间是相互联系和相互转化的，各种物理现象或化学元素之间都具有内在的统一性，无机界和有机界之间没有不可逾越的鸿沟，生命界的一切有机体有着统一的物质基础，任何生物物种和生物个体亦都有其产生、发展和消亡的历史。这些科学成就，在机械唯物主义自然观上打开了一个又一个缺口，深刻揭示了自然界的普遍联系和辩证性质，描绘出一幅自然界联系和发展的清晰画面，使辩证唯物主义自然观取代机械唯物主义自然观成为历史的必然。

（三）辩证唯物主义自然观的观点和特征

1. 辩证唯物主义自然观的主要观点

恩格斯通过对自然科学及其成就的哲学概括，在《自然辩证法》和《反杜林论》这两部著作中，第一次全面系统地阐述了辩证唯物主义的自然观。他指出：“新的自然观的基本点是完备了：一切僵硬的东西溶化了，一切固定的东西消散了，一切被当作永久存在特殊东西变成了转瞬即逝的东西，整个自然界被证明是在永恒的流动和循环中运动着。”① 新的自然观的创立，标志着一切旧的

① 恩格斯．自然辩证法．北京：人民出版社，1971：15－16.

自然观的结束，实现了人类自然观发展史上的一次根本变革。

辩证唯物主义自然观认为，自然界是客观的物质世界，物质运动在量和质的方面都是不灭的，时间和空间是物质的固有属性和存在方式；整个自然界是在永恒的循环中运动着；人是自然界的一部分，意识和思维是人脑的机能；实践是人类认识和改造自然界的主观见之于客观的能动活动，是人类存在特有的本质和基本活动方式；认识自然界要遵循客观性原则。

2. 辩证唯物主义自然观的主要特征

它以实践论为基础，实现了唯物论和辩证法的统一、自然史和人类史的统一、人的受动性和能动性的统一、天然自然和人工自然的统一、科学性和革命性的统一；其内涵有对以往各种自然观缺陷的否定性、对自然界反映的客观性以及理论功能的革命性等基本规定，具有实践性、科学性、辩证性、历史性、批判性等显著特征。

（四）辩证唯物主义自然观的作用

1. 实现了自然观史上的革命性变革

它继承了古代朴素唯物主义和辩证法的思想实质，克服了机械唯物主义自然观、法国经验唯物主义自然观和德国思辨唯心主义自然观等固有缺陷，实现了自然观发展史上的革命性变革，完成了自然观发展的否定之否定的历程。

2. 为促进科学技术的研究和发展奠定了理论基础和方法论基础

例如，根据辩证唯物主义自然观的主要观点，要求人们认识自然要遵循客观性原则，其认识成果必须反映自然界的本来面目；在认识自然和变革自然的实践活动中，既要坚持唯物主义的根本观点，又要善于运用联系和发展等辩证的观点和思维方法；时间和空间既是自然科学有关分支学科的研究对象，也是人们在科学实践活动中必须要考虑的客观要素；对于科学技术成果的转化和应用，既要考虑其应有的功效、作用、经济效益等正面效应和价值，又要科学预测它对社会、环境、生态等可能产生的负面效应，并如何采取有效措施加以避免或者把这种负面影响控制在可接受的范围之内。同时，根据辩证唯物主义自然观的一些重要特征，还要求人们：以正确把握实践和认识的辩证关系为基础，认识自然和变革自然要坚持唯物论和辩证法的统一；处理人与自然的关系要坚持人的受动性和能动性的统一、天然自然和人工自然的统一；对待自然演化和人类发展的关系要坚持自然史和人类史的统一；对待科学技术研究要坚持继承和创新的统一；对待国内外不同的学术观点和学术思潮要坚持科学性和批判性的统一。在科学技术活动中，要注重用实践的、科学的、辩证的、历史的、创新的、批判的等观点和方法，去认识自然和变革自然以及认识问题和解决问题。显然，辩证唯物主义自然观的理论和方法，对于促进科学技术的研究和发展具有重要意义。

3. 为促进自然科学、社会科学和人文科学的融合奠定了理论基础

人类认识自然和变革自然的活动，突破了自然界和人类社会的界限，为自然科学、社会科学和人文科学的融合提供了客观依据。正因为如此，辩证唯物主义自然观要求，认识自然和变革自然的活动要充分体现其重要特征：以实践论为基础，实现自然史和人类史的统一、人的受动性和能动性的统一、天然自然和人工自然的统一、科学性和革命性的统一等。这就需要自然科学、社会科学和人文科学的共同参与和相互合作，建立起广泛包括自然科学、社会科学和人文科学的强大联盟，以促使人类认识自然和变革自然的实践活动沿着正确的轨道向前发展。

（五）辩证唯物主义自然观的演变

20 世纪的物理学革命和现代科学革命，进一步证实、丰富和发展了辩证唯物主义自然观。

1. 在物理学革命中得到证实和发展

19 世纪末、20 世纪初的物理学革命，涌现出一系列新发现，产生了相对论和量子力学，并在自然观上具有重要意义。

（1）物理学新发现的自然观意义。以太漂移实验、黑体辐射实验以及 X 射线、放射性和电子等物理学的新发现，否定了经典力学中“以太”物质的存在和能量绝对连续的观念，冲击着把物质看成原子、原子不可再分、质量和能量绝对不变、时空绝对不变等传统观念。对此列宁正确指出，物质的唯一特性是客观实在性，不能把物质等同于原子及其具体特性的可变性，有力回击了“原子消失说”“物质消失说”“唯能论”等错误观点；认为物理学的最新发现恰恰证实了辩证唯物主义，摆脱“物理学危机”的出路在于，科学家们要自觉地站在唯物主义的立场上。列宁还提出电子和原子一样不可穷尽的观点，后来被粒子物理学发展所证实。物理学的新发现，进一步证实和发展了辩证唯物主义物质观。

（2）相对论的自然观意义。狭义相对论打破了牛顿力学的绝对时空观，证明了时间和空间特性的相对性，揭示了时间、空间、物质、运动之间相互联系的具体方式，质能关系式还揭示了质量和能量的相对性、可变性和统一性；广义相对论进一步指出，时空具有弯曲的性质，不仅取决于物质的运动，而且弯曲的程度取决于物质在空间中的分布状态，物质密度越大的地方，引力场的强度就越大，时空弯曲的曲率也就越大。相对论进一步深化和发展了辩证唯物主义时空观。

（3）量子力学的自然观意义。量子力学否定了机械决定论和因果决定论，发展了概率论和统计决定论，揭示了微观世界的连续性和间断性的统一、粒子性和波动性的统一、主体和客体的辩证统一。量子力学从微观层次上深化和发展了辩证唯物主义自然观。

2. 在现代科学革命中得到深化和发展

以物理学革命为基础，现代科学革命包括20世纪的“三大科学前沿”——粒子物理学、宇宙演化学和分子生物学，以及系统科学和现代地质学等，在自然观上都具有重要意义。

（1）粒子物理学发展的自然观意义。20世纪以来，原子物理学、原子核物理学和粒子物理学等发展迅速。1911年卢瑟福提出原子有核模型，使人们认识到原子是由原子核和电子组成的；1919年卢瑟福发现质子，1932年查德威克又发现中子，使人们认识到原子核由质子、中子组成，电子、质子、中子等粒子统称为基本粒子；随着高能加速器的建造、宇宙射线观测等手段的增强，又陆续发现了300多种物质与反物质基本粒子。同时，夸克模型、层子模型、量子场论、超弦理论、统一场论等研究的不断进展，日益引起了国际上的高度重视和持续关注，至今这些研究仍在探索之中。显然，这些研究必将进一步深化认识自然界物质形态的多样性与统一性、物质微观结构层次的无限性与统一性、物质相互作用方式的多样性与统一性等。随着粒子物理学的发展，使辩证唯物主义物质观也不断得到丰富和发展。

（2）宇宙演化学发展的自然观意义。20世纪60年代天文学有“四大发现”，即类星体、脉冲星、3K微波背景辐射和空间有机分子。人们运用赫罗图法等对天体的研究，揭示了恒星一生的演化过程是由引力收缩、主序星、红巨星到高密星等四个阶段组成的，证明了宇宙中恒星特征及其分布的多样性与演化过程的统一性。恒星演化理论的建立，揭示了恒星演化的内在机制和规律性。宇宙观测也极大地拓展了人类视野，发现了大量的新恒星、新星系、星系团等；同时研究表明，宇宙中还有许多看不见的暗物质，如星际物质、黑洞、中微子等。哈勃定律表明，星系退行的速度与距离成正比，由此很自然地得出宇宙在膨胀的推论。这个重大发现为大爆炸宇宙论奠定了基础。对宇宙起源与演化问题的研究，大爆炸宇宙模型由于被光谱线红移、氦元素丰度、3K微波背景辐射等观测事实所支持而得到流行；该模型描述了我们的宇宙在爆炸后急速膨胀过程中，逐渐衍生成众多的星系、星体、行星直至出现生命的演化图景。大量研究表明，正如恩格斯所说：“宇宙在无限时间内永恒重复的先后相继，不过是无数宇宙在无限空间内同时并存的逻辑补充。”[①] 他预言了“放射到太空中去的热一定有可能通过某种途径（指明这一途径，将是以后自然科学的课题）转变为另一种运动形式，在这种运动形式中，它能够重新集结和活动起来。”[②] 这已被宇宙中发生的“星云－恒星－星云”等许多演化与循环的事实材料所证实。宇宙演化学

① 马克思恩格斯选集（第4卷）. 北京：人民出版社，1995：278.
② 恩格斯. 自然辩证法. 北京：人民出版社，1984：23.

发展，使辩证唯物主义宇宙观不断得到深化和发展。

（3）分子生物学发展的自然观意义。20 世纪 50 年代以来，DNA 双螺旋结构的发现、遗传密码的破译等分子生物学的成就，从分子水平上揭示了生物遗传规律，深化了对生命本质问题的认识，揭示了从病毒、细菌、植物、动物到人等整个生命界，其遗传物质、遗传密码的多样性和统一性。分子生物学从分子水平上丰富和发展了辩证唯物主义的生命观。

（4）系统科学发展的自然观意义。20 世纪 40 年代以来系统科学和复杂性科学的发展，在近代研究自然界的必然性、规律性、确定性、决定性、线性等基础上，注重研究其偶然性、或然性、模糊性、复杂性、系统性、非线性等问题；改变了以往机械决定论、因果决定论的思维习惯，提供了现代系统分析与综合集成的思维方式，以及一系列具有更大适应性的研究方法。对自然界的矛盾关系研究，提出了系统与要素、结构与功能、平衡与不平衡、可逆与不可逆、有序性与无序性、连续性与间断性、简单性与复杂性、精确性与模糊性以及信息、反馈控制等重要范畴；同时，从系统维度说明了自然界的复杂性和整体性，从信息维度反映了自然界的复杂性和统一性，从控制维度揭示了天然自然、人化自然、人工自然和生态自然的复杂性和统一性。系统科学深化和发展了辩证唯物主义系统观等。

（5）现代地质学等科学发展的自然观意义。现代地质学革命经历了大陆漂移、海底扩张和板块构造等理论发展过程，表明大陆在漂移、海底在扩张，地球上六大板块的上升、下降和水平运动，为解释地壳运动、地震成因等提供了理论根据。当今，在基础科学理论领域，对宇宙演化、暗物质、暗能量、反物质的探测面临着突破；微观世界可能实现对原子、分子甚至电子的调控；对生命起源与进化的研究，将打开从非生命的化学物质向人造生命转化的大门；意识本质的研究也有望取得重要进展。这些发展和突破，必将进一步深化和发展辩证唯物主义自然观。

第二节 系统自然观

系统自然观是关于自然界的存在及其演化的观点。它以 20 世纪的自然科学成就和系统科学发展为基础，总结概括了自然界系统的存在方式和演化的规律性。从系统自然观的内容上看，本节仅包括自然界系统的存在方式方面的内容，而对于自然界的系统演化方面的内容，将在本章第三节讨论。

一、系统自然观的渊源和基础

（一）系统自然观的思想渊源

1. 古代系统自然观思想

古希腊的赫拉克利特主张世界是包括一切的整体，德谟克利特认为宇宙是个大系统，亚里士多德的观点，即整体大于它的各部分的总和，是基本的系统问题的一种表述。中国的“易经”等文献主张自然界是由“五行”构成的有机整体；中国人还在生产实践中发明了系统工程的方法并获得了成功。

2. 近代系统自然观思想

莱布尼茨在“单子论”中，强调单子具有整体性、层次性和动态性等特点，其单子等级与现代系统等级很相似；狄德罗认为自然界是由各种元素构成的物质的总体；康德主张系统具有内在目的性（系统的结构和功能适应于其内在目的）、自我建造性（系统可以内在地扩充增大）和整体在先性（系统整体先天地规定了其整体的内容及其要素的位置）等特征；黑格尔论述了系统的整体和部分的辩证关系；马克思运用系统论思想研究人类社会的结构；恩格斯提出了系统自然观的一系列重要观点。

（二）系统自然观的科学基础

现代自然科学和系统科学是系统自然观的科学基础。如前所述，现代自然科学如相对论、量子力学、粒子物理学、宇宙演化学、分子生物学、现代地质学、系统科学等发展，都具有重要的自然观意义。同时，现代科学还揭示了物质形态的多样性和统一性，系统科学为自然观的系统研究奠定了系统科学基础。

1. 现代自然科学为物质形态的多样性和统一性认识提供了科学证明

自然界是物质的，物质形态具有多样性和统一性。这一观点是系统自然观的理论基础，并在现代自然科学发展中进一步得到了印证和深化。

（1）物质形态的多样性。一切物质客体都包含着物质实体和物质属性。实体是属性的基础，属性是实体的表现，实体和属性的统一，即物质形态，如夸克、基本粒子、原子核、原子、分子、生物大分子、细胞、生命有机体、人、天体等。

以物质的聚积状态为标准，目前已发现的物质形态有固态、液态、气态、等离子态、超固态或中子态、场、反物质、暗物质等。其中，“场”是一种非实物形态的物质形态，如引力场、电磁场、介子场、中微子场等；尽管人们无法通过肉眼或仪器直接观察到场，但各种场都有其可感知的实在性，如引力场会引起光线的弯曲、电场能引起磁针偏转、磁场变化可以产生电流等。

以空间尺度为标准，自然界的物质形态分为宇观、宏观和微观三个领域，每一个领域都有其不同的物质客体。宇观领域是由亿万天体构成的天体系统，如星云、行星、恒星、星系、星系网、总星系等，其中仅恒星又可分为红外星、主序星、脉冲星、中子星、白矮星和黑洞等不同的物质形态。在宏观领域有生命物质和非生命物质。生命物质是由微生物、植物和动物组成了庞大而复杂的生物系统，其植物界和动物界可再分为门、纲、目、科、属、种几个层次。目前已知的动物有100多万种，微生物10多万种。进而，生命物质又是由种类繁多、复杂程度各异的细胞所组成，而细胞最终又是由不同元素组合而成的生物大分子蛋白质、核酸等所构成，蛋白质和核酸也是纷繁复杂极其多样的。非生命物质又有无机物和有机物之别，无机物又包括元素和化合物，目前已知的无机物达300多万种，天然元素有90种，有机物约500万种。在微观领域，目前发现的基本粒子已达350种左右，基本粒子也并不基本，仍然可以再分。

（2）物质形态的统一性。现代科学充分证明了自然界物质形态是多样性的统一，主要表现如下。

自然界物质形态在化学元素上具有统一性。目前人们运用光谱分析的方法已经发现在太阳上有70多种化学元素，其中氢、氦、氮、镁、钙、硅、硫等尽管比例不同，但它们都可以在地球上找到。1976年两艘宇宙飞船在火星表面着陆后取样分析火星的土壤，表明它也含有地球上的铁、硅、钙、硫、铝等化学元素。1978年曾先后有四艘飞船到达金星，发现金星的大气中含有氧、碳、氮、氖、氦、硫等化学元素，它们也同地球上的化学元素完全一样。同时，通过对生命的物质基础——蛋白质和核酸中化学元素的分析，人们发现其中含有的化学元素，如碳、氢、氧、氮、磷、硫等，即没有一种是生命物质所特有而无机物所没有的。这就有力地说明了生命界与非生命界具有物质形态在化学元素上的统一性。

自然界物质形态在基本粒子上具有统一性。近百年来，人类在物质结构更深的层次上日益揭示了自然界物质的统一性。自电子、质子、中子、光子被发现后，人们逐渐认识到：这四种粒子可能是构成自然界所有物质形态（包括实物和场）的基本粒子，即自然界物质形态的多样性可能在这些基本粒子的基础上得到统一。近几十年来，人们对迄今发现的300多种基本粒子进行研究，先后提出许多结构模型，并探讨比基本粒子更深层次的粒子（夸克或层子）的统一性问题。与此同时，现代宇宙学根据宇宙大爆炸论，正在研究从爆炸后1秒内和从1~3秒之间，在“夸克层次”上和“基本粒子”层次上宇宙物质的统一性问题。

自然界物质形态之间在相互联系、相互转化方面具有统一性。自然界的各种物质形态本身就具有相互转化的特性，这也是自然界物质统一性的极好证明。如宇观领域中，有些恒星会演化为星云，而星云也会演化为恒星等。在宏观领域中，如固体减压加温可以转化为液体、气体、等离子体，而气体加压降温又可能转化为液体和固体；元素化合成为化合物，化合物分解又转为简单的元素；生物是由非生物进化而来，生物死亡后又被微生物分解转为非生物等。在微观世界，任何一种粒子都可以通过衰变、碰撞和湮灭的转化途径，转化为其他粒子。

实物和场之间也是相互联系、相互转化的。其联系表现为：任何实物粒子都不能离开有关的场而独立存在；而任何场都是某种实物之间的相互作用的媒介。其转化表现为：当电子和正电子相遇时将湮灭转化为光子，即转化为电磁场；而核场中的光子又可能转化为正、负电子对。

然而，物质的真正统一性在于它的“客观实在性”。上述几种“统一”，仅是现代自然科学所揭示出的物质统一性的一些例证。

2. 系统论为自然界的系统分类提供了科学基础

根据系统论的观点，可以把自然界的任何一个物质客体或自然存在物都看作是一个系统。系统是自然界一切物质形态、物质客体和自然物的普遍存在方式。因而系统的类型是多种多样的。

依据系统与环境的关系可分为：孤立系统，指与环境交换的物质和能量很少，以至对研究目的来说可以忽略不计的系统；封闭系统，指与环境仅有能量交换的系统；开放系统，指与环境既交换物质又交换能量的系统。在这三类系统中，开放系统具有更大的普遍性。

依据系统内发生的实际过程可分为：物理系统，指发生物理学所研究的各种过程的系统；化学系统，指发生化学组成或结构变化的系统；生命系统，指发生生命过程的系统。

依据人对系统的参与程度可分为：天然系统，指人类尚未改变其自然进程的系统，如宇宙中的未知天体等；人工系统，指人工制造的各种系统，如机器、现代交通工具等；复合系统，指人的实践活动已经部分参与其中的系统，即天然系统和人工系统的复合系统，如水力发电系统、农业系统等。

依据系统内各要素相互作用的特点可分为：线性系统，指比较简单的系统，系统中要素的关系是线性的；非线性系统，指系统中存在着自催化、正反馈之类的非线性相互作用。

依据人对系统的认识程度可分为：黑系统，指人们当前对其要素和结构还一无所知的系统；白系统，指人们对其要素和结构已认识清楚的系统；灰系统，指人们对其要素和结构的认识若明若暗的系统。

依据系统所处的状态可分为：处于平均态的系统，指内部无差异（如温度、压力、电磁属性、化学势或化学推动力等处处相同）的系统；处于近平衡态的系统，指内部差异较小、只能使线性相互作用表现出来的系统；远离平衡态的系统，指内部差异显著、使非线性相互作用表现出来的系统。

此外，在科学技术研究中，人们通常是根据不同的研究需要将系统分为相应的不同类型。

3. 系统论、控制论、信息论为系统自然观研究也提供了科学基础

它们于1948年分别由美籍奥地利学者贝塔朗菲、美国学者维纳、美国数学家申农创立。系统论认为，系统整体具有不可分性，主张自然界是一个系统整

体，系统内部诸要素之间及其与环境之间存在着相互作用的关系；系统具有层次性、等级结构等特点。控制论主张控制是由施控者、受控者和转换者构成的系统，其研究内容包括系统的结构、类型以及控制的目的、行为和机制等。信息论认为，通信是由信源、编码、信道、译码和信宿构成的一个系统；信息是人们对事物了解的不定性的减少或消除，它具有可感知性、可处理性和可使用性等。系统科学为研究自然界系统中的部分与整体、结构和功能、简单性和复杂性，以及时间、空间和物质的相互联系等，提供了系统思维方式和科学根据。

二、系统自然观的观点

系统自然观的主要观点是：自然界是系统的自然界，系统是自然界的存在方式。自然界是简单性和复杂性、构成性与生成性、确定性和随机性辩证统一的物质系统；系统是由若干要素通过非线性相互作用构成的整体，它既与其所在的环境发生联系，又与其他系统发生关联。物质系统的内部结构具有层次性，结构层次具有无限性，层次关系具有规律性；整体性、层次性、有序性、复杂性等是系统自然观的显著特征。

（一）自然界系统的物质结构具有层次性

系统自然观认为，自然界系统是有层次的、物质结构具有层次性。物质结构的层次性表现为按其空间尺度和质量大小等特征排成的、具有质的差异和隶属关系的序列。按照物质系统是否具有生命特征，可将自然界分为非生命界和生命界两大系统，并可再依据不同的标准逐层进行分类。

1. 非生命界的物质层次

非生命界的物质层次可以按照空间尺度大小的不同依次分为微观、宏观、宇观三个基本层次。

（1）微观层次。微观层次的空间尺度小于10^{-6}厘米，质量小于10^{-23}克，是由分子、原子、原子核、基本粒子等微观粒子以及相应的场等构成的物质系统，其各个层次的粒子具有共同的基本属性即波粒二象性，服从统计物理学、量子力学、量子场论和量子化学的规律性。

分子由原子构成。分子中原子的种类、数量以及空间排列形式，决定着分子的物理和化学性质，分子的形成和分解是通过化学作用实现的。分子是微观系统中的最高层次，它是物质能够独立存在并保持其一切化学性质的最小微粒。

原子是构成单质和化合物分子的最小微粒。它是由带正电荷的原子核和绕核运动着的、与核电荷相等的带负电荷的电子构成的，是自然界各种物质形态的基本化学单位。特定的原子核和电子之间的电磁相互作用所维持的原子的系统平衡，使原子呈现出化学的相对稳定性。

原子核是质子和中子的紧密结合体。原子核在一般的化学反应中是不发生变化的。原子核的稳定性是因为核内在质子和中子之间、质子和质子之间、中子和中子间有一种强大的核力作用。这种力的有效力程只有10^{-13}厘米，强度却比电磁力大100倍以上，称为强相互作用。它是由核子间交换介子所产生的，具有饱和性和电荷独立性，即一个核子只与周围其他几个核子相互作用，且强度与核子的电荷无关。

基本粒子分为光子、轻子、介子、重子（包括强子和超子）四类。已经发现350种左右，多数是不稳定的共振态粒子。基本粒子之间存在着强相互作用和弱相互作用，并按一定方式相互转化，是一个具有无限多自由度的体系。

夸克或层子组成强子等基本粒子。据有关推测，夸克以下层次的物质客体可能遵循与量子力学不相同的规律支配，并有可能从微观领域中再分化出一个超微观领域。

（2）宏观层次。宏观层次的空间尺度为$10^{-6}\sim10^{14}$厘米，质量为$10^{-15}\sim10^{35}$克，包括从布朗微粒到地上物体再到行星、卫星等物质系统。宏观层次的运动规律，一般用牛顿力学、热力学、麦克斯韦电磁理论及经典统计力学、经典动力学来描述。

（3）宇观层次。其空间尺度和质量都大于宏观层次，即包括恒星、星系和总星系等。宇观系统的物质运动需要用广义相对论、星系动力学和宇宙学来描述。

恒星是由炽热的气体组成、能发可见光的天体。太阳是宇宙间一个中等大的恒星；太阳系是由太阳和它的8个行星、各种卫星、小行星、流星和一些尘埃物质组成的大体系统。

星系是由恒星、星团、星云和星际物质组成的天体系统。太阳系在银河系中，银河系的直径为10万光年，质量为太阳系质量的1400亿倍。银河系在河外星系中，目前已观测发现宇宙中约有10亿个星系。星系的形态是多样的，如双重星系、三重星系、多重星系、星系团、超星系团等。

总星系是由巨多的星系、星系团组成的。它是人类目前所能观察到的最高层次的天体系统，其尺度约为150亿至200亿光年，总质量约为2×10^{55}克。总星系还不是宇宙结构的极限层次，随着探测技术手段的进步，其尺度将不断扩大。

2. 生命界的物质层次

依据生命系统的结构和功能特征，可分为生物大分子、细胞、生物个体、群体和生态系统等层次。生命界的层次结构在不同的进化阶段上有不同的特点。生物愈是向高级阶段进化，层次分化愈多，结构也愈复杂。生命系统用分子生物学、细胞生物学、生理学、遗传学、生物进化论和生态学等规律来描述。

生物大分子是人类已认识到的生命界最低的一个物质结构层次。它由核酸和蛋白质构成，是生命的物质基础。核酸由4种核苷酸组成，决定生物体的遗传特征；蛋白质由20种氨基酸构成，决定生物体的代谢过程。蛋白质和核酸都具有复杂的化学结构和空间结构。对核苷酸、氨基酸等有机小分子这一层次的研究，已经进入化学领域，隶属于非生命界。

细胞是生物体的形态结构和生命活动的基本单位。典型的真核细胞由亚细胞结构的细胞膜、细胞核、细胞质三大部分组成。亚细胞结构由脂蛋白、核蛋白、多酶系统等各种超分子复合物集合而成。

个体是由细胞、组织、器官、系统所组成的生命有机体。结构相似、机能相同的细胞和细胞间物质构成一种组织；多种不同的组织的结合构成一个器官；若干功能相同器官的结合构成一个系统；最后由不同的系统按照一定的组织层次组成一个完整的生物个体。

群体包括物种、种群和群落。诸多个体组合成为种群；种群是物种存在和物种繁殖的基本单位。测度和反映生物种群的数量指标包括密度、出生率、死亡率、性比、迁移和年龄分布等。生活在一定区域的不同种群形成生物群落。生活在一个群落中的各个物种之间是相互联系、相互制约和相互影响的。

生态系统是由生物群落及其赖以生活的无机环境（阳光、大气、土壤等）共同组成，并具有物质、能量、信息转化机制的循环体系。由无机环境、植物、动物和微生物共同组成的生态系统，也是具有生产、消费和分解功能的一个巨大的循环系统。地球上的各种生态系统，形成了地球的生物圈。

自然界的层次结构是系统和要素、结构和功能、对称性和非对称性、稳定性和不稳定性、简单性和复杂性、构成性与生成性、连续性和间断性等辩证统一。

（二）自然界系统的结构层次具有无限性

系统自然观认为，在自然界系统中，物质是无限可分的、物质结构的层次具有无限可分性。但在历史上，物质的有限可分性是一种思想传统。古希腊哲学家留基伯、德莫克利特认为，物质分割到一定位置后就不能再分了，这个限度就是原子——不可再分割的粒子，万物都是由原子所构成。我国古代哲学家墨子认为，物质只能分割到“端”处为止，“端，是无间也”，是不可再间断或再分割的粒子。庄子提出的“一尺之棰，日取其半，万世不竭”的论断，实质上也是一种有限可分性思想。因为“一尺之棰，日取其半”，总有一天会达到棰的极限，再往下分就不能称其为“棰”了，即作为“棰”来说，总有一天是要“竭”的。1803年英国化学家道尔顿提出了近代科学的原子论，但仍把原子看成是不可再分的微粒。到20世纪物理学发展到必须分割原子的时候，传统的可分性观念成了认识的障碍。如果把物质的无限可分只看成是一种单纯数量的变化，就会否定物质形态之间质的差别，最终会导致否定具体物质形态的无限多样性。

系统自然观认为，物质是有限可分性和无限可分性的辩证统一。自然科学研究表明，在一定条件下物质是有限可分的，总存在一个相对不可分的最小粒子。如用简单的机械方法分割时，分子是不可分割的最小粒子；用化学方法分割时，不可分割的最小粒子是原子；用原子物理方法分割的最小粒子是原子核；目前用高能物理方法分割到的最小粒子是基本粒子等。恩格斯指出，“在化学中，可分性是有一定的界线的”[①]。在任何其他学科中也是如此。同时，物质又是无限可分的。从宇观领域看，太阳系外面有大约1500亿个恒星和恒星团构成的银河系，银河系外面有大约10亿外星系，河外星系外面我们目前仅仅观察到了大约100亿光年范围的总星系，而尚未观察到的则是无穷无尽的。从微观领域看，分子内有原子，原子内有原子核和电子，原子核内有基本粒子，基本粒子内又有层子或称夸克等，也是无穷无尽的。正如我国11世纪思想家王安石所说，物“皆各有耦”，“耦之中又有耦焉，而万物之变遂至于无穷”。

不能把物质的有限可分性和无限可分性割裂开来。列宁指出，“这两个规定，如果单独看来，没有一个是真的，只有二者的统一才是真的。”[②] 物质在一定限度内具有不可分性、有限可分性，一旦超出了这个限度，就会发生质的变化并表现出可分性的无穷系列。正如恩格斯所说，物质“纯粹的量的分割是有一个极限的，到了这个极限它就转化为质的差别”[③]。这个极限，就“是在分割的无穷系列中的一个关节点，它并不结束这个系列，而是规定质的差别”[④]。显然，物质的不可分性是相对的、有限的，而可分性则是绝对的、无限的。从历史上看，有限可分性的认识曾多次成为科学认识的障碍，因此，系统自然观更加强调物质的无限可分性。

（三）自然界系统的层次关系具有规律性

系统自然观还认为，在自然界系统中，物质结构的层次关系具有规律性。即包括物质结构层次的双向序列关系、物质结合能与层次尺度关系的规律性。

1. 物质结构层次的双向序列关系的规律

系统层次结构作为自然界物质的存在方式，其稳定性不仅与各层次中要素间的结合能有关，而且与层次间的相互作用也密不可分。一方面，低层次系统作为高层次系统的基础和载体，在高层次系统中引起一定的结果，构成以向上愈来愈大的层次序列的关系；另一方面，高层次系统对低层次系统的约束、支配作为原因，对低层次系统具有主导性的控制作用，并形成以向下愈来愈小的层次序列的关系。这种双向序列的复杂关系，不仅使各层次之间具有密切的联

---

① 恩格斯. 自然辩证法. 北京：人民出版社，1971：222.
② 列宁全集（第38卷）. 北京：人民出版社，1959：119.
③ 恩格斯. 自然辩证法. 北京：人民出版社，1971：48.
④ 马克思恩格斯全集（第31卷）. 北京：人民出版社，1972：309.

系，而且又导致了各层次之间有着本质的不同。这种关系的客观性，在微观物理学、天体演化学、现代宇宙学、细胞生物学、分子生物学、现代系统科学、复杂性系统科学等研究和发展中，日益得到了更为深入的认识和证明。

（1）物质结构层次的双向序列关系受各层次内部相干性关系的制约。相干性关系是一种相互耦合的内在随机性、自组织性、非线性等关系。在任何一个特定层次的系统（如母系统）中，由于相干性关系的作用，使得其各要素（各子系统）构成了该系统（如母系统）；但同时各要素（各子系统）之间彼此约束、交互融合、相互协同等倍加效应，从而导致该系统（母系统）的特质完全不同于其各要素（各子系统）的独立性特质。相干性关系是系统形成和维持有序的层次结构的必要条件，通常不同层次中相干关系的具体特性各不相同。例如，在原子体系中，由于电磁相互作用使电子和原子核结合成为原子；但同时电子和原子核的运动状态都受到约束，并导致原子具有不同于自由状态的电子和自由离子的特性，即它们的主量子数、角量子数、磁量子数或自旋量子数等都发生了改变；电磁相互作用是原子系统存在的必要条件，而原子核系统存在的必要条件是强相互作用等。

同一层次系统内的相干关系是物质系统内的横向关系，由于这种关系的存在，才导致了在纵向层次上不同系统之间的质的不同。随着每一个新物质层次的形成，总会有新质的突现和新功能的产生。因此，在科学研究中要注重探索物质系统各个层次中的相干关系，深入研究系统各要素相互耦合的各种影响因素等，以及如何促使系统形成优化的结构和功能等。

（2）低层次系统对高层次系统具有构成关系，或高层次系统（母系统）对低层次系统（子系统）具有包含关系。低层次系统是高层次系统的基础和载体，而高层次系统依赖于低层次系统，但又对低层次系统具有较强的控制作用。同时，层次结构关系在纵向上具有分层排布的特性，但各层次之间如果不具有构成和包含关系，则不属于层次结构关系。例如，地球系统中的地核、地幔、地壳是分层排布的，但不能把它们看成是层次结构关系，因为地壳并不包含地幔和地核。

系统层次结构的构成关系和包含关系是物质系统间的纵向关系。这种关系的存在表明，一个复杂的物质系统往往具有多级结构、多级功能、多重环境等。这就要求对物质系统特别是复杂系统的研究，不能只局限于一个特定的层次，而必须进行多层次、多侧面的分析和综合研究，把对部分的研究和对整体的研究结合起来。例如，对生命机体癌变的研究，就不能只在某一层次上进行，而是既要在亚细胞层次、细胞层次、组织层次、器官层次、个体层次上进行分析，也要在种群层次、群落层次乃至生态系统层次上进行综合研究。这种多层次分析和多层次综合的研究，是复杂系统研究的一个重要特点。

2. 物质结合能与层次尺度成反比关系的规律

在自然界的物质系统中，任何一个层次的物质结构都对应着一定的能量（即结合能）；层次尺度愈小（层次愈低），结合能愈大，其要素间结合的紧密程度愈大；反之，层次尺度愈大（层次愈高），结合能愈小，其要素间结合的紧密程度愈小。这一规律的客观性，在现代物质结构研究中，被越来越多的科学事实所证实。例如，将夸克结合为基本粒子的结合能非常强大，以致人们说“夸克禁闭”；将中子和质子结合成原子核的结合能就弱了一些，将原子核与电子结合在一起的电磁力的结合能则更弱一些。相应地，如果要对特定的层次系统进行分解，需要提供的能量则随着层次由低到高的推进而递减。又如，要破坏1个原子核，需要提供10^6电子伏的能量；而要使1个高分子解体为小分子，只需要1电子伏的能量。

物质层次结构的结合能随层次尺度变小而递减的趋势是必然的，这是物质层次存在的必要条件。否则，如果较高层次系统（母系统）的结合能是大于较低层系统（子系统）的结合能，则高层次系统的能量就足以使低层系统土崩瓦解，从而使低层次系统乃至各层次系统都将不复存在。物质结构结合能随层次尺度增大而递减的趋势，使系统演化可朝着逐步增加层次等级的序列方向发展，因为高层次系统的结合能小于低层次系统，即使高层系统的“崩坍”或“湮灭”也不影响低层系统的稳定性。此时，不排除另一种可能状态，即在低层系统结构之上重建高层系统，而不致一切从最低层次开始。这正是物质层次结构具有稳定性的原因，也是物质结构层次具有无限性的根本原因。比如，从纳米级粒子直接合成有机大分子材料的概率几乎等于零，而通过分层逐级合成的机制和途径才是现实的，即从纳米级粒子到原子、到分子、再到有机大分子。因此，在自然界物质系统的演化过程中，必然要自组织地生成具有无限多层次的物质系统，否则，物质系统就应该没有层次结构或只有几个结构层次，这是不可思议的，也不是现实的。

自古以来人类认识自然是向着广度和深度展开的。一方面，从宏观向宇观分层逐级不断拓展认识广度。目前人类认识已达到了“总星系”层次，其“暗物质”“暗能量”等预示着什么？总星系层次是否存在物质的“结合能”？是否存在比总星系更大的物质系统层次？另一方面，从宏观又向微观分层逐级不断推进认识深度。目前人类认识已深入到了“夸克或层子”层次，其“夸克幽禁”“层子禁闭”等预示着什么？这一层次是否存在物质的“结合能”？是否存在比夸克、层子更深的物质系统层次？这两个方面的问题，既是科学问题也是哲学问题。对此，系统自然观认为，自然界物质结构的层次是无限的；随着人类向宇观和微观认识手段的不断增强，人类总有一天会突破对“暗物质”“暗能量”的认识，必将会认识到比“总星系”更大、更高层次的物质系统的存在；同时，也总有一天会认识到“夸克幽禁”“层子禁闭”的真面目，也必将会认识到比“夸克、层子”更小、更深层次的物质系统的存在。

自然界物质层次结构的规律性体现了系统与要素、结构与功能、构成性和生成性、线性和非线性、有限性和无限性、简单性和复杂性等辩证统一。

三、系统自然观的特征和意义

（一）系统自然观的特征

如上所述，自然界的物质系统具有层次性，但同时还具有整体性、有序性、复杂性等显著特征。

1. 物质系统的整体性

即系统质不等于其要素质的简单加和。系统的各个要素一旦组成系统整体，就具有单个要素所不具有的性质和功能，由此形成新的系统质的规定性，使整体的性质和功能不等于各要素的性质和功能的简单加和。从系统存在的观点看，一个系统的整体性，是该系统区别于其他系统的一种规定性，一个系统之所以区别于另一系统，只是因为系统都是作为具有整体性的特质而存在的。这种系统质是反映系统整体的水平、属性、功能、行为和规律的特质或规定性；而要素质是反映系统中各要素的水平、属性、功能、行为和规律的特质或规定性。在任何一个系统与其构成的各要素之间，都具有系统质与要素质的原则区别。对自然界物质系统的整体性分析，要求充分考虑各要素质之间的自组织性、非线性作用和涨落，以及系统整体或系统质的开放性、随机性、复杂性等。系统自然观把“系统”的概念提升到哲学的层面，认为系统是自然界的存在方式，进一步凸显了自然界的“整体不可分性”特征；在细节方面，要求运用系统方法和复杂性方法，考察系统与要素、结构与功能、系统内部的非线性作用机制等。

2. 物质系统的有序性

即系统存在和演化中表现出来的稳定性、规则性、重复性和各种因素的广域关联性。系统结构的有序性称为结构序，系统功能的有序性称为功能序，系统演化过程的有序性称为时间序。从系统的存在状态看，有序性和无序性是系统矛盾着的两个方面，绝对有序的自然系统和绝对无序的自然系统都是不存在的。如果说一个系统的有序度较高，那么是指该系统的有序性高于其无序性，即有序性在系统的结构序和功能序中居于矛盾的主要方面，而无序性则处在矛盾两个方面的次要地位。从系统的时间序看，系统由有序度较低的状态（无序度较高）向有序度较高的状态的变动，是一个从无序向有序的自生成过程；反之，系统由无序度较低的状态（有序度较高）向无序度较高的状态的变动，则是一个从有序向无序的自生成过程。在自然界中，物质系统既有从无序走向有序、从简单到复杂、从低级到高级的进化、上升和发展的基本趋势，又有从有序走向无序、从复杂到简单、高级到简单的退化、下降和衰落的基本趋向。这两种相反的基本趋向，才使得物质系统从稳定到不稳定发生变动，才能够有自然界从存在到演化的历程。宇宙的演化从原始火球到核子、原子、分子的产生，从星云到恒星和星系的形成，从无机物到有机物、从植物到动物、从猿到人的过程，是从无序走向有序的过程；与此同时，生物个体的衰老和死亡、岩石的风化、水土的流失、某些生物种类的灭绝、土地沙漠化、超新星爆发等，则是从有序走向无序的过程。自然界是有序性和无序性、简单性和复杂性、进化和退化、上升和下降的辩证统一。

3. 物质系统的复杂性

即系统能够体现其存在的杂化状态、多重复合、内在随机、广域关联、机制隐蔽、难以控制等整体综合的关系和特性。自然系统的内外部因素之间的相互联系和相互作用具有复杂性。系统的要素与要素之间、要素与系统之间以及系统与环境之间都存在着相互联系和相互作用，正是这些相互联系和相互作用导致了系统质与要素质之间的原则差别。不仅由不同的要素形成的系统，会因其内部相互作用不同而产生不同的系统质；而且由完全相同的要素所形成的系统，也会因内部不同的相互作用而产生不同的系统质。马克思指出，“不同的要素之间存在着相互作用。每一个有机整体都是这样。”[①] 恩格斯也指出，“交互作用是事物的真正的终极原因。”[②] 现实的自然系统是复杂的，系统的内外部因素之间的相互联系和相互作用，不仅存在着简单性的、线性的、构成性和确定性的方面或诱因，而且存在着复杂的、非线性的、生成性和随机性的主要方面或诱因。因此，系统自然观超越了以往人们认识自然界所形成的“现实世界简单性”的信念，强调自然界在本质上是复杂的、非线性的、生成性和随机性的，而并非只是简单性的、线性的、构成性和确定性的。自然界是复杂性与简单性、生成性与构成性、线性和非线性、确定性和随机性的辩证统一。

（二）系统自然观的意义

1. 丰富和发展了马克思主义的辩证自然观

系统自然观以现代科学发展为基础，论证了物质形态的多样性和统一性、物质结构的层次性和无限性、层次序列的规律性，论述自然界是系统与要素、结构与功能、线性和非线性、构成性和生成性、简单性和复杂性的辩证统一，以及物质层次结构中时间和空间的统一性，否定了机械唯物主义将物质实体化和机械化的观点，深化和发展了辩证唯物主义的自然观。

---

① 马克思恩格斯选集（第2卷）．北京：人民出版社：1972.

② 马克思恩格斯选集（第3卷）．北京：人民出版社，1972：551－552.

2. 对于物质层次结构理论研究具有认识论和方法论意义

例如，认识和把握物质结构层次双向序列关系的规律性，对于物质层次结构、生物大分子、人工合成材料、复杂人工自然物等理论和实践研究，都具有认识论和方法论意义。一方面，从“以向上愈来愈大的层次序列关系”为主要对象的研究来看。高层次系统一旦从低层次中产生出来，尽管低层次系对在高层次系统能引起一定的结果，此时高层次系统与低层次系统有着质的区别。这种认识在本质上不同于还原论，因为还原论否认高层次与低层次的本质区别，把高层次的特质归结为低层次的特质的简单叠加，因而是错误的。从科学认识来看，高层次系统一旦从低层次系统中产生出来，认识就应就超出低层次系统的范围、就应进入了一个更为广阔的领域，而原来对低层次系统特质的认识就应被受到一定的限制，即转向关注高层次系统特有的性质、机制、规律和相干作用等研究。恩格斯指出：“当化学产生了蛋白质的时候，化学过程就……要超出它本身的范围，就是说，它要进入一个内容更丰富的领域，即有机生命的领域。生理学当然是有生命的物体的物理学，特别是它的化学，但同时它又不再专门是化学，因为一方面它的活动范围被限制了，另方面它在这里又升到了更高的阶段。”① 另一方面，从“以向下愈来愈小的层次序列关系”为主要对象的研究来看。尽管高层次系统从低层次系统中产生出来，但低层次系统依然是高层次系统的基础和载体，高层次系统对低层次系统的约束和支配，已转化为低层次系统特有的性质、机制、规律和相干作用等。在科学史上，随着对微观物质结构认识由分子、到原子、到原子核、到基本粒子的不断深入，在每个阶段上及时地揭示出各个层次特有的机制、本质和规律，无疑是科学认识发展面临的重要任务。对生物遗传性的研究，从细胞生物学到分子生物学的发展是一次重大突破，因为在更深的分子水平上揭示了生物的遗传本质和规律。显然，对这些问题的探索，对于物质层次结构理论研究乃至马克思主义系统自然观研究都具有认识论和方法论意义。

3. 促进系统自然观理论与实践的统一

系统自然观是演化自然观、人工自然观和生态自然观的理论基础；系统自然观论述了认识从多样性到统一性、从有限性到无限性、从简单性到复杂性、从线性到非线性等认识的转变；注重研究系统自然界的层次性、无限性和规律性，以及整体性、有序性和复杂性等问题，为研究系统的要素与整体、层次与序列、结构与功能等相互关系和作用机制，提供了一种认识和解决问题的系统思维方式；重视系统自然观在实践中的作用，以及变革自然对社会发展的历史影响；在实践中追求从真、善、美全方位评价自然界系统的科学价

① 恩格斯．自然辩证法．北京：人民出版社，1971：234.

值、伦理价值和艺术价值等。由此，促进系统自然观的理论与实践相结合，并建立起马克思主义自然观、认识论、方法论与历史观和价值观的联系。

第三节　演化自然观

演化自然观是关于自然界演化的总的观点，是对系统自然观的进一步阐释。它以现代科学发展成就为基础，注重讨论自然界的运动形式和动力、自然界演化发展的矛盾性和自然界演化发展规律性等。

一、演化自然观的渊源和基础

（一）演化自然观的思想渊源

1. 古代演化自然观思想

古希腊的赫拉克利特主张世界是包括一切的整体，德谟克利特认为宇宙是个大系统，亚里士多德的观点，即整体大于它的各部分的总和，是基本的系统问题的一种表述。

中国的《易经》等文献主张自然界是由“阴阳”和“五行”构成的统一的、运动着的有机整体，是自发的、有组织的世界；中国人还在生产实践中发明了系统工程的方法并获得了成功。例如，战国时代的李冰父子运用系统工程法创建了都江堰工程；明代运用“群炉汇流法”和“连续浇铸法”，成功地铸造了大钟；北宋运用“一举而三役济”方法修建了皇宫等。

2. 近代演化自然观思想

莱布尼茨的“单子论”也具有动态性的观点；狄德罗认为自然界经历了由低级到高级的进化过程；霍尔巴赫认为自然界是由不同物质和运动的组合而产生的一个整体；康德主张系统自我建造性等特征；黑格尔在“有机进化整体观”中，论述了系统通过整体和部分、部分和部分之间的矛盾作用而进化的机制。

马克思运用系统论思想研究人类社会的演化规律；恩格斯提出了演化自然观的一系列重要观点。

（二）演化自然观的科学基础

恩格斯指出，“世界不是一成不变的事物的集合体，而是过程的集合体”。[①]现代自然科学的发展，以新的事实材料证明了自然界从天体、地球、生命、到人类的演化过程，以及物质运动形式的多样性和统一性。同时，系统科学和复杂系统理论为自然界从存在到演化提供了科学证明。

---

① 马克思恩格斯选集（第4卷）. 北京：人民出版社，1972：240.

1. 天体的起源和演化理论（如总星系、恒星、地球的起源和演化等）

（1）大爆炸宇宙论。“上下四方曰宇，古往今来曰宙。”20 世纪以来，对于人类观测所及宇宙（总星系）的起源和演化有多种假设，其中大爆炸宇宙论最为流行。认为我们的宇宙起源于 150 亿年前一个超高温、超高密状态下的“原始火球”大爆炸。爆炸开始后，宇宙便不断地膨胀，温度由热变冷，物质密度由密变疏。演化过程经历了基本粒子形成阶段、辐射和核合成阶段、实物阶段。大爆炸宇宙论得到了天文观测事实的支持，河外星系谱线红移是宇宙膨胀的重要证据；宇宙天体普遍具有 30% 氦丰度，与假说预言的爆炸最初的氦丰度一致；3K 微波背景辐射被证明是大爆炸的遗迹。

（2）恒星的起源与演化。目前被多数人接受的恒星演化学说，是以康德星云说为基础的现代弥漫说。即认为恒星起源于低密度的星际弥漫物质，大致经历了引力收缩阶段、主序星阶段、红巨星阶段和高密星阶段。在恒星的临终期，质量小于 4 倍太阳质量的恒星，收缩成白矮星（中子星）至黑矮星；质量为 4 ~8 倍太阳质量的恒星，导致超新星爆发，中心可形成中子星；更大质量的恒星则坍缩为黑洞。这些散发到宇宙中去的恒星的残骸，将作为形成新天体系统的物质能量来源开始新的演化过程。

（3）地球的起源与演化。地球伴随太阳系、恒星太阳的起源而生成。现代科学认为，太阳系已有 100 亿年、太阳 60 亿年、地球 46 亿年的历史。地球的演化经历了两大时期。天文时期形成地核、地幔、原始地壳、大气圈、原始水圈。在地质时期，地壳的垂直和水平运动形成山脉和洼地，原始水圈逐渐形成江河湖海，出现海陆分化和气候的冷暖更替，并为生命起源和生物进化创造了条件。

2. 生命起源和生物进化理论

现代生物学认为，生命的物质承担者是以蛋白质和核酸为主体的多分子物质体系。

（1）生命的起源。生命起源于 30 多亿年前，大致经历了三个阶段。一是简单分子合成有机小分子。在原始大气中完成。二氧化碳、氢、甲烷、水、氨、氮等无机分子，在宇宙射线、太阳能、雷击闪电等作用下，生成氨基酸、核苷酸之类的有机小分子。二是有机小分子合成生物大分子。在地表上的潮汐池、潜水域或有黏土的地方完成。氨基酸的脱水缩合成为蛋白质分子，核苷酸的脱水缩合成核酸分子。三是生物大分子结合成原始生命。在原始海洋中完成。在海水的荡涤和自然选择下，蛋白质、核酸分子互相结合，形成多分子体系。当体系内部多核苷酸和多肽之间出现密码关系时，才获得保存和传递信息的能力，并出现具有新陈代谢特征的生命体，即原始生命。

（2）生物的进化。最初的原始生命是非细胞形态。经过长期演化，外膜的成分和结构逐渐复杂化，形成了原始细胞。34 亿年前分化出没有核膜的原核细胞；17亿年前出现了有细胞核和细胞质的真核细胞；5亿年前单细胞生物分化出单细胞植物和动物。到1千万年前，哺乳动物中灵长类的一分支——古猿，并终于分化出了人类。人类的诞生是自然界物质长期演化的产物，是生命运动形式多样性的一次巨大飞跃，从此便开始了人类及其认识自然的历史。

3. 物质运动形式及其关系原理得到现代科学的印证

恩格斯曾根据19世纪自然科学发展的状况，依据物质运动的承担者和运动规律相一致的原则，将自然界的物质运动形式分为四类：机械运动、物理运动、化学运动、生命运动。这种分类原则至今仍有其合理性：一是体现了客观性原则，即根据不同学科研究对象所依据的物质运动形式进行分类；二是体现了逻辑与历史相一致的原则，即分类依据的次序与人类认识史、科学发展史相一致。自然界物质运动形式的多样性和统一性原理，在现代自然科学发展中不断得到证明和深化。

（1）物质运动形式的多样性。一是微观物理运动。即亚原子层次的物理变化的过程；运动的物质承担者是微观基本粒子；具体的运动形式，如强子和轻子的生成和湮灭，正反粒子的发生、湮灭和转化，光子的交换、吸收和辐射，原子核的衰变、聚变和裂变等。量子力学揭示了微观物理运动的规律性。二是宏观物理运动。即由原子、分子组成的宏观物质系统的物理变化和过程；物质承担者是分子体系和属于宏观层次的各种物质系统；具体的运动形式包括：分子的布朗运动，引力作用下的空间位置移动，以及热、光、声、电磁等。经典物理学揭示了宏观物理运动的规律性。三是宇观物理运动。即恒星、星团、星系团及总星系的起源和演化；物质承担者是恒星层次及其以上各层次的物质系统；具体的运动形式，如收缩和膨胀、吸收和排斥等。广义相对论和星系动力学揭示了宇观物理运动的规律性。四是化学运动。即原子－分子层次的物质客体的变化和过程，物质承担者为原子、分子、离子、原子团、游离基等；化学运动在微观物理运动和某些宏观物理运动的基础上产生，如原子、分子等运动形式，但不能归结为物理运动，如离子、原子团、游离基等形式。描述化学运动规律的宏观理论与微观理论分别是化学与量子化学。五是生命运动。即生命体组成的不断的自我更新、自我复制、自我调节的过程；物质承担者除了生物大分子体系外，还有细胞、个体、群体等；生命运动形式除了以生命基础的新陈代谢活动外，还有感应性、感觉活动、神经活动直至最高形式的思维活动。描述生命运动规律的宏观理论是生物学，微观理论有分子生物学、量子生物学等。

（2）物质运动形式的统一性。自然界的各种运动形式之间，由于其质的特殊性而相互区别，又因为其内在的关联性而相互统一。各种运动形式之间的统一性在于：一是高级运动形式以低级运动形式为基础，依赖于低级运动形式，并包含了低级运动形式，但不能把高级运动形式归结为低级运动形式。二是低级运动形式也离不开高级运动形式，依赖于高级运动形式，并被包含在高级运动形式之中，但低级运动形式在高级运动形式中并不起主导的决定作用。三是各种运动形式在一定条件下可以互相转化。恩格斯指出，“物体的机械运动可以转化为热，转化为电，转化为磁；热和电都可以转化为化学分解；化学化合又可以反过来产生热和电，而由电作媒介再产生磁；最后，热和电又可以产生物体的机械运动。”① 从自然界演化过程看，运动形式之间的转化是按照从低级到高级、由简单到复杂的秩序逐步展开的。

在科学认识中，要防止两种错误倾向。既不能把各种运动形式绝对地对立起来，也不能用一种运动形式来代替另一种运动形式。历史上还原论的错误就在于，混淆了高级运动形式与低级运动形式之间的区别。

4. 系统科学和复杂系统理论

20 世纪 60 年代末以来，随着系统科学、自组织理论、复杂系统理论的发展，为演化自然观研究提供了新的科学基础。

(1) 自组织理论。主要包括耗散论、协同论、突变论、超循环论，分别是由比利时的普里戈金、德国的哈肯、法国的托姆和德国的艾根创立的。耗散论认为，远离平衡态的开放系统，它通过其要素间的非线性相互作用及其与环境进行物质、能量和信息的交换，能够从无序向有序演化，形成新的有序的耗散结构。协同论认为，远离平衡态的开放系统通过其内部诸要素间的竞争与协同作用，可以从无序走向有序或从有序走向无序。突变论认为，系统在一定的条件下，可以从一种稳定态跃迁（突变）到另一稳定态，其运动规律可以运用拓扑学、奇点理论等数学工具进行描述。超循环论认为生物大分子，既自我复制，又通过它所编码的酶控制其他若干复制单元的复制，使其形成超循环系统并生成了生命。

(2) 复杂系统理论。主要包括分形论、混沌论、复杂性适应论，分别是由美籍法裔人曼德勃罗、美国的洛仑兹、约翰·霍兰等创立的。分形论认为，物质在整体与部分之间存在着某种自相似性，这种自相似的结构就是分形；自然界就是拥有这种自相似结构的分形体；分形生长是自然界系统演化的方式之一。混沌论认为，混沌是系统因其内在随机性及其自发随机行为而产生的有序与无序的统一体，是确定性与随机性、有序和尢序的辩证统一。复杂性适应论认为，复杂性适应系统是宇宙系统中相对独立存在又相互联系和作用的特殊系统，它具有突现、集体行为、自发组织、混沌边缘等特征。

---

① 马克思恩格斯选集（第 3 卷）. 北京：人民出版社，1972：499.

二、演化自然观的观点

演化自然观的主要观点：自然界是演化的自然界，矛盾是自然界演化的动因。自然界系统的演化是不可逆的，分叉和突现是其演化的基本方式，开放、远离平衡态、非线性作用和涨落等构成其演化的自组织机制，进化是系统以对称性破缺为路径和基础的有序化过程；自然界经历着“混沌—有序”不断交替的过程。从非生命界到生命界，自然界的演化状态、演化过程和演化方向都具有矛盾性；自组织性、质能守恒性和循环发展是演化自然观的显著特征。

（一）非生命界的基本矛盾：吸引和排斥

吸引和排斥是非生命界物质运动的基本矛盾和动因。恩格斯指出，“运动本身就是矛盾。”① 非生命界的“一切运动都存在于吸引和排斥的相互作用中。”②吸引和排斥是指非生命界事物相互作用中两种相反运动趋势的矛盾关系。如接近和分离、收缩和膨胀、凝聚和扩散、吸收和辐射、化合和化分、聚变和裂变等。

在宇观领域，总星系或宇宙的膨胀过程是排斥大于吸引；天体的机械运动受吸引和排斥的矛盾支配。如太阳对行星的引力作用，使行星不能飞离太阳系；而行星运动产生的离心力又使它不被吸到太阳上去。马克思说：“一个物体不断落向另一个物体而又不断离开这一物体，这是一个矛盾。椭圆便是这个矛盾借以实现和解决的运动形式之一。”③

在宏观领域，物体在地面上的相对静止或运动状态，都要受到来自地心的吸引力和地球自转所产生的离心力的影响。电磁运动中的吸引和排斥的矛盾，主要表现为电磁体的正电和负电、电场和磁场等相互作用。

在微观领域，吸引和排斥也是分子、原子、原子核、核子等运动的基本矛盾和动因。

（1）分子运动中的吸引和排斥，主要表现为分子力（分子间引力和斥力的合力）和热运动之间的矛盾。分子力的作用是使分子保持在平衡位置附近；分子热运动是一种无规则运动，它总是要使分子远离平衡态位置。

（2）在化学运动中吸引和排斥的矛盾，主要表现为化学中的化合和分解。原子的化合是吸引作用的体现，分子的分解则体现着排斥作用。

（3）原子内部的原子核和电子之间存在着吸引和排斥的相互作用。原子核和电子之间通过电磁场来交换场量子（光子）而产生相互吸引；电子绕核高速运动产生离心力、排斥力，还有库仑斥力、泡利排斥的量子效应等。

---

① 马克思恩格斯选集（第3卷）. 北京：人民出版社，1972：160.
② 马克思恩格斯选集（第23卷）. 北京：人民出版社，1972：122.
③ 马克思恩格斯全集（第23卷）. 北京：人民出版社，1972：122.

（4）原子核内部的核子（质子和中子）之间存在吸引和排斥的矛盾。原子核内的吸引表现为核子间存在的强相互作用力，即核力；原子核内的排斥主要包括质子间的库仑排斥、核子间的泡利排斥以及由微观粒子的波粒二象性所引起的排斥等。

总之，从总星系、星系（如太阳系）、恒星（如太阳）到行星（如地球）等天体的起源和演化，都是在吸引和排斥的矛盾作用下逐渐生成了有序的天体系统。从天体、物体、分子、原子到原子核等内部，从机械运动、电磁运动、化学运动、原子运动、原子核运动等各种运动形式，同样受吸引和排斥的矛盾的制约和影响。近些年来，混沌学、耗散结构理论、非平衡态理论、自组织理论、超循环理论等系统科学和复杂性科学等发展，对自然界从存在到演化的状态、机制和条件等研究取得了重要进展。

（二）生命界的基本矛盾：遗传和变异

恩格斯指出，“进化论证明了：从一个简单的细胞开始，怎样由于遗传和适应的不断斗争而一步一步地前进，一方面进化到最复杂的植物，另一方面进化到人。”① 从传统的达尔文进化论到现代生物进化论都表明，遗传和变异是生命界生物进化的基本矛盾和动因。传统的进化论认为，生物的进化是渐变式的，但难以解释跳跃式、突变式的进化，如生物大爆发现象等。现代生物进化论构建了跳跃式进化理论，认为生物的进化是突变式的，并对这种突变式进化的内在动因做出了深入的探索和解释。

1. 达尔文生物进化论

认为遗传和变异（适应）的矛盾是生物进化的内因和根据。生物体进化过程中，遗传是保存物种特性的方面，而变异是改变物种特性的方面。但二者又是统一的，不仅它们在同一生物体中得到统一，而且它们在生物进化过程中相互依存和相互转化。即变异是对物种的微小变化长期积累并遗传基础上形成新物种的过程；而遗传是对经变异形成的物种的保存，并在世代连续中不断为新的变异积累材料的过程。如果只有变异就不会有同一物种的世代连续；反之，如果只有遗传则不会有物种多样性的存在。

同时，自然选择是生物进化的外因和条件。自然选择使生物体在生存斗争、过度繁殖、适者生存、优胜劣汰等各种环境条件变化的过程中，既保存了适应环境的遗传和变异，又淘汰了不适应环境的遗传和变异。自然条件决定了生物进化的方向。

2. 现代生物进化论

主要包括基因稳定性理论、现代生物进化理论以及分子进化与中性学说。

---

① 马克思恩格斯选集（第3卷）. 北京：人民出版社，1972：534.

（1）基因稳定性理论。1908年，英国数学家哈代和德国医生温伯格分别提出关于基因稳定性的见解，后被称为“哈代-温伯格平衡定律”。他们指出，一个有性生殖的自然种群中，在符合以下五个条件的情况下，各等位基因的频率和等位基因的基因型频率在一代一代的遗传中是稳定不变的，即保持着基因平衡。这五个条件是种群很大、雌雄个体随机交配、没有突变和基因重组、没有个体迁入和迁出、没有自然选择的影响。所谓基因频率，亦即某种基因在某个种群中出现的比例。在此为基础上，逐渐形成了现代生物进化理论研究的主流。

（2）现代生物进化理论。认为种群基因频率的改变是生物跳跃式进化的主要动因。种群是生物进化的基本单位，生物进化的实质是种群基因频率的改变。突变和基因重组、自然选择、隔离是物种形成过程的三个基本环节，通过它们的综合作用，种群产生分化，最终导致新物种的形成。在这个过程中，突变和基因重组产生生物进化的原材料，自然选择使种群的基因频率定向改变并决定生物进化的方向，隔离是新物种形成的必要条件。

生物进化是同种生物的发展变化，时间可长可短，任何基因频率的改变，不论其变化大小，引起性状变化程度如何，都属于进化的范围。物种形成是指一个物种发展为另一个物种的过程，必须当基因频率的改变突破物种界限形成生殖隔离时，才可形成新物种。其中不仅包括漫长的时间，较明显的基因型和表现型变化，还应包括生殖隔离的存在。因此，生殖隔离是物种形成的必要条件，而不是生物进化的必要条件。生物进化经历了从原核细胞到真核细胞、无性繁殖到有性繁殖、简单到复杂、水生到陆生、低等到高等。生物的多样性表现为基因的多样性、物种的多样性和生态的多样性。

（3）分子进化与中性学说。认为生物的跳跃式进化是中性突变，遗传漂变是分子进化的基本动因。生物体内绝大多数突变都是中性突变。生物体内的大分子都是以一定的速率进化着，这一速率与种群的大小、物种的生殖力以及生物世代的长短都无关，也不受环境因素的影响，因此这些中性突变不会发生自然选择与适者生存的情况。生物的进化主要是中性突变在自然群体中进行随机的遗传漂变的结果，而与选择无关。

生物进化理论在发展。现有的进化理论所不能解释的问题比已经解释的问题还要多。以自然选择为核心的进化理论比其他学说的影响要广泛而深远，它将仍然是以后生物进化研究的重要基础。

总之，遗传和变异是生命界生物进化的基本矛盾和动因，并由此展开了极为丰富的系统性矛盾和辩证统一过程，包括渐变式与突变式、绝对性和相对性、确定性和随机性、简单性与复杂性、统一性和多样性、连续性与间断性、低等和高等、退化和进化等。

（三）自然界的演化状态：渐变和突变

自然界的演化状态表现出渐变和突变的矛盾性。这一矛盾在非生命界物质演化和生命界生物进化中都具有普遍性。

1. 渐变和突变是自然界演化的普遍形式和状态

渐变是指自然界的演化表现为缓慢的、量变的和连续的形式和状态。在自然界的演化过程中，渐变状态具有普遍性。如星云引力收缩、海陆变迁、大陆漂移、地球公转周期的变化、岩石的变质作用、海洋水分的蒸发、原子的稳定性、大多数物种的形成、胚胎的发育等。而突变是指自然界的演化过程表现为短暂的、质变的和间断的形式和状态。如超新星爆发、寒武纪生物大爆发、火山爆发、地震、洪水泛滥、极端天气、森林大火、原子聚变、生命体死亡、基因突变、染色体畸变等。

在自然界演化过程中，渐变相对于突变具有更大的普遍性。渐变和突变虽然都是自然界演化表现出的两种基本状态，但相对而言，无论在时间上还是空间上，渐变比突变表现得更为经常、广泛和普遍。例如：超新星爆发是恒星经过百亿年演化之后一生才爆发一次；在漫长的30多亿年的生命进化过程中，生物多样性的突变实例也不过几次；等等。

2. 自然界的演化状态是渐变和突变的辩证统一

在自然界演化过程中，渐变和突变是矛盾的两个方面，二者是对立统一的辩证关系。

（1）渐变和突变是相互区别的。如上所述，渐变和突变都有其质的规定性，在时间和空间上也都有其不同的表现形式，二者是不能相互代替的。

（2）渐变和突变是相互联系和相互依赖的，没有绝对的渐变也没有绝对的突变。在自然界的演化过程中，一方面，渐变离不开突变。如果自然界演化只有渐变而没有突变，那么自然界中就不会有物质形态的多样性和生物的多样性的不断产生。渐变必然引起突变，突变为新的渐变开拓道路，没有突变就没有新的渐变。另一方面，突变也离不开渐变。如果自然界演化只有突变而没有渐变，那么自然界中就不会有物质形态的多样性和生物的多样性的世代连续。渐变是物质分化的根本条件，渐变是突变的基础，突变是渐变的结果，没有渐变就没有突变。自然界的演化过程是确定性、渐变性、连续性与随机性、突变性、间断性的辩证统一。

（四）自然界的演化过程：可逆与不可逆

自然界的演化过程具有可逆和不可逆的矛盾性。这一矛盾在非生命界物质演化和生命界生物进化中都具有普遍性。

可逆和不可逆是贯穿于自然界演化过程中的主要矛盾和两种相互对应的状态。如果系统从某一状态转变为另一状态后，能够再回复到原来的状态，并且同时使系统的环境也回复到原状，这是可逆过程；反之，若系统及其环境一经变化后不能回复，这则是不可逆过程。

通常，可用数学语言对可逆与不可逆做出精确的刻画。人们把映射：$t \to -t$，称为时间反演变换。如果描述一个过程的动力学方程在时间反演变换下保持不变，即该过程是可逆过程。可逆性是过程的时间反演对称性。因此，可逆与不可逆实际上反映了自然界演化的状态对时间的关系。

时间与不可逆过程相联系，有箭头或方向。至今人类已发现有五种“时间之矢”：一是热力学、统计物理学的时间之矢，即熵增加的时间方向；二是生物学的时间之矢，即生物进化的时间方向；三是电磁学的时间之矢，即振荡电磁所产生的电磁波的传播方向；四是量子力学的时间之矢，即原子的自发辐射的时间方向；五是宇宙学的时间之矢，即自大爆炸开始的宇宙不断膨胀的时间方向。其中，以宇宙膨胀的运动方向作为时间箭头可能是更普遍的，宇宙中其他一切物质系统的时间方向性都是从属于大爆炸这个时间箭头的本原的，即都由宇宙大爆炸这个时间箭头派生而来的。

时间之矢在不可逆过程存在的情况下，自然界的演化才是可能的，质的多样性才是可能的。不可逆过程既可以导致有序结构的破坏，也可以导致更有序结构的产生。因此，与不可逆过程相联系的时间箭头既可以指向退化的方向，也可以指向进化的方向。

现实的自然过程是不可逆的。自然界中实际发生的过程都是不可逆的。自然界真实的物理图像是不可逆过程才是无条件的、绝对的。因为任何系统都处于一定的时间和空间之中，都有其演化的历史，在进化的单行道上不允许走回头路。相反，可逆过程倒是相对的，是一种理想过程，舍去了许多规定的抽象的形式。经典力学、电动力学、量子力学等用可逆的物理方程描述客观世界，只是一种相对的、有条件的、简化了的认识，是忽略了不可逆性的真实过程的理论近似。在此意义上，著名物理学家玻姆说：“将自然规律描述成原则上完全可逆，只不过是实在的极度简化的表象的产物。”① 普里戈金说：“那许许多多塑造着自然之形的基本过程本来是不可逆的和随机的，而那些描述基本相互作用的决定性和可逆性的定律不可能告诉人们自然界的全部真情。”② 局部的、暂时的可逆过程，并不否认自然界系统演化的不可逆性。

（五）自然界的演化趋向：进化和退化

自然界的演化趋向还表现出进化与退化的矛盾性。这一矛盾在非生命界物质演化和生命界生物进化中都具有普遍性。

1. 进化和退化的区别

进化和退化是自然界演化过程中同时存在的两种基本趋向。一般来说，进

---

① 玻姆．现代物理学中的因果性和机遇．北京：商务印书馆，1965：119.

② 尼科里斯，普里戈金．探索复杂性．成都：四川教育出版社，1986：V.

化是系统以对称性破缺为路径和基础的有序化过程，是物质系统在演化中由无序到有序、由低序到高序的上升过程，反之则为退化。有序表示客观事物或系统组成要素之间有规则的联系和转化，反之则为无序。

正如前文所述，不可逆过程既可以导致有序结构的破坏，也可以导致有序结构的产生。这就意味着，对自然界演化来说，与不可逆过程相联系的"时间箭头"，既可以指向从有序到无序方向，也可以指向从无序到有序方向。纵观自然发展史，自然界确实存在从无序到有序、从有序到无序两个演化方向。例如，从基本粒子形成原子、分子，从星云引力收缩变成恒星，从无机物合成有机物，从微生物演变成鱼类、爬行类、猿、人等，这些就是从无序向有序的演化；另一方面，生物个体的衰老死亡、岩石的风化、水土的流失、某些生物种类的灭绝、沙漠化、超新星爆发等，这些又是从有序向无序的演化。

但是，并非所有有序度提高的过程都能称为真正的进化。生物的生长、发育过程一般是有序度提高的过程，而衰老、死亡过程一般是有序度降低的过程。拉兹洛认为，"有两种变化方式，切不可将它们混为一谈，一种变化是预先编好程序的，譬如像胚胎在母体子宫内的演变和生长"，"另外一种类型的变化是'种系发生'的典型特征"。这后一种变化被称为"创造性的推进"，它标志着真正的进化。[①]

在科学认识中，进化和退化的规定性一般用质量、熵和信息这三个范畴来刻画。由于事物的有序性主要地表现在物质系统的结构质量和功能质量上，因此物质系统的结构和功能趋于完善的演化是进化，反之则为退化。熵是热力学描述物质系统过程的状态函数，它表征系统分子运动的无序化程度。"广义熵"概念已超出热力学范围，被用来描述物质系统的一般特征。据此，进化也是物质系统的熵不断减少的过程，反之则为退化过程。信息是信息论描述研究对象"不定性减少或消除"的概念，可以表征事物组织程度的高低。"广义信息"概念也已超出信息论范围，而用来描述一般系统的有序化程度。据此，进化可以看作是物质系统信息量不断增加的过程，反之则为退化过程。

2. 进化和退化的特点

（1）自发性。进化和退化都是事物的自我运动，自我否定。它们不是依据外界的指令而变化，而是在一定外部条件下依据自身内在的机制进行自生成或自瓦解。

（2）稳定性重建。当原有事物出现失稳情况时，系统才会进入进化或退化过程，其结果是新的稳定状态的确定。

（3）离散性。进化和退化主要是在连续性的中断中实现的，虽然系统中也

---

① 编写组．自然辩证法概论．北京：高等教育出版社，1989：65.

有某些方面的连续性，但进化或退化的完成往往要经过突变。当然，离散性并不意味着没有任何中间阶段，但这些中间阶段的稳定性没有保证，因而比较短暂易逝。

3. 进化和退化的统一性

（1）进化和退化相互包含。在自然演化中，以进化为主的过程往往内在地包含着退化；同样，以退化为主的过程也常常内在地包含着进化。例如，从猿到人无疑是生物进化史上的一次最伟大的事件；但从局部功能看，像攀越、消化、适应环境等能力却有退化的趋势。

（2）进化和退化共存共生，即同时存在和同步发生。因为，一个系统有序程度的提高是以负熵流的引入为代价的，这相当于系统把熵增转移到环境之中，从而降低了环境的有序程度，导致了环境某些方面的退化。如工业化推进了人类社会的文明程度；但工业化也消耗了地球几十亿年来的大量能源储备，向自然界排放难以计数的废气、废物和废水，带来了生态环境的恶化。

（3）进化与退化相互交替。在一定条件下，进化过程可以走向退化；退化过程也可以走向进化。按自组织理论的观点，开放系统在远平衡的非线性区，通过引进负熵和正反馈循环，经涨落或起伏，会从无序状态产生有序结构。但有序运动的系统，在一定条件下，通过一定的方式会形成无序状态。例如，有序运动的平流会形成湍流，有周期、有节律的运动会丧失周期和节律，可以用动力学规律处理，并能计算未来物理过程如何变成混沌状态等。

自然界的演化过程是平衡和非平衡、稳定和不稳定、对称性和非对称性、收敛性和离散性、有序性与无序性、渐变和突变、进化和退化的辩证统一。进化和退化是自然界普遍存在的两种演化趋向，它们既有着相反的演化方向，又有着相互包含、同存共生和相互交替的统一性，从而构成了一幅多姿多彩的自然演化图景。

三、演化自然观的特征和意义

（一）自然界演化的特征

自然界演化的呈现出自组织性、质能守恒性和演化发展等显著特征。

1. 自然界演化的自组织性特征

自然界物质系统的演化，无论是进化还是退化都是一种自发的过程，即它们不是按照来自系统外部的指令变化，而是对系统内部的结构与要素的关系以及物质、能量和信息与环境的关系进行自组织的过程。近些年来，非平衡态系统的自组织理论，揭示了系统演化中无序与有序转化的普遍性和规律性。

（1）自然界的演化过程是有序和无序的统一。首先，有序和无序是相互区别的。有序是指物质系统的存在和演化中表现出来的稳定性、规则性、确定性、各要素及其与环境的关联性。而无序性则表现为不稳定性、不规则性、随机性、各要素及其与环境的关联性。例如：结晶体是有序的，分子运动是无序的；纺织品是有序的，一团乱麻是无序的；激光是有序的，自然光是无序的；等等。系统结构的有序性或无序性统称为结构序，系统功能的有序性或无序性称为功能序，系统演化过程的有序性或无序性统称为时间序。其次，有序和无序又是统一的。二者相互依存和相互依赖，同一系统中是矛盾的两个方面。任何系统既不是绝对的有序，也不是绝对的无序，而是有序和无序的统一体。最后，它们在一定条件下可以相互转化。从系统演化的时序来看，系统由有序度较低的状态（无序度较高）向有序度较高的状态的演化和进化，是一个从无序向有序的转化过程；反之，系统由无序度较低的状态（有序度较高）向无序度较高的状态的演化和退化，则是一个从有序向无序的转化过程。

（2）在自然界中，有序和无序密不可分，两种过程同时并存，二者是相互依赖和相互转化的。物质系统存在着从简单走到复杂、从低级到高级的进化、上升和前进过程，即从无序走向有序的过程。例如，总星系的演化从原始火球开始到核子、原子、分子的产生，从星云到恒星和星系的演化，从无机物到有机物、从植物到动物、从猿到人的进化等，自然界在各个阶段、各个方向都进行着从高度无序到低度无序的进化过程，这是从无序走向有序的过程。但同时，自然界中也存在着从复杂到简单、从高级到低级的退化、下降和衰落的过程，即从有序走向无序的过程。自然界在各个阶段、各个方向也在进行着从高度有序走向低度有序的退化过程。例如，超新星爆发使有序的天体系统变为天体的残骸、碎片、分子、原子、核子，在高度有序的地球上所发生的地震、土地沙漠化、水土流失、生态系统的衰落、森林大火、动物体的器官退化和死亡过程等，这些则都是自然界演化过程中从有序到无序的表现。

（3）自组织理论揭示了物质系统从无序到有序转化的条件。一是远离热平衡态。只有远离热平衡态的系统，才可能从杂乱无序的状态跃迁到有序状态。二是开放系统。系统内外环境之间要有物质、能量、信息的交换与流通，并且必须使系统从外部输入的负熵流绝对值大于系统内部产生的熵，从而使系统的熵逐步减少。三是非线性作用。它使各要素间产生相干效应与协调动作，从而可以使系统从杂乱无章变为井然有序。四是正反馈推动作用。它使系统的变化得以放大，从而产生质变，加速系统的自组织。五是涨落和突变。系统内部的具体要素并不严格精确地处于平均状态，而是有或多或少、或大或小的偏离，即内部随机涨落；小的涨落会被衰减，而在临界点附近的涨落则可能被放大而形成巨涨落，推动系统发生质变，跃迁到新的分支上而形成有序结构。

非平衡自组织理论的研究成果，回答了生物进化论与热力学第二定律在科学思想上的矛盾，表明了孤立系统的退化与开放系统在一定条件下的进化可以在同一理论模式中得到解释；同时还对如何理解一般进化条件提供了启示。首先，从外部获得物质和能量是系统进化的基本条件。这表明物质系统是能够引进足够大的负熵流的开放系统。其次，系统非线性相互作用是系统进化的内在根据。这种内在的基本根据是系统演化方向和趋势的基本规定；稳定的有序结构以及可能的演化分支，正好表现了演化的方向和趋势。最后，内部涨落是系统进化的直接诱因。演化不仅需要一定的内部根据和外部条件，而且需要诱因或导因，内部涨落就扮演着这种触发器的角色。

（4）自组织理论揭示了物质系统从有序到无序转化的机制、条件和途径。首先，系统从有序到无序转化的机制。孤立系统的退化问题，可以用熵增规律进行解释。对于开放系统的退化问题，非线性科学、倍周期理论的进展表明，无序或混沌与有序不是绝对对立的；系统状态随参量值变化的倍周期、分岔机制，会导致系统从有序状态过渡到新的混沌状态。其次，系统从有序到无序的条件。一是系统对初始条件具有敏感依赖性。即输入微小差异很快变成输出的巨大差别，如通常所说的“蝴蝶效应”。二是参数值达到或超过一定阈值。对无序或混沌系统的研究表明，混沌有着无穷结构，显示出惊人的有序性；在一定条件下，有序可以转化为混沌，混沌也可以转化为有序。最后，系统从有序到无序转化的途径。包括：倍周期分岔进入混沌；三体相互作用通向混沌；阵发混沌通向完全的混沌。

2. 自然界演化的质能守恒性特征

恩格斯指出，“既然我们面前的物质是某种既有的东西，是某种既不能创造也不能消灭的东西，那么运动也就是既不能创造也不能消灭的。”① 即物质及其运动转化在量上和质上都是守恒的。随着自然科学的不断深化和发展，日益揭示了物质和能量的守恒规律在自然界演化过程中的普遍性。据此我们认为，物质和能量的守恒规律也自然界演化的基本规律之一。

（1）物质的运动转化在量上是守恒的。根据物体碰撞问题的研究，笛卡儿于1644年把“运动量守恒”概括为“宇宙的运动量是守恒的”，即最早明确提出了运动守恒原理。当时普遍认为，运动量是物体的质量和速度的乘积（mv）。1686年莱布尼茨做出修正，指出运动量是物体的质量和速度平方的乘积（mv^2）。19世纪30~40年代，迈尔、焦耳等人发现了能量守恒定律，使哲学运动不灭原理得到了科学印证。该定律表明，物质的运动从一种形式转化为另一种形式，其转化前后的能量守恒。

（2）物质的运动转化在质上也是守恒的。恩格斯指出，“运动的不可灭性不

---

① 马克思恩格斯选集（第3卷）. 北京：人民出版社，1972：492.

能仅仅从量上，而且还必须从质上去理解。”① 物质运动不仅是在量上守恒，而且在质上也是守恒的；失去了一种质的运动，必然产生另一种质的运动；物质运动及其转化能力永远不会丧失，它是物质本身所固有并产生出来的。恩格斯为了强调运动在质上的不灭性、物质运动具有无限的转化能力，他把能量守恒定律称为“能量守恒与转化定律”，从量和质两个方面揭示了运动守恒原理的深刻内涵。

（3）自然界演化的质能守恒性在自然科学和哲学发展中不断得到证明。首先，质量守恒定律表明物质的质量是守恒的。1756 年罗蒙诺索夫由实验提出，在化学变化中物质的质量是守恒的，但在当时为人知道的不多。到 1777 年拉瓦锡由实验也得到同样的结论，使质量守恒定律开始为人所承认。1908 年德国朗道耳特及 1912 年英国曼莱又做了精确度极高的实验，表明在化学反应中参加反应前各物质的质量总和等于反应后生成各物质的质量总和。至此质量守恒定律得到了科学界的公认。其次，能量守恒定律表明物质运动的能量是守恒的。如上所述，19 世纪焦耳等人发现了能量守恒定律，为哲学上运动不灭原理提供了证明。再次，质能守恒定律表明物质及其运动的质量和能量都是守恒的。20 世纪以来，人们既承认两个相互独立的定律——质量守恒定律和能量守恒定律，同时又将这两种定律合称为质能守恒定律。特别是 1905 年爱因斯坦提出的质能关系式（$E=mc^2$）表明，物质的质量与其内部的能量是守恒的，物质可以转化为辐射能，辐射能也可以转化为物质。此外，物理学中还存在着许多守恒定律，如角动量守恒、电荷守恒、重子数守恒、轻子数守恒、奇异数守恒、同位旋守恒等，它们是自然规律具有各种对称性的结果。最后，物质和能量的守恒性体现着自然界演化的永恒性。质量守恒定律、能量守恒定律是自然界最普遍、最重要的基本定律；大到宇宙天体、小到原子核内部，从物理、化学到地质、生物，从无机界到生命界，只要有物质存在和能量转化，就一定服从质能守恒的规律。生命有机体是一个能够进行自我调节、自我控制和自我复制的物质与能量代谢系统，在生命有机体进行物质和能量代谢的过程中，同无机物一样遵循能量守恒定律和质量守恒定律。以此为基础，从哲学上看，自然界是物质的，物质是既不能创造也不能消灭的；物质是运动的，运动是物质的固有属性和存在方式；运动和物质一样，也是守恒的、不灭的、永恒的。物质的运动只能从一种形式转化为另一种形式，这种转化能力是物质本身所固有并产生出来的，物质运动及其转化能力永远不会丧失，在时间上无始无终、在空间上无边无际，自然界的演化具有永恒性。自然界的演化过程是量变和质变、相对和绝对、守恒和不守恒、有限性和无限性、多样性和统一性、暂时性和永恒性等辩证统一。

---

① 恩格斯．自然辩证法．北京：人民出版社，1984：21.

诚然，自然界演化的永恒性还需要随着自然科学和哲学的不断发展去证明。

3. 自然界演化的循环发展特征

自然界的循环发展具有普遍性。恩格斯指出，“一切产生出来的东西，都注定要灭亡。”① “整个自然界，从最小的东西到最大的东西，从沙粒到太阳，从原生生物到人，都处于永恒的产生和消灭中，处于不断的流动中，处于无休止的运动和变化中”，“整个自然界被证明是在永恒的流动与循环中运动着。”② 这种循环不是简单的重复，而是辩证的回归，是在循环中发展的过程。

（1）无论是非生命界还是生命界，物质系统都呈现出循环发展的周期性。在非生命世界中，恒星演化过程就是一个循环式的发展过程。按照弥漫说，恒星是由星际弥漫物质转化而来，经过一定的演化阶段，又将回到星际弥漫物质中去。地球板块构造也是一个循环式的发展过程。按照新的板块学说，新的地球板块是由地幔物质冒出地表在洋中脊处形成；随着岩石圈板块在洋中脊两侧的不断扩张，它最终要在深海沟俯冲下重新融入地幔，这就完成了一个循环周期。在生命世界中，生物和环境之间进行着大规模的物质、能量交换，这种交换也表现出循环式发展的特征。例如，植物通过光合作用获取太阳能，把从周围摄取的二氧化碳、水和其他无机物质转化为有机物质，再通过食物链在各级动物中传递，最后动植物尸体被微生物再分解为无机物质，又回到环境中去。

自然界循环发展的周期性具有多样性。由于自然界的物质形态、运动形式和内部矛盾等都具有多样性，因而物质系统演化的循环周期也具有质的多样性。首先，循环周期的表现形式是多样的。例如，机械运动有旋转运动，物理运动有频率周期，化学运动有元素周期，生物运动有生命周期等。其次，循环周期的时间长短亦不尽相同。例如，银河系中太阳系的公转周期为2.5亿年，脉冲星的脉冲辐射周期为0.03～4秒，太阳系中各行星也都有自己的公转和自传周期；生命界有“花种”“生物钟”等周期性。同时，每一循环周期的各个环节或阶段特征也是多样的。

（2）自然界的循环发展具有永恒性和无限性。从自然界演化的永恒性看，自然界中任何有限的物质系统的存在都是暂时的；但物质系统演化所依据的内在规律是永恒的，物质和运动是不灭的；因此，自然界是一个永恒循环的发展过程。恩格斯明确指出，自然界“在这个循环中，物质的任何有限的存在方式，不论是太阳或星云，个别的动物或动物种属，化学的化合与分解，都同样是暂时的。而且除永恒变化着，永恒运动着的物质以及这一物质运动变化所依据的规律外，再没有什么永恒的东西。……物质在它的一切变化中永远是统一的，

---

① 马克思恩格斯文集（第9卷）. 北京：人民出版社，2009：422.

② 马克思恩格斯选集（第3卷）. 北京：人民出版社，1972：454.

它的任何一个属性都不会丧失，因此，它虽然在某个时候一定以铁的必然性毁灭自己在地球上的最美花朵——思维着的精神，而在另外的某个地方和某个时候一定又以同样的铁的必然性把它重新产生出来”①。

同时，自然界的循环发展是无限的。恩格斯指出，“无限时间内宇宙的永远重复的连续更替，不过是无限空间内无数宇宙同时并存的逻辑的补充。”② 这就是说，承认宇宙在无限空间内有无数有限物质系统的同时并存，就必然要承认这些有限的物质系统在时间上的连续更替、永恒重复和无限发展。否则，如果不承认这些有限系统在时间上通过新旧体系的连续更替而无限发展，就意味着无数有限系统的相继毁灭必将导致整个宇宙的灭亡，从而导致否定宇宙在无限空间内同时并存着物质形态多样性的谬误。

在自然界的循环发展中，由于物质运动形式的矛盾性、物质系统内外部矛盾的相互作用，由此形成了平衡和非平衡、稳定和不稳定、对称和非对称、收敛和离散、渐变和突变、连续和间断等矛盾体系；系统层次的自然界，在物质系统的自组织性、物质和能量的守恒性等相互作用和演化过程中，它不可能单调地走向确定性、线性、简单性和无序性，也不可能单调地走向随机性、非线性、复杂性和有序性；在自然界不可穷尽的演化系列中，在多层次、多类型、多分支的进化和上升的螺旋中，也重复着退化和下降到某个阶段的基本特征；在绝对不可逆的必然过程中，包含着相对的、有条件的可逆性和随机性；在宇宙无限的空间中，无数有限物质系统的同时并存，必然以其在时间上永远重复的连续更替为逻辑补充，自然界是一个永恒循环和无限发展的演化过程。

（3）现代宇宙学的推断。现代宇宙学对宇宙未来的趋势作出了推断。其研究表明，宇宙未来演化的趋势取决于宇宙的质量密度。若宇宙的质量密度小于临界密度（约 $5\times10^{-30}\mathrm{g/cm^{-3}}$），那么宇宙是开放的、无限的，就会像现在这样一直膨胀下去；若宇宙的质量密度等于临界密度，那么宇宙是平坦的、无限的，它也会永远膨胀下去；若宇宙的质量密度大于临界密度，则宇宙是闭合的、有限的，引力吸引将最终使宇宙停止膨胀而转变为收缩。根据天文观测，宇宙中所有可见物质的平均质量密度不到临界密度的1/10，似乎表明宇宙要永远膨胀下去。但是，宇宙中还有许多看不见的“暗物质”，如星际物质、黑洞、中微子等。就宇宙中弥漫的数量惊人的中微子而言，20 世纪 80 年代以来人们发现它有静止质量，仅仅是中微子的质量密度就能超过临界值而使宇宙在未来由膨胀转变为收缩，从而形成宇宙的永远重复、连续更替。然而，2002 年 11 月，由英国科学家领导的一个国际天文学小组宣布，他们获得的新证据表明宇宙中大部分

① 马克思恩格斯选集（第 3 卷）. 北京：人民出版社，1972：462.

② 马克思恩格斯选集（第 3 卷）. 北京：人民出版社，1972：461.

能量是以“暗能量”的形式存在。其研究结果显示，2/3 的宇宙可能由神秘的“暗能量”组成。“暗能量”能够产生与引力相反的排斥力，这可以解释为什么宇宙会出现加速膨胀现象。目前，人们以极大兴趣仍在注视着这一领域的新进展。

（二）演化自然观的意义

1. 丰富和发展了马克思主义自然观

演化自然观以现代科学发展为基础，论证了自然界从存在到演化的历史过程、物质运动形式的多样性和统一性，非生命界的基本矛盾、生命界的基本矛盾，自然界的演化状态、演化过程和演化趋向的矛盾性，以及自然界演化的自组织性、质能守恒性、循环发展等特征；强调自然界是吸引和排斥、遗传和变异、渐变和突变、线性和非线性、可逆和不可逆、有序和无序、简单性和复杂性、进化和退化、上升和下降等辩证统一。同时表明，自然界的演化是“自组织”地进行的，而不是“他组织”地进行的。近代机械唯物主义自然观把自然界描述为一架机器，靠“第一次推动”开始运转，其发生和发展的根据和动力都在外部是根本错误的。显然，演化自然观深化和发展了辩证唯物主义自然观。

2. 对于认识和变革自然都具有认识论和方法论意义

例如，认识和把握渐变和突变的辩证关系，要求在认识自然和变革自然过程中，既要善于区分渐变和突变的具体表现形式，又要注重通过创造有利条件促进二者的相互转化。一方面，促使突变转化为渐变。如为挽救某些濒临灭绝的稀有生物，可通过人工培植或饲养等途径以避免突变事件；为预防河流发生洪水泛滥的严重后果，可通过疏浚河道、加固增高河堤、营造防护林带等措施以避免突变事件；不把原子能材料应用于研制原子弹、氢弹等核武器，而用于清洁的原子能发电等造福于人类等。另一方面，促使渐变转化为突变。如通过人工培育农作物新品种来加速突变；世界上有些地方用高压大量注水于地下，以避免因过去大量抽出地下水而可能再次引发局部地震；世界上有一些国家进行了原子弹、氢弹等核弹的研制和爆炸试验，诚然这是应加以严格控制和尽量避免的突变事件等。又如，认识和把握质能守恒性特征或规律也具有重要意义。人类对各种物质能量，如煤、石油等燃料以及水能、风能、核能等开发和利用，都是通过物质能量的转化来实现的。正确认识和利用这一规律，对于促进物质能量与生态环境的良性循环等具有重要作用。

3. 促进演化自然观理论与实践相结合

马克思主义自然观是演化自然观与系统自然观、人工自然观和生态自然观的统一；演化自然观论述了认识从自然界的存在到演化的过程，认识从多样性到统一性、从非生命界到生命界、从特殊矛盾到普遍矛盾、从简单性到复杂性、从线性到非线性等认识的转变；注重研究自然界演化过程中的吸引和排斥、遗传和变异、渐变和突变、可逆和不可逆、有序和无序、进化和退化等矛盾关系和作用机制，也为研究自然界演化的自组织性、质能守恒性和循环发展等规律性问题，提供了一种具有认识论、方法论意义的系统思维方式；主张把演化自然观理论应用于实践过程中，通过变革自然、加快社会发展的历史进程；在实践中从真、善、美全方位充分体现自然界系统的科学价值、伦理价值和艺术价值等。由此，促进演化自然观理论与实践相统一，并建立起马克思主义自然观、认识论、方法论与历史观和价值观的联系。

第四节　人工自然观

人工自然观是关于人类改造自然界的总的观点。它是以现代科学技术成果为基础，总结概括了人与自然的关系以及人工自然界的特殊性，是马克思主义自然观发展的当代形态之一。

一、人工自然观的渊源和基础

（一）人工自然观的思想渊源

人工自然的概念最早是于光远在1961年提出的，但是，对它的研究及其思想可以追溯到古代。

1. 古代人工自然观思想

古希腊哲学家柏拉图、亚里士多德等论述了“人工产品”“人工客体”等概念和改造自然界的思想。中国古代提出了“人定胜天”“制天命而用之”等改造自然界的思想；提出了改造自然能力的“人工”或“人力”、农业和手工业产品的“百货”、制造器具的“百工”等概念，这些都蕴含着人工自然观的思想。

2. 近代人工自然观思想

培根、斯宾诺莎等提出“人为事物”等概念和改造自然界的观点；霍布斯把物体划分为自然物体和人工物体，并主张人既属于自然物体又属于人工物体；康德提出“人为自然界立法”，蕴含着以人为中心的自然观思想；黑格尔论述了改造自然过程中的目的和手段之间的辩证关系。

马克思、恩格斯在其《德意志意识形态》中提出“感性世界”，马克思在《1844年经济学哲学手稿》中提出“人化自然界”“人的现实的自然界”“人类学的自然界”等概念，论述了以实践改造自然界的观点。

（二）人工自然观的科学技术基础

近现代科学技术为正确认识和处理天然自然与人工自然的辩证关系，减少创造人工自然的负面后果奠定了基础。

1. 人工自然观的科学理论基础

（1）自然资源理论。狭义的自然资源，只包括实物性资源，即在一定社会经济技术条件下能够产生生态价值或经济价值，从而提高人类当前或可预见未来生存质量的天然物质和自然能量的总和。广义上则包括实物性自然资源和舒适性自然资源的总和。其主要特征如下：一是数量的有限性，指资源的数量与人类社会不断增长的需求相矛盾，故必须强调资源的合理开发利用与保护；二是分布的不平衡性，指存在数量或质量上的显著地域差异，某些可再生资源的分布具有明显的地域分异规律，不可再生的矿产资源分布具有地质规律；三是资源间的联系性，指每个地区的自然资源要素彼此有生态上的联系，形成一个整体，故必须强调综合研究与综合开发利用；四是利用的发展性，指人类通过生产活动把自然资源加工成有价值的物质财富，从而使自然资源具有广泛的社会属性。自然资源是人类生存和发展的物质基础和社会物质财富的源泉，是可持续发展的重要依据。依据不同的分类标准，自然资源可分为可再生资源、可更新自然资源和不可再生资源，或生物资源、农业资源、林业资源、国土资源、矿产资源、海洋资源、气候气象、水资源等。

（2）环境容量理论。狭义的环境容量是指一定时间、空间范围内的环境系统在一定的环境目标下对外加的某种（类）污染物的最大允许承受量或负荷量。广义的环境容量，是指某区域环境对该区域发展规模及各类活动要素的最大容纳阈值。这些活动要素包括自然环境的各种要素（大气、水、土壤、生物等）和社会环境的各种要素（人口、经济、建筑、交通等）。环境容量资源是一种稀缺的功能性资源，也是一种有限的、公共的资源。对于某一区域而言，只要环境系统结构不发生本质变化，区域的环境容量在质和量上总是客观、稳定的。同时，主观上难以对环境容量做出客观精确判断，客观上环境容量随时间及周围条件的变化而随机变化。对环境容量的研究涉及面广，领域交叉、跨学科、综合性强。

（3）环境承载力理论。环境承载力，又称环境负担能力、环境负荷量，指在一定环境中可以生活的最大生物数量。它是在一定时期、一定的状态或条件下、一定的区域范围内，在维持区域环境系统结构不发生质的变化、环境功能不遭受破坏的前提下，区域环境系统所能承受的人类各种社会经济活动的能力。即环境对区域社会经济发展的最大支持阈值。这就明确规定了环境承载力存在的必要条件和把承载对象限定为依赖于环境“承载”的人类活动，并且这种“承载能力”应该是有确定阈值的，它反映了环境的价值和环境与人类活动之间的联系，从而在环境与人类活动之间建立起了一座桥梁。在特定时期内，区域承载系统自身固有的诸如大气、地下水、森林、纳污水体、土地资源等容纳量和供给量是客观的、相对稳定的。但是，当非自然力和人类活动超过系统的自我调节能力时，原有调节功能丧失、导致系统平衡破坏，系统就转变为另一状态，在新的状态下建立新的稳定态。环境承载力还具明显的区域性和时间性，只有相对于某一区域、某一时段才有意义。环境承载力的对象是人类活动，人类活动有方向、强度、规模之分，这就决定了环境承载力具有矢量性。

（4）环境容载力理论。环境“容载力”，不仅包括环境的容量和质量，而且还包括环境的承载力。前者是指环境对于区域经济社会发展提供的阈值，后者指环境对区域经济社会发展支持的最大阈值；它们表述的是一个事物的两个方面，因此两者的关系十分密切；没有环境容量和质量，就谈不上环境承载力，区域环境的承载力就是环境容量的承载力。据此，环境容载力可定义为：自然环境系统对其人口、社会、经济及各项建设活动所提供的最大的容纳程度和最大的支撑阈值，或以最大的环境容量和环境质量支持的社会经济发展的能力。简言之，环境容载力是指自然环境在最大纳污条件下所支撑的社会经济的最大发展能力。在一定的时期及地域范围内、一定的自然条件和社会经济发展规模条件下、一定的环境系统结构和功能的条件下，区域环境系统对其人口、社会、经济及各项建设活动所提供的最大的容纳程度和最大的支撑阈值，或以最大的环境容量和环境质量支持区域社会经济发展的能力是有限的，即容载力是有限的。同时，区域环境容载力本身是一个客观的量，是环境系统客观自然属性的反映；在一定的区域环境容载力的评价指标体系下，其指标值的大小是固定的，不以人们的意志为转移。通常情况下，区域环境的容载力具有相对的稳定性，如果把处于一定条件下的环境容载力看成一些数值，这些数值将在一个有限的范围内上下波动，而不会产生大的变化。但是，人类在掌握环境系统变化规律的基础上，可根据自身的需求和采取相应的措施，从而提高环境容载力，如城市通过保持适度的人口容量和适度的社会经济增长速度从而提高环境的容载力。

2. 人工自然观的跨学科群基础

系统科学为从总体上研究人工自然的结构和功能、人工自然与天然自然的关系等提供了系统思维方式；以生态科学为主导、数学科学及其他自然科学为研究和创建人工自然界提供了理念、理论和方法；哲学、美学、伦理学和法学等人文社会科学，对人类创建人工自然的行为及其后果进行批判性反思，使其在追求工具价值的同时追求人文价值、生态价值和社会价值，以实现人工自然、生态环境和社会发展的和谐统一。

3. 人工自然观的技术基础

人工自然观的技术基础主要包括采掘技术、加工技术、控制技术、运输技术、通信技术和医疗技术等基础性、主导性和保障性技术，以及新材料技术、新能源技术、计算机技术、生物技术、空间技术、海洋技术、环境技术、生态技术等当代高技术和新技术。

二、人工自然观的观点

人工自然观的主要观点：人工自然界是系统的、演化的自然界，它是人类通过采取、加工、控制和保障等技术活动创造出来的相对独立的自然界，具有目的性、物质性、实践性、价值性和中介性等特性；它来源于天然自然界，既遵循自然规律又遵循社会规律和自身的特殊规律，并在总体上经历了从简单到复杂、从低级到高级的演化历程；正确认识技术的经济和生态价值，采用生态科学和系统科学的方法，通过研究开发和应用生物和生态技术，创建资源和环境友好型社会和生态型的人工自然界。人工自然以人与自然的关系为认识基础；既有自然属性又有社会属性；与天然自然和人化自然既有区别又有联系；主体性、能动性和价值性等是人工自然观的显著特征。

（一）人与自然的辩证关系

人与自然的辩证关系是人工自然观的认识基础。人与自然的关系包括人依赖于自然界又能动地反作用于自然界两个基本的方面。

一方面，人对自然具有依赖性和受动性。人类的生命、意识和活动都起源于自然界，又在改造自然界的过程中始终受到自然界及其规律的制约和影响，这是人类的受动性。

（1）自然界是人类赖以产生和发展的基础。马克思指出，“人本身是自然界的产物，是在自己所处的环境中并且和这个环境一起发展起来的。”① 自然界孕育了人类，是人类产生的摇篮；同时，自然界也是人类赖以存在和发展的环境条件和家园。

（2）作为自然、社会的人对自然界有依赖性。马克思指出，“作为自然的、有形体的、感性的、对象性的存在物，人和动植物一样，是受动的、受制约的和受限制的存在物。”② 恩格斯指出，“我们连同我们的肉、血和头脑都是属于自然界，存在于自然界的。”③ 在物质进化过程中，形成了人体化学成分与地壳成分相似的特性；如果人体和环境间化学元素的一致性遭到破坏，就会影响人体的健康甚至导致死亡，这是人类对自然界的物质性依赖的证明。同时，人也是“社会存在物”，还具有社会属性。人对自然界的物质性依赖，导致人类通过生产劳动、变革自然，取得自身生存和发展的自然资源和适宜的环境。因此，自然界也是人类社会生存、发展的条件和基础。

（3）作为创造活动主体的人对自然界有依赖性。意识是人脑的机能和属性，是对客观世界的反映，是人类精神生活的基础。自然界是自然科学的研究对象、

---

① 马克思恩格斯选集（第3卷）．北京：人民出版社，1995：374－375.

② 马克思．1844年经济学——哲学手稿．北京：人民出版社，1979：120.

③ 马克思恩格斯选集（第4卷）．北京：人民出版社，1995：384.

技术创造和艺术设计的源泉。没有自然界，也没有人类的意识和精神食粮。

另一方面，人对自然具有能动性和反作用。人类作为社会的存在物，并不是消极地适应和顺应自然，而是通过有目的有意识的活动来认识自然和改造自然，这是人类的能动性。恩格斯指出，自然主义的历史观是片面的，“它认为只是自然界作用于人，只是自然条件到处在决定人的历史的发展，它忘记了人也反作用于自然界，改变自然界，为自己创造新的生存条件”①。

（1）改变自然环境的天然状态。人类为了自己的生存需要和发展，不满足于生存环境的自然结果而把一定的自然物作为对象，通过实践活动使其成为人类生存和发展所需要的物质生活资料，由此引起自然环境存在状态的改变。

（2）影响自然环境的演化进程。人类的活动改变了自然环境的天然状态，进而也就影响着自然界的演化过程。人类活动的目的，总是期望从自然环境中获得越来越多的物质生活资料，以满足人类社会生产和社会生活的各种需求。但是，人类的活动无论是顺应自然规律还是违背自然规律，都必将加速或延缓影响自然环境演化的进程。

（3）使自然界人化，创造人工自然。人类以自己特有的智慧和创造力，在认识自然和变革自然的过程中，使自然界打上了人类的印记，并创造出了以满足人类需求的各种人工自然物。这是人对自然的能动性和反作用的典型体现。

（二）人工自然具有自然属性和社会属性

人工自然界是人类使用采取、加工、控制和保障等技术，通过引起、调整和控制人和自然之间的物质变换创造出来的自然界，它是由各种物质要素构成的整体——人工自然系统，并具有整体性、层次性、开放性、动态性等系统的一般特征。人工自然的类型大致包括：②

（1）人工采取的自然。它指人类通过采集、狩猎和捕捉等手段获取的农、林、渔等地表天然自然资源和通过采掘、开采等方法获取的煤炭、石油和天然气等地下天然自然资源。

（2）人工控制的自然。它指人类通过控制天然自然使其具有人工意义的自然。例如，人类运用工程技术建立各种类型的自然保护区（如野生动植物保护区等）。

（3）人工改造的自然。它指人类通过改变天然自然的形态使其具有人工意义的自然。例如，人类把牛、马等野生动物驯化成家养动物，把天然海湾改造成人工港湾等。

（4）人工创建的自然。它指人类通过工程技术创建的具有真正意义的人工

① 马克思恩格斯选集（第3卷）. 北京：人民出版社，1972：551.

② 张明国. 试论人工自然的本质和创造及其规律. 北京：北京化工大学学报（社会科学版），2010(2)：1-6.

自然，如金字塔、万里长城、京杭大运河、红旗渠、三峡发电站和地下墓葬等；同时，还包括人类制造的人工自然物，如人造卫星、机器人、飞机、计算机等。在人工自然中，村落、城市属于高层次的人工自然，社会是包括社会制度、体制和文化等属于最高层次的人工自然。

人工自然具有目的性、对科学技术的依赖性、改造过的客观物质性、满足主体需要的价值性、对象化了的人类意识性、变革自然的社会实践性，以及人与自然相互作用、自然和社会协调发展的中介性等本质特征。人工自然属于物质文明的范畴，它本身不是社会的经济基础或上层建筑，它也没有阶级性，人工自然与科学技术有较密切的联系。

人工自然是人类通过科学技术创造出来的产物，它使自然界出现了新的分化，也促进了自然界的新发展。

（1）人工自然界的生成始于人和自然界的分化，它是通过从猿转变到人的劳动实现的，并以打制石器、人工用火和语言形成为标志，从此开始了人工自然的演化历程。

（2）人工自然界的创造既要遵循自然规律又要遵循社会规律，如生产关系适合于生产力的规律、经济核算的规律、劳动心理的规律等，以及人工自然自身的规律，如技术科学和生物科学的规律、生态科学和系统科学的规律、技术发展的需求和规律等；同时，还要按照美学的规律来构造。

（3）人工自然界的演化随着技术创新的发展而扩展，如历史上随着石器技术、青铜器技术、铁器技术、机械技术、电气技术、信息技术等创新和突破，依次创造出了石器、青铜器、铁器、蒸汽机、电动机、计算机等人工自然系统。

（4）人工自然界系统依靠社会需求进行“自催化”，通过批量生产技术进行“自复制”，通过反思、批判等“自反馈”机制调整其技术行为等，从而共同促使人工自然界系统从简单到复杂、从低级到高级地演化着。

显然，人工自然既有自然属性又有社会属性。人工自然来源于天然自然，是天然自然演化的产物，它的构成也来源于自然界的物质，因而它具有自然属性；同时，人工自然是人类创造出来的自然系统，没有人类社会就没有人工自然，况且在阶级社会中其建造者有阶级性，因而人工自然又具有社会属性。

（三）人工自然不同于天然自然和人化自然

人工自然、天然自然和人化自然都有其质的规定性，它们之间是相互区别、不能相互代替的。

（1）天然自然是指人类尚未认识和改造的那部分自然界。它虽然还未被人类认识，但人类根据科学发展可以肯定其存在。它既包括人类出现以前的整个自然界，也包括人类出现之后未有任何信息进入人类视野的自然界。天然自然暂时尚未成为人的认识和实践的现实对象，它是人化自然有待拓展的潜在领域。

（2）人化自然是指人类认识所及但尚未改造的那部分自然界。人化自然是人类能够感知其信息，被打上了人类认识的印记，因此，可以把它看成是人与自然构成的一个信息系统。人化自然与人类的观察活动有着同样久远的历史，并随着人类信息手段的逐步发展而扩展。任何时代的人化自然都是该时代科学认识所能达到的有限领域，因而，人化自然是人类文明发展程度和人类本质力量展现的指示器，也是人类争得自由和发展的指示器。人化自然已构成了人类认识的现实对象，但还尚未成为实践改造的现实对象，而是实践活动有待拓展的潜在领域。

（3）人工自然是指人类已经认识和改造的那部分自然界。人类对已经认识的人化自然，通过实践活动进行改造和创建，由此转化为人工自然界。人化自然一旦转化为人工自然，按其规定性就不再包括人工自然。人工自然是人类与自然所构成的调控系统，随着人类控制手段的进步而扩展。它的扩大标志着人们认识自然、改造自然能力的增强，人类的生存和发展越来越依赖于人工自然。随着人类文明特别是科学技术的发展，人工自然的种类越来越多，结构越来越复杂，性能越来越完善，凝结人类智慧的程度越来越高，目前在地表上已几乎完全变成了人工自然界。

（4）人工自然界的范围相对最小。天然自然界是无限的，人化自然界的范围小于天然自然界，是有限的，人工自然界的范围又小于人化然自然界。由于一定时代的科学认识只能达到一定的范围，因此人化自然界不可能超出该时代科学认识的界限，即在人化自然界以外存在着无限的天然自然界；同时，由于人类改造自然的实践活动不可能超越科学认识的界限，因此人工自然界不会超出人化自然界。

（5）相对而言，天然自然只具有自然属性；人化自然本身只具有自然属性，但对它的认识活动具有社会性；而人工自然本身和对它的认识活动都具有社会性。

（四）人工自然离不开天然自然和人化自然

人工自然与天然自然、人化自然之间又是相互联系、密不可分的。

（1）人工自然以天然自然和人化自然为基础。天然自然是人化自然的直接基础和潜在领域，人化自然是人工自然的直接基础和潜在领域，人工自然是天然自然和人化自然的再造和重塑。如果没有天然自然的基础和人类对人化自然的已有科学认识，就无法对天然自然和人化自然进行再造和重塑；只有将天然自然转化为人化自然，人类才有可能创造出人工自然。

（2）三者都统一于人与自然的关系。人与自然的关系表明，人对自然既有依赖性和受动性又具有能动性和反作用。其“自然”不仅包括天然自然、人化自然，同时还包括人工自然。仅从人工自然方面看，当代人类对人工自然具有更大的依赖性和受动性，同时对人工自然的创造和维护，又需要把人的主观能动性反作用于人工自然，这样才能达到预期目的。这种人与自然关系的要求，同样也适合于天然自然和人化自然的探索。

(3) 对人自身的认识和改造也是三者之间的一个交汇点。在人和自然的关系中，人既是一种特殊的自然物，又是这种对象性关系的主体。从历史上看，人是天然自然的产物，人把自身看作认识和改造的对象，才使得人自身由最初的天然自然不断地转变为人化自然和人工自然。从现状上看，人化自然包括人自我认识的那部分自身，人工自然包括人自我改造的那部分自身，至今还未被人认识和改造的那部分自身仍属于天然自然。

(4) 人类对自然界的认识和改造，经历了从天然自然到人化自然再到人工自然的逐步发展过程，在这一过程中，必须严格遵守共同的基本自然规律。

(5) 人工自然与天然自然、人化自然之间的区别是相对的，在现实中不能把三者之间的区别绝对化。例如，许多自然保护区虽然在总体上属于人工自然，但其中有很多内容仍属于人化自然或天然自然，并难以绝对地把三者区分开来；对人自身即人体的认识也是如此；等等。

三、人工自然观的特征和意义

了解人工自然观的一些特征，有助于深化理解人工自然观的主要观点及其意义。

（一）人工自然观的特征

1. 自然环境和社会环境的统一

马克思、恩格斯认为，人类生存和发展所依赖的外部环境，包括自然环境和社会环境两个部分。由于“我们不仅生活在自然界中，而且生活在人类社会中”[①]；“自然和历史——这是我们在其中生存、活动并表现自己的那个环境的两个组成部分”[②]。这两个部分之间是相互关联的、统一的。自然是社会赖以存在和发展的前提和基础，而社会则是自然进化的产物，社会本身也是自然的一部分，“是人同自然界的完成了的本质的统一，是自然界的真正复活”[③]。

2. 人的内在尺度和自然的外在尺度的统一

人的内在尺度是人的本质力量的一个表征。“动物只是按照它所属的那个种的尺度和需要来建造，而人却懂得按照任何一个种的尺度来进行生产，并且懂得怎样处处都把内在的尺度运用到对象上去。”[④] 人能够超越自己本能的内在尺

---

① 马克思恩格斯全集（第21卷）. 北京：人民出版社，1965：322.
② 马克思恩格斯全集（第39卷）. 北京：人民出版社，1974：64.
③ 马克思恩格斯全集（第42卷）. 北京：人民出版社，1979：122.
④ 马克思恩格斯全集（第42卷）. 北京：人民出版社，1979：97.

度，通过认识和运用规律进行生产、改造外部世界或对象。所谓自然的外在尺度，即对象尺度，就是自然界本身所具有的属性和规律。人改造自然的活动，必须遵从自然界的外在尺度或客观规律。

“两种尺度”密不可分。人的活动的内在尺度的形成，首先要以对客观规律的正确反映为基础，否则内在尺度的形成就缺乏根据。同时，人的内在尺度在反映和遵循外部客观规律的基础上，通过人的创造性的本质力量能够创造人工自然，改变外部对象的形式，使之符合人的需要，由此实现“两种尺度”的统一。

3. 主体性、能动性和价值性的统一

（1）主体性。人工自然观注重揭示自然界有属人的本性，强调人在创造人工自然过程中的目的性和实践性，凸显人在和自然关系中的主体地位；通过运用科学技术手段和社会科学认知的有机结合，促进从“纯主体”转向“客体性主体”，从主客体间的对立转向主客体间的和谐。

（2）能动性。人工自然观注重实现人与自然关系的和谐，强调人在和自然的相互作用中变被动为主动、变消极为积极，充分发挥能动作用。要求从能动性和受动性间的对立，转向能动性和受动性间的辩证统一；从只重视自然规律而忽视社会规律，转向同时遵循利用自然规律和社会规律的辩证统一。

（3）价值性。人工自然观不仅重视人工自然本身的人工价值、功效价值等人类自身的价值取向，而且重视人工自然的自然价值、生态价值和环境价值等自然界内在的价值诉求。创造人工自然要求从只追求人类自身价值，转向人类自身价值与自然界内在价值的辩证统一。

人工自然观以强调实践的作用和意义为前提，追求自然与社会、主体和客体、能动性和受动性、人类自身价值和自然界内在价值的辩证统一，以促进实现人工自然界、人化自然界和天然自然界的和谐统一。

（二）人工自然观的意义

（1）丰富和发展了马克思主义自然观。人工自然观以揭示人与自然的关系为重要前提，注重研究人类改造自然界的实践活动，关注最能体现人的本质力量对象化的创造领域；明确了人工自然的自然属性和社会属性，论证了人工自然与天然自然、人化自然间的辩证关系，探讨了人工自然观的本质特征等；拓展了自然观的研究领域，丰富和发展了马克思主义自然观。

（2）实现了唯物论和辩证法、受动性和能动性等辩证统一。人工自然观克服了近代唯物主义经验论和唯心主义思辨论自然观的固有缺陷；充分体现了在人与自然关系上的主体和客体、能动性和受动性、自然史和人类史、自然界内在价值和人类自身价值的辩证统一；使得马克思主义自然观成为能动的、实践的自然观，进一步凸显了马克思主义自然观的能动性、实践性和革命性特征。

（3）有助于实现人工自然、人化自然和天然自然的和谐共存。人工自然观认为，人类在认识自然和改造自然的过程中，既要遵循天然自然、人化自然和人工自然所共有的基本自然规律，同时又强调创建人工自然还要遵循社会规律，实现自然规律和社会规律的辩证统一；使得马克思主义自然观成为既反映天然自然和人化自然，又注重于反思人工自然的科学自然观。

第五节 生态自然观

生态自然观是关于人与生态系统辩证关系的总的观点。它是在全球生态危机的背景下，依据生态科学和系统科学的成果，对自然界及其和人类的关系进行的概括和总结。

一、生态自然观的渊源和基础

（一）生态自然观的思想渊源

1. 古代生态自然观思想

古希腊人论述了植物和气候变化的关系尤其是人和其他生物的关系。例如，阿纳克西曼德猜测“人是由鱼变来的”，恩培多克勒认为“人类从土中生成”，阿耶克萨戈拉认为人是起源于动物的“最聪明的动物”，亚里士多德主张人和其他有机体共存于自然界系统中。中国古代人提出了“天人合一”的自然观思想；《庄子·齐物论》中提出“天地与我并生，而万物与我为一”的生态哲学思想；《周易》中的“见龙在田，天下文明”、《尚书》中的“经天纬地曰文，照临四方曰明”之说等，都蕴涵着建设生态文明的重要思想。

2. 近代生态自然观思想

斯宾诺莎主张人的主观感情、欲望都是自然的一部分，要顺应自然；卢梭指出人类征服自然界的自由并没有带来人的自由，技能的进步并不伴随着道德的进步；霍尔巴赫认为人是自然的产物，存在于自然之中，服从自然的法则，不能超越自然。

马克思、恩格斯对技术的资本主义应用进行了社会批判和生态批判；主张人是自然界的产物，是自然界的一部分；自然环境在改变人，人也在改变自然环境；人要与自然界和谐一致，否则就会受到自然界的惩罚；改革造成人和自然界相对立的资本主义制度，促进人与自然界协调发展；实现自然主义（追求人与自然的和谐）和人道主义（主张人都享有公正和平等的权利和义务）的统一，即实现共产主义。

（二）生态自然观的科学基础

生态自然观的科学基础主要是生态学。它研究生物多样性的保护和作用、生态系统的存在和演化，生命系统与环境相互作用规律、人和生态系统之间的辩证关系等，是现代生物学、系统科学、环境科学等相互交叉渗透的综合科学。

1. 生态学的回溯

1866年德国海克尔首先提出“生态学”的概念，认为生态学是研究有机体和环境相互作用机制的学问。1935年英国坦斯勒提出“生态系统”概念。1942年美国林德曼确立了生态系统物质循环和能量流动的理论，生态学由以往的描述阶段进入了经典生态学阶段。1949年美国福格特提出“生态平衡”概念，与之对应的是“生态失衡”，强调保持生态平衡的重要性。1950年人类生态学诞生，它既研究天然生态系统和人化自然生态系统又研究人工生态系统，由此进入了现代生态学阶段。

2. 生态系统的内涵和特点

一般认为，生态系统是指在一定时间和空间内，由生物群落与其环境组成的一个整体。它是由各组成要素间的物种流动、能量流动、物质循环、信息传递和价值流动，而相互联系、相互制约，并形成具有自调节功能的复合体。每一个生态系统都有一定的生物群落与其栖息的环境相结合，进行着物种、能量和物质的交流；在一定时间和相对稳定条件下，系统内各组成要素的结构与功能处于协调的动态之中。例如，一个池塘、一片森林或一块草地都是一个生态系统，小的生态系统联合成大的生态系统，简单的生态系统组合成复杂的生态系统，而最大、最复杂的生态系统是生物圈。生态系统一般可分为天然生态系统和人工生态系统（如农田、城市等）。生态系统具有如下一些特点：以生物为主体的整体性；复杂、有序的层级性；开放性和动态性；明确功能和功益服务性；承受一定的负荷力；受环境深刻变化的影响；环境的演变与生物进化相联系；自维持、自调控功能等。

3. 生态平衡理论

（1）生态系统中有四类要素：一是无机环境（空气、水、土壤、阳光等）；二是生物生产者（绿色植物）；三是生物的消费者（动物）；四是生物的分解者（微生物）。太阳辐射的能量驱动着生态系统内部的物质和能量的流动，系统中的无机环境、生物生产者（绿色植物）、消费者（肉食和植食动物）和分解者（微生物）之间，在长期的发展过程中形成了食物网和食物链的复杂的反馈机制，通过相互制约、转化、补偿、交换和适应，建立了一种相互协调的动态平衡关系，即生态平衡。

（2）生态平衡使系统能够保持稳定状态。在这种状态下，系统整体的再生能力（如森林的生长、动物的繁衍）和自我修复的调节能力（如江湖的自净化）起着主导作用，系统的负反馈机制能够消除由环境变化引起的涨落和扰动，使系统较快地恢复和保持原来的状态。例如，“捕食者增加—被捕食者减少—捕食者食物来源减少—捕食者减少”，从而使捕食者又稳定在原有的比例上。但是，生态系统的平衡和稳定是相对的。在环境因素的改变超出了系统稳定态的极限时，由于非线性的正反馈作用把环境变化引起的涨落逐级放大，就会打破原有的生态平衡稳态，进而导致生态失衡。

（3）人类的实践活动是生态系统中不可忽视的引起涨落和放大涨落的力量。生态平衡的改变，对于自然界本身来说是“中性”的，在原有的平衡稳定态打破以后又会演进到另一个新的稳定态；但是，对于人类社会来说却不是“中性”的，它可能对人类的生存和发展有益，也可能是有害的甚至危及人类的生存。

4. 生态位理论

该理论表明，人处于食物链金字塔的顶端，处于高级杂食性消费者的生态位上，并在生态系统中具有重要的双重作用。食物链（网）是生态系统中能量传递的重要形式。一方面，人是地球上生物链条中的重要一环。在由动物、植物和微生物所组成的金字塔形的食物链中，人类同其他生物一起共同消费自然界的水、空气、阳光等生活资料，但作为有能动性的人类的消费与其他动物的消费有着本质的区别。人类的消费是建立在一定社会关系中以改造自然为目的的高级消费。人类的实践活动必须符合生态系统的内在要求，否则，就会导致生态失衡、环境污染甚至危及人类自身的生存。另一方面，人是生态系统的调控者和协同进化者。人作为生态系统的调控者，其调控的现实对象是人与生态系统的相互影响，即人以自身的活动来引起、调整和控制人与生态系统的物质变换过程。所谓人与生态系统的协同进化，即人与生态系统具有相辅相成、共存共生、互惠互进的生态平衡性，具有相互的适应性选择、反馈、调节和制约作用，人类在创造自己社会历史的同时，能维护生态系统的稳定性和多样性，促进生态系统维持生命协同、进化和发展。

5. 生态理念和生态规律

现代生态学中的整体观念、循环观念、平衡观念和多样性观念，以及由此所揭示的生态规律，为生态自然观提供了现代生态理念和科学根据。

（1）生态理念。整体的观念，是指生物（包括人在内）与其环境构成一个不可分割的整体，任何生物均不能脱离环境而单独存在；循环的观念，是指作为生产者的植物、消费者的动物、分解者的微生物，它们互相耦合，形成由生产、消费和分解三个环节构成的无废弃物的物质循环；平衡的观念，是指生物之间的食物链关系、金字塔结构和循环体系处在一个动态的平衡之中；多样性的观念，是指多样性导致稳定性，遵循这一生态原理就要求保护生物的多样性，否则生物多样性的丧失将直接威胁着生态系统的稳定性。

（2）生态规律。我国生态学家陈昌笃认为，生态学的一般规律可以概括为“物物相关”“相生相克”“能流物复”“协调稳定”“负载定额”“时空有宜”

等基本规律。“物物相关”“相生相克”的规律，揭示了各种生物及其与环境之间的相互联系、相互制约、共存共生的生态关系。自然界任何生物的存在都有其合理性，这是生态系统维持其动态平衡的动力之网，生物多样性的存在使人与生物伙伴协同进化，实现生态系统的稳定发展。“能流物复”“协调稳定”的规律是生态系统存在和发展的内在保证。物质循环、能量流动使生态系统乃至生物圈联成一个整体，虽然各系统、系统的各部分都有其独特的运动形式，但都遵循整体性的原则。“负载定额”规律揭示了任何生态系统的生产能力和承载能力都是有限的，并取决于生物物种（包括人类）自身的特点以及可供利用的资源和能量。资源枯竭、环境污染和生物多样性锐减等问题，实际上都是由于人类的活动接近或已超过生态系统的“负载定额”的限度而造成的。“时空有宜”规律揭示了生态系统动态变化的特征，使人类在构建人工生态系统、规划社会生产、确认消费理念和行为时，能既从实际出发、实事求是，又因时因地制宜、与时俱进。

二、生态自然观的观点和特征

生态自然观的主要观点：生态自然界是系统的、和谐的、演化的自然界。生态系统是由人类、其他生命体和非生命体及其所在环境构成的整体，具有整体性、动态性、自适应性、自组织性和协调性等特性；人类通过遵守可持续性、共同性和公平性等原则，通过实施节能减排和发展低碳经济，构建和谐社会和建设生态文明，实现人类社会与生态系统的协调发展；人与生态系统的协调发展仍应以人类为主体，也包括改造自然的内容，注重保护生态环境和防灾减灾；生态自然界是天然自然界和人工自然界的统一，是人类文明发展的目标。生态自然是以生物为主体、自组织的开放系统；是多样性和整体性、平衡和非平衡、天然自然和人工自然的统一；自律性、可持续性、公平性和人道主义等是生态自然观的显著特征。

（一）生态自然观的主要观点

1. 以生物为主体的系统整体

它是以生物为主体、以“食物网”为基本结构的有机整体。食物网是由各种食物链通过相互作用形成的网络结构，食物链由生产者、消费者、分解者等构成。人类虽然是高于其他一切生物的消费者，但人类仍要和其他消费者、生成者和分解者在相互作用中生存和发展。生态系统的整体性主要表现：一是生物与非生物之间构成了一个有机的整体，离开了非生物各种因素所构成的环境，生物就无法生存；二是每一种生物物种都占据着特定的生态位，各种生物之间以食物关系构成了相互依赖的食物链或食物网，其中任何一个环节出现了问题，都会影响到整个生态系统的稳定性。

2. 生态系统是自组织的开放系统

生物系统和开放性环境系统的相互关联和相互作用，是不断地进行物质、能量、信息的交换、消耗和转化的过程，通过不断地反馈与调节，使系统处于自组织性、自适应性和维持动态性平衡的过程中。所谓开放性，是指在食物网内部和外部之间的物质、能量和信息的交换；自组织性是指系统内部和外部自动地发生非线性相互作用；自适应性是指系统通过其内部的自调节与外部环境相适应；动态性是指物质、能量、信息在食物链和食物网中的流动，并能够进行有效的传递、转化和循环。

3. 生态系统是多样性和整体性的统一

在生态系统中存在着生物的多样性，包括遗传基因的多样性、生物物种的多样性、生态系统的结构与类型的多样性；同时，生物的多样性又是由各种生物的食物链和食物网构成的一个系统整体。生物及其环境的多样性体现着生态的整体性，而生态的整体性又表现为生物及其环境的多样性。生态系统是生物及其环境的多样性和整体性的辩证统一。

4. 生态系统是平衡和非平衡的统一

系统内部各类生物遗传及其相互间的食物链和外部环境的共同作用，使起在种群或群落数量等方面处于平衡状态；但是，系统内部各类生物的自繁殖（包括突变）和外部环境的变化，又使其产生随机性的“涨落”行为，并促使其从平衡转向非平衡，直至达到新的平衡。

5. 生态自然是天然自然和人工自然的统一

人类通过遵守可持续性、共同性和公平性等原则，通过实施节能减排和发展低碳经济，构建和谐社会和建设生态文明，实现人类社会与生态系统的协调发展；同时，人与生态系统的协调发展仍应以人类为主体，包括改造自然的内容，注重保护生态环境和防灾减灾。生态自然是天然自然和人工自然的统一，是人类文明发展的目标。

（二）生态自然观的显著特征

1. 功益性与自律性的统一

任何稳定状态的生态系统都有其确定功能和功益服务性。生态系统不是生物分类学单元，而是功能单元。如能量的流动，绿色植物通过光合作用把太阳能转变为化学能贮藏在植物体内，然后再转给其他动物，这样营养物质就从一个取食类群转移到另一个取食类群，最后由分解者重新释放到环境中。在生态系统内部生物与生物之间、生物与环境之间不断进行着复杂而有规律的物质交换，为维护生态系统的稳定性起着深刻的影响。同时，生态系统也在维护着人类的生存和发展，为人类提供必不可少的动植物食粮、药材、工农业原料和生存环境等。但是，生态系统的自维护、自调节、自恢复能力是有限度的，系统的功能和功益服务的负荷力以及能容纳污染物的承载量或环境容量也都是有限度的，一旦超过这个限度就会导致生态失衡、产生严重后果。对此，生态自然观强调人的自律性。要求尊重生命、保护环境、合理利用自然资源，而不能随心所欲、盲目蛮干、为所欲为。创建人工生态系统不能超越系统所能允许的限度，开发生物资源和生态旅游产业等不能急功近利、不能超越系统所能承载的负荷极限，污染物的排放必须与环境容量相适应。这不是要单纯的、消极被动的顺应自然，而是积极主动、自觉的适应自然；人与自然不是统治与被统治、征服与被征服的关系，而相互依存、和谐共处、共同促进的关系。生态问题之根源在于人类自身，在于人类的活动和行为，破坏生态环境就是损害人类自己。

2. 基础性与可持续性的统一

生态自然观强调：

（1）以其他生命体和非生命体为基础，树立牢固的可持续发展理念。其他生命体和非生命体是人类赖以生存和发展的基础。否则，没有良好的生态环境和相应的自然资源储备，人类自身就会陷入生存危机，更难以实现经济社会的可持续发展。

（2）以农业文明、工业文明等为基础，促进生态文明和可持续发展。在农业文明、工业文明的基础上，用生态文明的态度对待自然，拒绝对自然资源进行野蛮与粗暴式开采，坚决摒弃“经济逆生态化、生态非经济化”的传统做法；寻求科学技术与自然、社会之间的全面、协调、可持续发展，消除经济活动对生态系统的稳定与多重和谐关系构成的威胁，保护良好的生态环境，全面推进生态文明建设，实现经济社会可持续发展的长远目标。

（3）以发展生态产业、推行消费绿色化等为基础，走可持续发展道路。生态产业是指在生产的生态化过程中，将生产、流通、消费、回收、环境保护及能力建设纵向结合，将不同行业的生产工艺横向耦合，将生产基地与周边环境纳入整个生态系统统一管理，谋求资源的高效利用和有害废弃物向系统外的零排放；形成自然生态系统、产业生态系统和社会生态系统之间共生的网络，以及横跨初级生产部门、次级生产部门和服务部门，包括生态工业、生态农业和生态服务业。绿色消费亦称可持续消费，是生态经济建设的一个重要环节。它是一种以适度节制消费、避免或减少对环境的破坏、崇尚自然和保护生态等为特征的新型消费行为和过程；不仅包括注重绿色产品的消费，还包括物资的回收利用、能源的有效使用以及对生态环境的保护；生活习惯简朴，摈弃过度的消费与包装，使用绿色材料和绿色食品等。

3. 和谐与公平的统一

生态自然观认为：

（1）生态建设追求和谐与公正的统一，并与高效率和人文素质密切相联。

和谐既包括人与生态、人与环境、人与自然的和谐，也包括人与自然、人与人、人与社会的和谐；人与自然和谐相处的动态过程，也应该是人与人、人与社会的良性互动过程，并形成良好的合作、协商和伙伴关系以实现共同的目标。而公正是指尊重自然权益实现生态公正，保障人的权益实现社会公正。生态建设追求和谐与公正的统一，也体现着追求高效率和人文素质。这种高效率，是指寻求与生态系统平衡相一致的高效的生态效益、劳动生产率和社会效益；人文素质，即追求具有品质、品味、健康、尊严的崇高人格。和谐是生态建设的保障，公正是生态建设的基础，效率是生态建设的手段，人文素质是生态建设的终极目的。

（2）生态环境建设既要促进全球化协调发展，又必须维护社会主义的公正与公平原则。生态环境问题的本质是社会公平问题。受生态环境灾害影响的群体，是一种更大范围的社会公平问题。资本主义制度是造成全球生态危机的根源，它无限追求利润的生产方式内在地包含着对自然环境的破坏，发达国家通过资本全球化进行生态殖民主义的掠夺和剥削，加快了全球化生态危机的转移和扩散，甚至把第三世界当作倾倒各种废物的垃圾场。资本主义的本质不可能会停止剥削而实现公平，社会主义才能真正解决社会公平问题，并从根本上解决生态环境的公平问题，因为社会主义的本质正是公平的。

（3）人类发展应该是人与自然、人与社会、当代人与后代人的协调发展，并体现公平原则。人类的发展不仅要体现代内公平，而且要体现代际之间的公平，不能以当代人的利益为中心，甚至为了当代人的利益而不惜牺牲后代人的利益。

4. 自然主义和人道主义的统一

自然主义是指遵循人与自然和谐的原则，人类的全部活动都要遵从自然规律，具有较强的生态意识和环境意识，并在实践中尊重生命和保护生态环境。人道主义是指任何人都享有公正、平等的权利与义务。实施人道主义，不但对人而且对其他生命都要给予关怀。马克思认为，共产主义是“人同自然界完成了的本质的统一”。在共产主义社会，人的“自然的存在方式”与“人的存在方式”统一起来，只有在共产主义才能实现人与自然之间的和谐一致。马克思说：“这种共产主义，作为完成了的自然主义，等于人道主义，而作为完成了的人道主义，等于自然主义，它是人和自然之间、人和人之间的矛盾的真正解决，是存在和本质、对象化和自我确证、自由和必然、个性和类之间的斗争的真正解决。”① 马克思关于共产主义是自然主义和人道主义统一的深刻思想，为促进人与自然、人与社会的关系发展指明了方向。

---

① 马克思恩格斯全集（第42卷）. 北京：人民出版社，1979：120.

三、生态自然观的意义

（一）丰富和发展了马克思主义自然观

在马克思和恩格斯所处的时代，人类对自然界的破坏行为所导致的生态问题，并未像目前这样成为全人类共同关注的全球性问题。马克思、恩格斯虽然对技术的资本主义应用进行了批判，并提出了自己的生态自然观思想，但当时处于描述阶段的生态学没有为他们的批判奠定科学的理论基础。生态自然观以现代生态学尤其是人类生态学为理论基础，针对全球生态和环境问题，在人工自然观基础上又进一步提出了生态自然观理论，强化了人与自然界协调发展的生态意识，促进了马克思主义自然观对认识人与生态系统关系的深化和发展。

（二）有助于深化和践行科学发展观

科学发展观是同马克思主义既一脉相承又与时俱进的科学理论，是马克思主义中国化的最新成果，是发展中国特色社会主义必须坚持和贯彻的指导思想。它的第一要义是发展，核心是以人为本，基本要求是全面协调可持续，根本方法是统筹兼顾。生态自然观强调人与生态、人与人、人与社会和谐相处，建立全面协调可持续的发展观念，要求处理好生态系统的平衡与高效的生态效益、生产效率和社会效益等相互关系，以及发展生态产业和推行绿色消费等，这些都与科学发展观的要义、核心、要求和方法在本质上是一致的。生态自然观所关注的功益性与自律性、基础性与可持续性、和谐与公平、自然主义和人道主义等相统一的思想，为经济社会和人的全面发展提供了理论基础，为深化认识和践行科学发展观也提供了理论根据。

（三）有助于建设生态文明

生态文明反映了一个社会的文明进步状态。它是人类的一个发展阶段，是继农业文明、工业文明之后的一个新阶段；同时，又是人类的一种文明形态，是继物质文明、精神文明、政治文明之后的一种新形态。

1. 生态文明深刻反映了人与自然、人与社会关系的发展和进步

生态文明以尊重和维护自然为前提，以人与自然、人与人、人与社会和谐共生为宗旨，建立可持续的生产方式和消费方式为内涵，以引导人们走上持续、和谐的发展道路为着眼点；强调人的自觉与自律，强调人与自然环境的相互依存、相互促进、共处共融，既追求人与生态的和谐，又追求人与人的和谐，而且人与人的和谐是人与自然和谐的前提；是在对传统文明尤其是工业文明进行深刻反思的成果，是人类文明的发展理念、道路和模式的重大进步。

2. 生态文明包括生态意识文明、社会结构文明、社会行为文明

在生态意识上，树立符合自然规律的价值需求、规范和目标，使生态意识、生态道德、生态文化成为具有广泛基础的文化意识；在社会结构上，生态化渗

入到社会组织和社会制度的各个方面，追求人与自然的良性循环；在行为方式上，以满足自身需要又不损害他人需求为目标，践行可持续消费。

3. 生态文明建设是一项系统工程

它是关系到人民福祉、关乎民族未来的长远大计。面对资源约束趋紧、环境污染严重、生态系统退化的严峻形势，必须树立尊重自然、顺应自然、保护自然的生态文明理念，把生态文明建设放在突出地位，融入经济建设、政治建设、文化建设、社会建设各方面和全过程，努力建设美丽中国，实现中华民族永续发展。

4. 生态文明发展体现了社会主义的基本原则

社会主义生态文明强调以人为本原则，反对极端人类中心主义与极端生态中心主义。极端人类中心主义制造了严重的人类生存危机；极端生态中心主义却过分强调人类社会必须停止改造自然的活动。生态文明则认为人是价值的中心，但不是自然的主宰，人的全面发展必须促进人与自然和谐；同时在可持续发展与公平公正方面，生态文明也与当代社会主义原则基本一致。显然，生态自然观的观点及其特征与生态文明的内涵和要求高度一致，并为生态文明建设奠定了重要的理论基础。

（四）有助于走出全球性“生态危机”的误区

1. 当代全球生态危机及表现。20世纪中叶以来，由于人类不合理的活动在全球或局部区域导致了生态系统的严重破坏，出现了危害人的利益、威胁人类生存和发展的生态问题，即全球生态危机。其表现包括：人口激增与粮食短缺；自然资源的消耗和短缺，如土壤过分流失与土地的沙漠化扩大、森林资源日益减少、生物多样性锐减等；环境污染，如大气污染、水体污染、土壤污染、热污染、放射性污染等。

2. 对全球生态危机的批判与反思

（1）“生态危机”是人与自然关系的观念危机。近代以来，人们把自己视作自然的统治者和主宰者，很少考虑使人的需要符合自然法则和客观规律；人们普遍注重于人改造、征服和战胜自然，而忽视自然界的环境容量、承载能力和调节能力；人们一味陶醉于战胜自然取得的胜利和统治，却忽视了可能受到大自然的报复和惩罚。

（2）发达国家是造成全球生态危机的主要根源。发达国家置国际公法和全人类的长远利益于不顾，肆意向发展中国家倾倒垃圾、化学废料、放射性废料等，把高污染型项目转移到发展中国家，而发展中国家由于贫穷和债务也加剧了对自然资源的粗放式开发。

（3）全球生态危机是传统工业生产方式的必然结果。传统工业是大量消耗自然资源和排放废弃物的粗放式生产经营方式，通过发展科学技术极大地扩张了开发自然资源的能力，但没有同时扩展保护生态和有效治理环境污染的能力。

（4）全球性生态危机与传统发展观密切相联。传统的发展观把发展等同于经济增长，自然资源可以无偿地利用，并为许多国家所认同。按照这种发展观，就可以把发展理解为国民生产总值（GNP）的增长，将GNP作为衡量国家的生产力水平、国民生活水平和综合国力的首要指标。但在这一指标中，既没有反映自然资源的消耗，也没有反映环境质量这一重要价值的丧失程度，因此这种发展观具有很大的片面性和局限性。显然，生态自然观为摆脱全球性“生态危机”，也提供了理论基础和指明了道路。

思 考 题

1. 如何理解系统自然观、演化自然观、人工自然观和生态自然观之间的关系？

2. 如何理解朴素唯物主义自然观、机械唯物主义自然观和辩证唯物主义自然观之间的关系？

3. 如何认识机械唯物主义自然观的方法论意义？

4. 如何理解系统自然观、演化自然观、人工自然观和生态自然观的科学基础？

5. 如何理解系统自然观、演化自然观、人工自然观、生态自然观的主要观点和特征？

6. 如何理解马克思主义自然观的形成和发展的价值和意义？

7. 如何认识中国马克思主义自然观的理论意义和实践价值？

第二章 马克思主义科学技术观

马克思主义科学技术观是基于马克思、恩格斯的科学技术思想，对科学技术及其发展规律的概括和总结，是马克思主义关于科学技术的根本观点和看法，也是马克思主义关于科学技术的本体论和认识论。

第一节　马克思主义的科学技术思想

一、马克思、恩格斯科学技术思想的历史形成

马克思、恩格斯的科学技术思想是历史的产物，其形成与当时的社会条件、思想理论背景和科学技术发展密切相联。

马克思、恩格斯科学技术思想形成的社会条件。马克思、恩格斯的科学技术思想是在西欧各国普遍确立资本主义制度的社会条件下形成的。到 19 世纪中叶，资本主义制度在欧洲主要国家建立起来。发端于英国的工业革命，由于科学技术的广泛使用，推动了生产力的大发展，进而促使生产关系、社会关系发生了大变革，社会分化出资产阶级和无产阶级两大对立阶级。与此同时，资本主义制度的固有矛盾日益暴露，并有了激化的趋势。在这样的背景下，马克思、恩格斯认识到，在资本主义社会中，科学技术的作用具有两重性：一方面创造社会财富，促进社会进步；另一方面，科学技术的广泛使用使无产阶级越来越贫困。随着资本主义从自由竞争过渡到垄断阶段，资本主义生产方式第一次使自然科学为直接的生产过程服务，而社会对技术的需求更加把科学推向前进。

马克思、恩格斯科学技术思想形成的思想理论背景。马克思、恩格斯科学技术思想的历史形成，是随着辩证唯物主义与历史唯物主义的创立而逐步发展和完善的。它是在德国古典哲学的唯物主义和辩证法基础上发展起来的；同时汲取了自然科学史、技术史、工艺史的相关研究成果。马克思立足于历史唯物主义，将科学技术与生产劳动、工业生产、资本生产、社会发展等纳入科学技

术的研究视域中，同时也关注科学技术与资本主义现实社会之间的关系、科学技术在资本主义社会中的作用、发展以及人的解放等问题。恩格斯非常注重自然科学及其历史的研究成果，探讨了自然科学与哲学的关系、科学的分类、科学与技术的关系、科学技术与社会的关系以及科学技术方法论等问题。

马克思、恩格斯科学技术思想形成的科学技术基础。马克思、恩格斯科学技术思想的历史形成，是对 19 世纪科学技术成果的概括和总结。到 19 世纪中叶，天文学、地学、物理学、化学、解剖学、生物学等都有了长足的发展，特别是能量守恒与转化定律、细胞学说和生物进化论三大发现，是自然科学的发展进入了一个新时期。同时，两次技术革命改变了欧洲资本主义经济的技术基础，是人类进入了工业文明时代。18 世纪蒸汽机的发明和广泛应用，标志着人类成功地实现了对自然力的控制和转换，开始了社会化大生产的过程，推动了工业各个部门的发展，使人类迎来了机器大工业时代。19 世纪以电动机的发明和应用为标志的电气革命，为后发的资本主义国家，如美国和德国的经济发展带来新的动力，使人们的生产和生活发生了巨大的变化，促使一批新兴工业部门迅速崛起，创造了巨大的物质财富，产生了高效益的大机器工业文明，并对经济社会的发展产生了深远影响。

二、马克思、恩格斯科学技术思想的基本内容

马克思、恩格斯的科学技术思想是丰富的。这里，将其基本内容归纳概括为以下几个方面：

（一）对科学技术的理解

马克思、恩格斯认为，科学以实践为基础，是人类通过实践对自然的认识与解释，是人类对客观世界规律的理论概括。马克思指出，“科学，作为社会发展的一般精神成果”①，它本身是人类对自然的理解；“科学只有从自然界出发，才是现实的科学。”② 自然界“是人的意识的一部分，是人的精神的无机界，是人必须事先进行加工以便享用和消化的精神食粮”③。恩格斯也指出，科学“在希腊人那里是天才的直觉的东西，在我们这里是严格科学的以实验为依据的研究的结果，因而也就具有确定得多和明白得多的形式”④。

马克思、恩格斯认为，技术在本质上体现了人对自然的实践关系、能动关系。马克思明确指出，“工艺学揭示出人对自然的能动关系，人的生活的直接生

---

① 马克思恩格斯全集（第 49 卷）. 北京：人民出版社，1982：115.
② 马克思恩格斯文集（第 1 卷）. 北京：人民出版社，2009：194.
③ 马克思恩格斯全集（第 42 卷）. 北京：人民出版社，1979：96.
④ 恩格斯. 自然辩证法. 北京：人民出版社，1971：16.

产过程，从而人的社会生活关系和由此产生的精神观念的直接生产过程。”①

科学与技术有着内在的联系，科学是技术的基础和先导，技术是科学的应用和物化，科学与技术是相互促进的。19世纪中叶资本主义的社会化大工业开始建立，社会生产对科学的需求空前旺盛。对此马克思认为，在资本主义生产方式之下，用科学方法解决生产中的实际问题成为一种必要和可能，没有科学这个基础，技术只是“死的生产力上的技巧”。显然，新的科学理论是革新生产技术、提高劳动生产率的关键。从历史上看，工业时代使用机器作为劳动工具，机器是科学的应用。马克思说：“在机器生产中，每个局部过程如何完成和各个局部过程如何结合的问题，由力学、化学等等在技术上的应用来解决。”② 这既揭示了技术是科学的物化，也体现了科学对技术的促进作用。同时，社会生产和技术上的需要，是推动科学发展的重要条件和动力。马克思认为，只有在资本主义社会化大生产的条件下，生产过程本身的迫切需要，第一次使科学的应用达到某种规模；在资本主义条件下，“资本只有通过使用机器（部分也通过化学过程）才能占有这种科学力量”③。恩格斯也指出，“科学状况却在更大的程度上依赖于技术的状况和需要。”④

（二）科学技术与哲学的关系

马克思、恩格斯在对科学技术的研究中，一直强调科学技术和哲学的密切关系。

哲学的发展以自然科学为重要基础。恩格斯强调科学技术对哲学的推动作用，认为推动哲学家前进的，“主要是自然科学和工业的强大而日益迅速的进步”⑤。并指出，“随着自然科学领域中每一个划时代的发现，唯物主义也必然要改变自己的形式。”⑥

但同时，科学的发展也受哲学的制约和影响。在恩格斯看来，科学与哲学在研究对象上具有本质上的共同点和内在的一致性。他认为科学家摆脱不了哲学，原因在于科学研究是一种认识活动，它要揭示的对象的本质和规律必须通过理论思维才能达到，这就自然地与哲学发生紧密联系。恩格斯针对科学家摆脱不了哲学时说：“问题在于：他们是愿意受某种蹩脚的时髦哲学的支配，还是愿意受某种建立在通晓思维历史及其成就的基础上的理论思维形式的支配。”⑦ 恩格斯还强调指出，“对于现今的自然科学来说，辩证法恰好是最重要的思维形

---

① 马克思恩格斯文集（第5卷）．北京：人民出版社，2009：429.
② 马克思恩格斯全集（第23卷）．北京：人民出版社，1972：417.
③ 马克思恩格斯全集（第23卷）．北京：人民出版社，1972：664.
④ 马克思恩格斯选集（第4卷）．北京：人民出版社，1972：505.
⑤ 马克思恩格斯文集（第4卷）．北京：人民出版社，2009：280.
⑥ 马克思恩格斯选集（第4卷）．北京：人民出版社，1995：228.
⑦ 马克思恩格斯文集（第9卷）．北京：人民出版社，2009：460.

式，因为只有辩证法才能为自然界中出现的发展过程，为各种普遍的联系，为一个研究领域向另一个研究领域过渡提供类比，从而提供说明方法。”①

（三）科学技术是生产力

马克思在政治经济学研究中，对科学技术的生产力性质进行了分析，首次明确提出了科学技术是生产力的重要思想。

自然科学是知识形态的生产力。马克思把科学活动划入“智力劳动”，认为科学是“脑力劳动的产物”，是“社会发展的一般精神成果”②；技术（工业）体现的是“人对自然界的实践关系”。马克思说：“生产力中也包括科学。”③ 这是因为，科学技术渗透在生产力的三要素中，劳动者素质的提高、生产工具的改进、新的劳动对象的开发，都离不开科学技术。自然科学就是以知识形态为特征的一般社会生产力。

科学作为“知识的形态”的生产力，随着科学技术应用于生产，“并进入生产过程”，就“变成了直接的生产力”。马克思指出，“劳动生产力，是随着科学和技术的不断进步而不断完善的。”④ 并指出，“机器生产的原则是把生产过程分解为各个组成阶段，并且应用力学、化学等，总之就是应用自然科学来解决由此产生的问题。”⑤ 在马克思看来，在资本主义条件下，“生产过程成了科学的应用，而科学反过来成了生产过程的因素即所谓职能，每一项发现都成为新的发明或生产方法的新的改进基础，只有资本主义生产方式才第一次使自然科学为直接的生产过程服务，同时，生产的发展反过来又为从理论上征服自然提供了手段”⑥。

科学技术在未来社会生产力发展中将起到决定作用。马克思指出，未来社会生产力的状况，“取决于一般的科学水平和技术进步，或者说取决于科学在生产上的应用”⑦，未来的物质生产将成为科学生产，科学应用将服务于人类的需要。

（四）科学技术的生产动因

马克思认为，社会需要特别是社会物质生产的需要是科学发展的根本动力。在他看来，自然科学本身的发展，“仍然是在资本主义生产的基础上进行的，这种资本主义生产第一次在相当大的程度上为自然科学创造了进行研究、观察、

---

① 马克思恩格斯文集（第9卷）. 北京：人民出版社，2009：436.
② 马克思恩格斯全集（第49卷）. 北京：人民出版社，1982：115.
③ 马克思恩格斯全集（第46卷）. 北京：人民出版社，1980：221.
④ 马克思恩格斯全集（第46卷）. 北京：人民出版社，1980：287.
⑤ 马克思恩格斯全集（第23卷）. 北京：人民出版社，1972：53，464，505.
⑥ 马克思恩格斯全集（第47卷）. 北京：人民出版社，1979：570.
⑦ 马克思恩格斯全集（第46卷）. 北京：人民出版社，1980：217.

实验的物质手段”[①]。马克思在《资本论》及其手稿中指出，古代科学的产生首先源于社会生产的需要，如古埃及的天文学和几何学、古代的静力学等。马克思还详细考察了磨、纺织机、蒸汽机等技术的历史发展，认为它们都是源于社会生产和社会生活的需要。

恩格斯在考察整个自然科学发展史的基础上指出，科学的产生和发展一开始就是由生产决定的。在恩格斯看来，“在中世纪的黑夜之后，科学以意想不到的力量一下子重新兴起，并且以神奇的速度发展起来，那么，我们要再次把这个奇迹归功于生产”[②]。他还指出，如果说“技术在很大程度上依赖于科学的状况，那么，科学则在更大得多的程度上依赖于技术的状况和需要。社会一旦有技术上的需要，这种需要就会比十所大学更能把科学推向前进”[③]。

（五）科学技术的社会功能

1. 科学是推动社会历史前进的革命力量

恩格斯指出，“在马克思看来，科学是一种在历史上起推动作用的、革命力量。”[④] 他还进一步指出，科学“是历史上的有力杠杆，……是最高意义上的革命力量”[⑤]。近代科学革命的出现，打破了宗教神学关于自然的观点，自然科学从神学中解放出来，从此快速发展。“自然研究当时也在普遍的革命中发展着，而且它本身就是彻底革命的。”[⑥]

2. 科学与技术的结合推动了产业革命

马克思指出，“工业革命是由蒸汽机、各种纺纱机、机械织布机和一系列其他机械装备的发明引起的”[⑦]；“生产过程成了科学的应用，而科学反过来成了生产过程的因素即所谓职能。每一发现都成了新的发明或生产方法的新的改进的基础。”[⑧] 历史上，产业革命使市民社会在经济结构和社会生产关系上发生了全面变革。每当人类在科学技术上有重大突破的时候，就会引起生产力的变革，并对整个生产关系和社会经济结构产生重大变革，从而对社会发展产生重大影响。蒸汽机的发明引发了第一次工业革命，使人类从手工业进入机器大工业；发电机和电动机的发明，使人类进入了电气化时代；计算机的发明与发展，又使人类进入了智能化时代。这三次科学技术的发明，使人类社会从农业社会进入工业社会，再从工业社会进入了信息社会。

---

① 马克思恩格斯文集（第8卷）. 北京：人民出版社，2009：359.
② 马克思恩格斯文集（第9卷）. 北京：人民出版社，2009：427.
③ 马克思恩格斯文集（第10卷）. 北京：人民出版社，2009：668.
④ 马克思恩格斯文集（第3卷）. 北京：人民出版社，2009：602.
⑤ 马克思恩格斯全集（第19卷）. 北京：人民出版社，1963：372，375.
⑥ 马克思恩格斯文集（第9卷）. 北京：人民出版社，2009：410.
⑦ 马克思恩格斯文集（第1卷）. 北京：人民出版社，2009：676.
⑧ 马克思恩格斯文集（第8卷）. 北京：人民出版社，2009：356.

3. 科学技术是生产方式和生产关系革命化的因素

马克思、恩格斯在阐述科学推动生产力发展在整个历史进程中的作用时指出，“机器的发展则是使生产方式和生产关系革命化的因素之一。”在马克思看来，“随着新生产力的获得，人们改变自己的生产方式，随着生产方式的改变，人们也就会改变自己的一切社会关系。手推磨产生的是封建社会，蒸汽磨产生的是工业资本家的社会”①。科学技术的发展，必然引起生产关系本身的变革，因为“随着一旦已经发生的，表现为工艺革命的生产力革命，还实现着生产关系的革命”②。在恩格斯看来，“科学和哲学结合的结果就是唯物主义（牛顿的学说和洛克的学说同样是唯物主义的前提）、启蒙运动和法国的政治革命。科学和实践结合的结果就是英国的社会革命。”③ 恩格斯不仅看到了科学与哲学的结合会使哲学走向唯物主义，而且看到科学与社会实践的结合会导致社会革命，科学的力量是在同哲学及实践的结合中显现的。历史上科学与哲学结合的结果产生了唯物主义，科学与实践结合的结果产生了政治革命和社会革命。科学应用于生产实践，使生产力得到迅速发展，并必然会引起生产关系的变革；而生产关系的变革又必然引起上层建筑的变革，从而导致社会革命的发生。

4. 自然科学改变人类生活方式，并为人的解放作准备

在马克思、恩格斯看来，科学技术不仅是推动人类社会不断向前发展变革的基本动力与决定性力量，而且它对人的解放也具有重要的作用。人的自由和解放程度是和可自由支配的时间紧密相关的。自由时间是相对于劳动时间而言的，在人类历史的很长一段时间内，人类不得不将大量的时间花费在谋取生存和发展所必需的物质生产资料上。只有在生产力水平有了大幅度提高、人们的社会必要劳动时间大大减少的时候，人才可能有从事科学、艺术、社会管理等非物质生产活动的自由时间。自由时间对人的自由全面发展具有决定性的意义。同时，人的解放程度是与人把握外部世界的程度和对自身的认识程度密切相关的。而人把握外部世界的程度和对自身的认识程度又与科学技术的发展和应用分不开。马克思明确指出，自然科学“通过工业日益在实践上进入人的生活，改造人的生活，并为人的解放作准备”④。

（六）科学技术与社会制度

马克思、恩格斯首先探讨了新兴资产阶级与自然科学的关系。马克思指出，“只有资本主义生产才把物质生产过程变成科学在生产中的应用——被运用于实

① 马克思恩格斯文集（第1卷）. 北京：人民出版社，2009：602.
② 马克思恩格斯文集（第8卷）. 北京：人民出版社，2009：341.
③ 马克思恩格斯文集（第1卷）. 北京：人民出版社，2009：97.
④ 马克思 . 1844年经济学哲学手稿 . 北京：人民出版社，1985：85.

践的科学。”① 恩格斯则指出，“资产阶级为了发展工业生产，需要科学来查明自然物体的物理特性，弄清自然力的作用方式。在此之前，科学只是教会的恭顺的婢女，不得超越宗教信仰所规定的界限，因此根本不是科学。科学反叛教会了；资产阶级没有科学是不行的，所以不得不参加反叛。”② 于是，在资本主义生产过程中，随着资产阶级与无产阶级的矛盾日益突出，科学技术被资产阶级所操控，成为异己的力量加重了对工人的剥削程度。

马克思、恩格斯揭示了资本主义制度下劳动者与科学技术的关系。一方面，科学技术作为资本同劳动者相对立。马克思指出，“以社会劳动为基础的所有这些对科学、自然力和大量劳动产品的应用本身，只表现为劳动的剥削手段，表现为占有剩余劳动的手段，因而，表现为属于资本而同劳动对立的力量。”③ 另一方面，科学技术的进步也为无产阶级提供了革命武器。在与资产阶级的斗争中，无产阶级有机会学习和掌握当时先进的科学技术，并使他们成为反抗统治阶级和推动社会发展的变革力量。

马克思、恩格斯预见了只有在劳动共和国，科学才能起到它真正的作用。在马克思看来，“只有工人阶级能够把他们从僧侣统治下解放出来，把科学从阶级统治的工具变为人民的力量”；“只有在劳动共和国里面，科学才能起它真正的作用”④。即在共产主义社会中，技术异化才有望消除，科学才真正成为人类解放的力量。

马克思、恩格斯认为，科学家需要依靠历史的产物和群众的智慧。马克思指出，正是 17 世纪的机器的应用，“为当时的大数学家们创立现代力学提供了实际的支点和刺激”⑤。在马克思、恩格斯看来，工业革命、技术发明是建立在技术积累和改进基础上的社会过程，而不是少数天才人物个人的英雄主义杰作。同时，他们也肯定了科学家个人在科学发展史上的重要作用。

（七）劳动和技术异化理论

1. 技术异化

在马克思、恩格斯的科学技术思想中，有关技术异化的思想大多潜在包含于其劳动异化理论之中。马克思一方面充分肯定了技术在社会中，特别是在资本主义社会发展中发挥的巨大作用，另一方面也揭示了在资本主义条件下技术的运用所产生的异化现象。马克思指出，在资本主义社会，机器能减轻劳动强度并提高劳动效率，但却引起了工人的饥饿和过度的疲劳；技术作为财富的源

---

① 马克思恩格斯文集（第 8 卷）. 北京：人民出版社，2009：363.
② 马克思恩格斯文集（第 3 卷）. 北京：人民出版社，2009：510.
③ 马克思恩格斯文集（第 8 卷）. 北京：人民出版社，2009：395.
④ 马克思恩格斯文集（第 3 卷）. 北京：人民出版社，2009：204.
⑤ 马克思恩格斯文集（第 5 卷）. 北京：人民出版社，2009：404.

泉，却变成了工人贫困的根源。他说："机器具有减少人类劳动和使劳动更有成效的神奇力量，然而却引起了饥饿和我过度的疲劳。财富的新源泉，由于某种奇怪的、不可思议的魔力而变成贫困的源泉。技术的胜利，似乎是以道德的败坏为代价换来的。"① 马克思还明确指出，"科学对于劳动来说，表现为异己的、敌对的和统治的权力"②，"所以文明的进步只会增大支配劳动的客体的权力。"③"这种科学并不存在于工人的意识中，而是作为异己的力量，作为机器本身的力量，通过机器对工人发挥力量。"④ 由此可以认为，技术异化是指科学技术作为一种独立的力量，转变成一种外在的、异己的、敌对的力量，使人性扭曲和畸形发展。

2. 资本主义制度是技术异化的根源

马克思、恩格斯认为，技术异化的根源并不在于技术本身，而在于科学技术的资本主义应用，资本主义的生产关系是技术异化现象得以产生的社会历史根源。资本是资本主义社会的统治力量，追求剩余价值的最大化是资本的本性。马克思指出，"在机器上实现了的科学，作为资本同工人相对立。而事实上，以社会劳动为基础的所有这些对科学、自然力和大量劳动产品的应用本身，只表现为剥削劳动的手段，表现为占有剩余劳动的手段，因而，表现为属于资本而同劳动对立的力量。"⑤ 他还指出，"因为机器就其本身来说缩短劳动时间，而资本主义应用延长工作日；因为机器本身减轻劳动，而资本主义应用提高劳动强度；因为机器本身是人对自然力的胜利，而它的资本主义应用使人受自然力的奴役；因为机器本身增加生产者的财富，而它的资本主义应用是生产者变成需要救济的贫民。"⑥ 就本性而言，资本主义不可能从根本上消除技术异化现象。

3. 技术异化的影响

马克思分析了资本主义条件下，技术异化对自然、社会特别是人类自身所造成的影响。马克思指出，资本家为了利润只愿伐树不想造林，最后使土地荒芜，造成人与自然关系的恶化。恩格斯从中得出结论："我们不要过分陶醉于我们人类对自然界的胜利。……每一次胜利，起初确实取得了我们预期的结果，但是往后和再往后却发生完全不同的、出乎预料的影响，常常把最初的结果又消除了。"⑦ 马克思说："在资本主义体系内部，一切提高社会生产力的方法都是靠牺牲工人个人来实现的；一切发展生产的手段都变成统治和剥

---

① 马克思恩格斯文集（第2卷）. 北京：人民出版社，2009：580.
② 马克思恩格斯文集（第8卷）. 北京：人民出版社，2009：358.
③ 马克思恩格斯全集（第30卷）. 北京：人民出版社，1995：267.
④ 马克思恩格斯文集（第8卷）. 北京：人民出版社，2009：185.
⑤ 马克思恩格斯全集（第48卷）. 北京：人民出版社，1980：39.
⑥ 马克思恩格斯文集（第5卷）. 北京：人民出版社，2009：508.
⑦ 马克思恩格斯文集（第9卷）. 北京：人民出版社，2009：559－560.

削生产者的手段，都使工人畸形发展，成为局部的人，把工人贬低为机器的附属品，使工人受劳动的折磨，从而使劳动失去内容，并且随着科学作为独立的力量被并入劳动过程的智力与工人相异化。”① 在马克思看来，“资产阶级无意识中造成而又无力抵抗的工业进步，是工人通过结社而达到的革命联合代替了他们由于竞争而造成的分散状态。……它首先生产的是它自身的掘墓人。资产阶级的灭亡和无产阶级的胜利是同样不可避免的”②。

第二节 科 学 观

科学观是关于科学及其发展的总的看法和观点。它以科学为研究对象，注重揭示科学及其发展的一般规律性。基于认识的不同层面和理论视角，人们对科学观的内容有着不同的理解，并直接影响到本节内容的选择。一般来说，对科学及其发展的认识有两个既相互联系又相互区别的角度：一个是从科学内部考察影响科学发展的各种内在因素及其关系，由此揭示科学及其发展的相对独立性；另一个是从科学外部探索影响科学发展的各种社会因素及其关系，由此揭示科学与社会相互作用的一般规律性。前者侧重于从科学史、科学哲学等层面或视角进行剖析；后者则偏重于从科学社会学、科学经济学等层面或视角做出解释。相应地，对科学观的理解也就有了狭义和广义之分。狭义的科学观是指从科学的内在知识特性出发，注重揭示科学及其发展的相对独立性。而广义的科学观则是在狭义科学观的基础上，根据科学的外在社会特性，注重反映科学与社会之间的相互关系及其规律性。本节的内容侧重于狭义的科学观，主要内容包括科学的本质和结构、科学的发展模式和动力、科学发展的规律和趋势；而有关科学与社会关系的内容，将在第四章进行讨论。

一、科学的本质和结构

（一）科学的本质特征

1. 现代国外学者对科学本质特征的研究

一些西方马克思主义者认为，科学技术已成为意识形态，是统治社会的决定力量。在“科学是什么”的本质问题即科学的“划界”问题上，西方科学哲学经过了从实证主义（孔德）到逻辑实证主义（维特根斯坦）再到证伪主义（波普尔）、精致实证主义（拉卡托斯）、历史主义（库恩）的演变过程。这些观点尽管都有可借鉴之处，但在理论上也都有其局限性。许多科学家对科学的

---

① 马克思恩格斯全集（第44卷）. 北京：人民出版社，2001：743.

② 马克思恩格斯文集（第2卷）. 北京：人民出版社，2009：43.

本质特征等问题也进行了深入思考，提出了各具特色的科学观。爱因斯坦提出了科学本性的主客观统一性，体现了20世纪科学的方法论原则和发展潮流；维纳进一步提出了系统演变过程中的偶然性（概率）问题，为复杂系统研究拓宽了视野等。

2. 科学的内涵和本质特征

马克思主义认为，科学（主要指狭义科学）是在人类探索自然实践活动基础上的理论化、系统化的知识体系，科学知识是人在与自然接触的过程中获得的对自然界的认识；科学是产生知识体系的活动，科学的任务就是发现事实，揭示客观事物的规律性；科学是一种社会建制，即一项成为现代是社会组成部分的社会化事业；科学是一种文化现象，是人类文化中最活跃、最重要的组成部分。

科学在本质上体现了人对自然的理论和实践关系，具有客观性和实证性、探索性和创造性、通用性和共享性等本质特征，现代科学通过技术体现其特征。科学是一般生产力、精神生产力和间接生产力，必须和直接的生产过程相结合才能转化为现实的生产力。

（1）客观性和实证性。自然科学是对自然界的真实、客观的反映，它所揭示的自然规律和客观真理是由科学实践证实过的正确认识。对自然界的某种认识是否具有客观真理性，必须接受科学实践的检验，只有那些被科学实践证实了的认识才具有客观真理性。通常以“可检验性”作为科学划界的标准。如果某一假说不能被科学实践所证实或证伪，该假说就不属于科学的范畴。一切科学认识都必须来自于实践，都必须接受实践的严格检验。

（2）探索性和创造性。科学活动面对的是未知的或知之甚少的世界，能否达到预定的目标与诸多主客观条件密切相关，这使它具有不确定性和强烈的探索性；但科学活动一旦达到了预期的目标，就会产生出人意料的科学发现的创新和科学知识的创造。科学的生命在于创造，不断探索未知和创造新的知识是科学的根本任务。科学的创造性表现为不断发现新的自然事实、自然过程和自然规律，并运用新知识去创造物质文明的新成果。

（3）通用性和共享性。自然科学是对自然界规律的反映，是人类认识自然界的成果，是任何民族、任何阶级和任何人都可以利用的自然知识，它具有通用性和共享性。从这个意义上看，科学无国界。但是，研究、掌握和利用科学的人，总是处于一定社会关系中的人，在阶级社会里是从属于一定的阶级、社会集团和国家的，是有阶级性的。科学家都有自己的祖国和爱国心，都期望为自己国家的科学事业做出贡献。

现代科学通过技术体现其特征。一方面，现代科学是技术的先导，技术是科学的应用和物化，现代科学总要通过技术表现出来；另一方面，技术是现代科学不可或缺的研究手段和重要条件，现代科学又是随着技术的创新和突破而不断发展的，技术推动科学发展也是技术体现科学的重要表现。在现代科学发展中，科学的客观性和实证性、探索性和创造性、通用性和共享性等本质特征，通过把科学物化为技术的途径体现出来，或者通过技术推动科学发展的途径体现出来。显然，现代科学离不开技术，并通过技术体现其特征。

（二）科学的体系结构

钱学森按照科学技术认识从实践到理论的发展过程，把科学技术划分为三个层次：工程技术—技术科学—基础科学。基础科学是认识世界，技术科学是转化的中间环节，工程技术是改造世界。一般认为，现代科学的体系结构由学科结构和知识结构组成。

1. 现代科学的学科结构

现代科学是由基础科学、技术科学、工程科学构成的相互联结的学科结构体系。基础科学是研究自然界中物质结构和运动规律的科学，是现代自然科学、技术科学和工程科学的理论基础。根据自然界物质的运动形式及特殊性，基础科学可分为以下六类学科：天文学、地学、物理学、化学、生物学、数学。技术科学以基础科学为指导，研究生产技术和工艺工程的共同规律，其研究对象大部分是技术产品，目的是把认识自然的理论转化为改造自然的能力，它是科学转化为直接生产力的中介环节。技术科学一般包括应用数学、计算机科学、材料科学、能源科学、信息科学、空间科学，以及应用光学、电子学、应用化学、医药科学、环境科学、军事科学、农业科学等。工程科学具体研究基础科学和技术科学如何转化为改造自然的生产技术、工程技术和工艺流程的原则和方法。工程科学一般包括土木工程学、水利工程学、机械工程学、电气工程学、计算机工程学、原子能工程学、材料工程学、航天工程学、生物工程学、信息工程学等。

2. 现代科学的知识结构

现代科学是由科学事实、科学概念、科学定律、科学假说、科学理论构成的相互联结的知识结构体系。科学事实是科学认识的主体所反映的客观存在的事件、现象和过程，是科学研究中形成科学认识的客观基础，它不依赖于人的意志而客观存在。科学概念是反映研究对象本质属性的认识成果，标志着科学认识发生了质的飞跃；它既是科学思维的细胞，又是进行判断和推理的要素。科学定律是用科学语言表述的对自然界客观规律的认识，反映了自然现象之间内在的、必然的、本质的联系，是构成科学理论的核心。科学假说是人们根据已知的科学原理和科学事实，对未知的自然现象及其规律性所作出的假定性说明或推测，是科学认识的重要思维形式。科学假说经实践检验后，被证明是正确的部分就成了科学理论。科学理论是正确反映客观事物及其规律的知识体系，具有客观真理性、高度抽象性、严密逻辑性、全面系统性、科学预见性等特征。

现代科学的体系结构表现出现代科学的发展过程，其中学科结构形成立体的架构，知识结构各要素渗透在学科结构相对应的要素之中。基础科学、技术科学、工程科学都是系统化的知识，都会经过一个由科学事实到科学理论的形成过程。

二、科学发展的模式和动力

（一）现代国外的代表性观点

1. 欧美科学哲学关于科学发展模式及动力的研究

（1）逻辑实证主义模式。在弗·培根的归纳主义基础上，到20世纪20年代以维也纳学派为代表的逻辑实证主义按照证实原则建立了科学发展的线性积累模式，认为知识的增长是不断积累的结果，科学的发展就是通过归纳获得的科学知识的不断增加。逻辑实证主义认为，科学发展的过程是：感觉经验→归纳→假说→观察（实验）→科学理论。它虽然反映了科学不断发展的趋势，但不能解释科学发展中的革命性理论。

（2）波普尔的证伪主义模式。即提出了与“经验实证”相反的“证伪主义”原则，认为科学的发展就是否定旧的，创造新的。其科学发展模式可概括为：P1（问题）→TT（试探性理论）→EE（批判检验，排除错误）→P2（新问题）……。他还认为科学知识的形成是从问题到猜想再到反驳的过程，科学知识的增长就是不间断的革命。证伪主义看到了科学发展的革命性有其合理性因素，但把科学发展看成是一个排除错误、证伪理论、推翻理论的过程，否认科学发展的继承性和积累性，也有其片面性。

（3）库恩的历史主义模式。库恩提出了一个具有综合性质的科学发展模式，认为科学发展是以“范式”转换为枢纽、知识积累与创新相互更迭、具有动态结构的历史过程。其科学发展图式是：前科学（无统一范式的状态）→常规科学时期（统一于某种范式）→反常和危机→科学革命时期（范式转移）→新的常规科学时期……。这种模式以常规科学和科学革命的相互交替、新“范式”战胜和取代旧“范式”，对科学发展的解释包含了不少合理的因素。但在认识论方面，只承认知识的相对性，否认科学的客观性，陷入了相对主义和主观主义。

（4）拉卡托斯的“科学研究纲领”科学发展模式。包括硬核、保护带两个部分和正、反启发法两条规则。所谓硬核，即研究纲领所依据的基本假设；保护带是指围绕硬核所形成的众多辅助性假设；反启发法是禁止把反驳的矛头指向硬核的方法论原则；正面启发法是关于调整、改善、更换保护带而保护硬核。其科学发展模式是：科学研究纲领的进化阶段→退化阶段→新的研究纲领证伪并取代退化的研究纲领→新的科学研究纲领的进化阶段……。这种模式体现了科学发展中的退化和进化、量变和质变、连续性和革命性的统一；但没有一个真正合理的标准来评判新旧研究纲领之间的优劣，它对科学合理性的论证也没有得到科学哲学界的认同。

2. 日本科学论关于科学发展模式及动力的研究

武谷三男结合物理学史和自然辩证法的研究实际，提出了科学发展“三阶段”理论，认为科学发展表现为现象论、实体论和本质论三个阶段，强调各阶段都是在实践中先后发现自然现象、现象的物质实体结构和现象背后的规律性。这种“三阶段论”的合理性在于强调科学实践对科学认识的决定作用，试图把科学发展的过程与科学认识的活动统一起来，是日本早期自然辩证法研究最重要的理论成果之一。但它毕竟是一种传统的认识方法，也不能把它与马克思主义认识论同日而语。

（二）科学的发展模式

马克思主义认为，科学发展表现为渐进与飞跃的统一、分化与综合的统一、继承和创新的统一。

1. 渐进和飞跃的统一

科学发展的渐进形式就是科学进化的形式，主要是指在原有科学规范、框架之内科学理论的推广、局部新规律地发现，原有理论的局部修正和深化等。科学方法的飞跃形式就是科学革命形式，主要是指科学基础规律的新发现，科学新的大综合，原有理论框架的突破，核心理论体系的建立等。对科学史研究表明，科学总是在一定理论框架内的相对稳定时期和更新某一理论框架的剧烈的变化时期交替发展的。例如，物理学从亚里士多德自然哲学的物理框架，到牛顿以实验为基础的经典力学，再到把物质、运动、时空做出完整描述的爱因斯坦相对论力学，都是从渐进到飞跃的科学理论的交替发展和更新过程。

2. 分化与综合的统一

分化是指事物向不同的方向发展、变化，或统一的事物变成分裂的事物；综合则是指不同种类、不同性质的事物组合在一起。分化是科学发展的必要条件，没有这种分化就不可能有近代自然科学的发展，整个近代时期自然科学以分化占据主导地位；学科门类由17世纪中叶的几十门发展到现代的2400多门，其中基础科学有500多门，每一基础科学都分化出众多的分支学科，各分支学科又出现新的分化，形成了学科分化的谱系树。现代科学既高度分化，又高度综合，在向微观纵向深入的同时，又向宏观横向扩展。自然科学的高度综合主要表现为：出现了系统论、控制论、信息论、耗散结构理论、协同学和突变理论等横断科学和复杂系统科学；综合应用多学科的知识，研究某一对象形成了综合性学科，如环境科学、海洋科学、空间科学、生态科学等；

不同学科相互融合渗透出现了如量子化学、天体物理学、病理生理学等。20世纪以来，自然科学发展的突出特点就是在高速分化的基础上高度综合，当代产生的新兴学科大部分是边缘学科、交叉学科，它们都兼有分化和综合的双重功能。分析就是研究，综合就是创造。

3. 继承和创新的统一

继承是科学发展中的量变，它可以使科学知识延续、扩大和加深。科学是一个开放系统，在时间上有继承性，在空间上有积累性。只有继承已发现的科学事实、已有理论中的正确东西，科学才能发展，不断完善、继续前进。科学继承的主要内容，包括科学的基本原理、科学思想、科学方法、科学事实、科学疑难问题和经验教训等。对于历史上错误的理论，也不要简单地否定，要看到它包含的某些合理因素。只有在继承的基础上进一步创新，才能使人类对自然的认识出现新的飞跃，引起科学发展中的质变。创新是继承的必然趋势和目的。科学创新的主要方式包括：根据旧理论与新事实的矛盾，在继承原有科学理论的基础上，提出新的有创见的科学理论；在继承前人积累的科学资料的基础上，总结概括出科学原理；革新科学研究的手段和方法，开辟新的研究领域，并获得新发现；提出一个全新的科学假说，或建立一个新的科学理论。创新是对原有理论扬弃，是在原有理论的基础上的提高和发展，扩大原有理论的适用范围，更深刻地揭示事物的本质。

（三）科学的发展动力

马克思主义认为，科学的发展是内外动力共同作用的结果。外部动力主要是指社会生产的需要，同时还包括各种经济、政治、文化等因素的制约和影响，对此将在本书“科学技术的社会运行”中专门讨论。内部动力主要是指科学实验与科学理论的矛盾，同时包括不同学术观点之间的矛盾、学科内部的理论矛盾以及学科之间的矛盾等。由于这些矛盾的综合作用，使科学发展表现出渐进与飞跃、分化与综合、继承与创新等矛盾性。

1. 科学实验与科学理论之间的矛盾

这是科学发展的内部基本矛盾，它决定和影响着科学知识的形成和发展。科学实验是在科学理论指导下，利用一定的科学仪器和设备，有目的、有计划地探索自然现象及其规律的实践活动，科学理论是在科学实验提供的经验材料基础上进行科学抽象的结果，科学实验的广度和深度直接影响着科学理论的成熟度和完整性。

（1）科学理论以科学实验为基础。科学实验是社会实践的重要形式，是科学理论建立和发展的直接基础，是推动科学理论发展的直接动力。随着科学实验手段的不断增强，会导致新事实、新现象的不断发现，从而与原有理论发生尖锐矛盾，并需要提出科学假说；假说正确与否又需要回到实验中进行检验，这往往预示着科学理论将有新的突破，从而推动着科学理论发展。科学实验作为检验真理的根本标准，也是检验科学假说的最有力的手段。

（2）科学实验以科学理论为指导。科学理论作为实践证实过的反映客观规律的系统化知识，它是抽象的具体，是个别中的一般，具有更深刻、更稳定、更普遍的属性，对科学实验具有指导作用。一是为科学实验指明方向。科学研究的目的性、计划性离不开科学理论的根据，即使在搜集科学事实材料的观察实验中，也要受到科学观念的支配和影响。二是为实验设计提供理论依据。科学实验的构思和设计，实质上是要去寻找、发现和检验某种理论的预期事实，因而实验设计必须为反映特定理论与预期事实之间的逻辑联系提供可靠的根据。三是为实验结果的分析、判断和概括提供理论依据，并从中抽象出科学结论。

（3）科学实验与科学理论的矛盾运动。在科学实验的发展过程中，人们不断地发现新事实，暴露出原有理论的缺陷；为解决新事实与原有理论的矛盾，通常提出科学假说并进行实验检验；经科学实验证实的科学假说，就会上升为科学理论；新的科学理论又将促进科学实验的发展……。在科学理论与科学实验的矛盾运动中，错误不断地被修正，真理不断地被证实，科学实验不断深入，科学理论发展永无止境。

2. 不同学术观点、学派之间的争论

面对自然的多样性和复杂性，由于研究者的实验条件、研究方法、知识水平和主观认识的差异，即使对同一个研究对象并占有相同的事实材料，也会产生不同的学术观点，乃至形成不同的学派。不同学术观点和学派之争，对科学发展有重要作用。

（1）有助于启发思维，确立和发展正确的观点和理论，进而发现和发展真理。

（2）有助于暴露不同学术观点和学派在理论上的缺陷和困难，促使人们放弃错误的观点，保持清醒的头脑，克服门户偏见，激发研究的热情和毅力，促进科学认识日趋完善。

（3）有助于抵制学霸作风和以行政手段干预学术评判、强制推行某一观点、独尊某一学派、压制其他观点和学派的做法。

（4）有助于促进科学的繁荣和发展。开展学术争鸣，形成“百花齐放，百家争鸣”的学术氛围，是科学繁荣发展的重要条件。

此外，学科内部的理论矛盾和学科之间的矛盾等，也是促进科学发展的重要内部动力。

三、科学发展的规律和趋势

（一）科学发展的不平衡规律

近现代科学加速发展、带头学科更替和科学中心转移，这种科学发展的不平衡性是科学发展规律的突出体现。

1. 科学加速发展

由于在纵轴的时序上发展的不平衡性，导致科学加速发展。在不同的历史时期，科学的发展速度、规模和水平是极其不平衡的。从历史和发展趋势看，科学发展越来越快，表现出按指数发展的规律性。

（1）科技信息的增长速度惊人。科学文献每隔 10～15 年增加 1 倍，科学期刊种类每 60 年增长 10 倍，文摘期刊每 50 年增长 10 倍。有人估测，世界科技知识在 19 世纪是每 50 年增加 1 倍，20 世纪中叶是每 10 年增加 1 倍。当今是 3～5 年增加 1 倍。

（2）科技新成果高速增长。第二次世界大战后，科学发现和技术发明的数量大约每 l0 年翻一番。仅 20 世纪 50 年代以来的 30 年中，科技新成果就比前 2000 多年的总和还多。

（3）科学新成果从发现、发明到实际应用的周期越来越短。蒸汽机从发明到应用花了 80 年的时间，而从发现原于核裂变到爆炸原子弹只用了 6 年；红宝石激光器则不到 1 年。

（4）新知识新技术更新速度也在加快。工程技术人员的知识半衰期越来越短，新技术的更新速度越来越快。据统计，现代工程师在 5 年内就有一半知识已过时，即知识的半衰期为 5 年。工业新技术大约每 10 年就有 30% 被淘汰，在电子技术领域中这一比例已超过了 50% 。

（5）科研经费和科学家人数在急剧增长。近 60 年来，世界各国用于科研经费的总和增加了约 400 倍。美国近 50 年来科学家数量的增长大约以 12.5 年为倍增周期，全世界科技人员数量几乎每 50 年增长 10 倍，而且层次越高，科学人才的增长速度越快。到 21 世纪末预计全世界科学家的人数将达到总人口的 20% 左右。

2. 带头学科的更替

在科学发展的历史过程中，学科间的发展是不平衡的，并表现出带头学科更替的规律性。在科学发展的不同时期，各学科的发展不是齐头并进的，而总是有一门或一组学科发展很快、走在前边，以自己的概念、原理和方法对其他学科的发展起着带动作用，并带动着整体自然科学的发展。苏联学者凯德洛夫研究发现，在自然科学发展中，走在前边的带头学科对其他学科乃至整个自然科学的发展都具有重大影响和促进作用。近现代第一个带头学科是力学，17～18 世纪独自领先 200 年；第二个带头学科是化学、物理学和生物学，位居整个 19 世纪；第三个带头学科是微观物理学，占据 20 世纪的前 50 年。这三个带头学科基本上处于科学的分化期。第四个带头学科处于科学的综合期，它们是控制论、宇航科学、高分子化学等学科，时间大约到 21 世纪初。据国外有些学者预测，21世纪前半叶分子生物学是第五个带头学科；第六个带头学科将是以心理学为中心的一组科学。近些年来，一些发达国家的科研经费、科研重点和科研后备力量的培养，已逐步转向了生物科学领域，其发展和突破将对农业、医学、化工、环境科学、计算机科学以及人类自身的发展产生重大的影响。在分子生物学之后，将是心理学为中心的一组科学成为带头学科，这是由于心理因素在整个人类发展中的作用日益增强，为了克服人类心理负载过重，发挥人的创造才能，需要深入研究人类自身，使心理学成为热门科学。近现代带头学科的出现与更替表明：带头学科的更替周期越来越短；单一学科和一组学科相互交替；分化与综合相互交替。

3. 世界科学中心转移

由于各国政治、经济、文化等不同，科学发展也呈现出地域的不平衡性。英国学者贝尔纳1954年在《历史上的科学》一书中，提出自古以来有过18个历史时期的世界技术和科学活动中心。1962年，日本学者汤浅光朝在贝尔纳工作的基础上，对近现代科学成果作了统计分析，用定量化的指标确定了16~20世纪世界科学活动中心及其科学兴隆期。他认为，世界科学活动中心是指某个时期取得的重大科学成果数据超过同时期全世界取得的重大科学成果总数的25%的国家；一个国家保持其处于科学中心地位的时间为科学兴隆期；并提出了近现代世界科学活动中心经历了五次转移，即意大利（1540—1610）→英国（1660—1730）→法国（1770—1830）→德国（1810—1920）→美国（1920－），科学兴隆期或科学高潮期的平均值为80年左右。从中外学者对影响科学中心转移的因素分析来看，大致可分为两个方面：一是科学家队伍的素质因素。现代各国科学发展的赶超能力，越来越依赖于杰出科学家人数的扩大；一个国家的科学家队伍的年龄谱曲线与当时的科学发现最佳年龄曲线在科学兴起阶段重合面积大，在科学衰落阶段相差较远。二是相应社会的环境因素。科学革命和社会革命之间有着无可否认的关系；每一个成为科学中心的国家在其科学高潮之前都出现一个哲学高潮期，哲学革命是科学革命前导；有影响的科学家集团的人员老化是科学衰落的伴生现象；人员老化和科学衰落根源于政治、经济和文化因素。

（二）现代科学的发展趋势

现代科学的主要发展趋势如下：

（1）从追求简单性、强调还原论，到关注系统性、探索复杂性和非线性。经典科学研究对象的特点是线性的、可解析表达的、平衡态的、规则的、有序的、确定的、可逆的、可作严格逻辑分析的，把现实系统约化为简单系统来研究。而现代科学研究对象的特点是非线性的、非解析表达的、非平衡态的、不规则的、无序的、不确定的、不可逆的、不可作严格逻辑分析的，把现实系统看作复杂系统来研究。主要表现为：一是科学研究对象的复杂化，如研究大脑的思维、机器智能、经济发展中的混沌问题、人类基因组问题、全球性生态环境问题等；二是科学研究方法的复杂化，如分析与综合相结合、微观与宏观相结合、进行整体化、复杂化、系统化的跨学科研究；三是科学技术与社会互动的复杂化，即渗透着政治、经济、文化等不同社会集团的利益以及人类社会的伦理、价值等方面的因素及影响。

（2）从侧重无机界、物理世界，到特别关注生命、智能和生态环境。关注生命的研究，产生了分子生物学、遗传工程、克隆技术、人类基本组计划等；关注智能的研究，注重于意识的起源与演化、意识和思维的动力学、脑与行为的自组织、大脑如何对其信息进行存储等；生态环境的研究，注重于协调人与自然的关系、污染防治、环境保护、生态保护、全球气候变化等，人类肩负着对其他物种和所有生命的保护责任以及对地球系统自然演化得以延续的道德义务。

（3）从兴趣驱动或应用导向的小科学，到成为联系国家或社会目标乃至国际合作的大科学（科学的国家化发展）。美国20世纪的三大科学工程——曼哈顿工程、阿波罗登月工程、人类基因组工程，都是动员全国或多国的人力、物力和财力资源的大科学工程。科学技术成为国家综合力的一个基本方面，是关乎国家根本利益以及竞争力的基本力量和核心要素。每当国家面临重大挑战时，美国总是以加大基础研究分量、推动竞争前移来进行应战；同时社会发展需要为有效促进大科学发展提供了各种资源、社会环境和制度保障的支撑。

（4）从关注本体论、认识论，到内在地联系道德、伦理和法律。科学技术深刻而广泛的社会影响使得科学技术的价值论问题日益凸现，甚至成了科学研究是否应该或者可以进行的前提。例如，人类基因组计划（HGP）就包含着一个子计划，即HGP的伦理、法律和社会含义（ELSI），其目标是：预测和考虑HGP对个人和社会的含义；考查将人类基因组绘图和排序的后果；利用和解释遗传信息时如何保护隐私和达到公正；对参与基因研究的受试者以及新基因技术整合到临床时如何处理知情同意、保护隐私等问题。HGP的管理者认为，ELSI计划对HGP的成功至关重要，将成为国家制定科学技术政策和相关立法的基础和前提。科学技术的新风险往往牵涉到一些严格的伦理道德，如转基因食品的安全性、生殖伦理、科研伦理、克隆人、安乐死、核伦理等问题。

（5）从探索自然、追求真理，到强调第一生产力、经济效益和生活质量，科学的实用性和功利性增强。以往科学研究的目的是探索自然、追求真理。20世纪50年代以来，科学技术对劳动生产率的贡献率为60%～80%。不同利益的个人、企业、政府乃至国家集团争夺高科技优势，社会势力对科学和技术有目的的控制和利用空前加剧。当今科学既是智慧和理性的代表，同时又是与经济严重依赖的一种实用工具。

(6) 从硬科学全面发展，到软科学的兴起，科学的视野和疆域逐渐扩大。社会运行的复杂化导致了管理科学、行为科学、政策科学和专门研究科学技术与社会（STS）的学科领域等软科学的普遍兴起。管理科学重大作用的日益凸显，政策科学以定量化研究为科学决策提供依据。科学的社会研究已广泛涉及社会科学、管理科学甚至人文科学。

(7) 从两种文化分裂，到与人文社会科学的结合、交叉和融合。以往人们面临着一种文化的困境：“科学”与“人文”的“两种文化”之间的分裂。科学文化和人文文化——历史上两种互不相通的文化，到20世纪60年代成为英国知识界探讨的最为热烈的话题，80~90年代成为国内知识界探讨的热门话题。科学技术与社会互动的复杂性使自然科学和人文社会科学走向融合。信息科学技术高扬了一种自由理想，生命科学技术体现了对生命的尊重与理解——科学精神与人文精神融合的重要领域。近30年来，经济学研究表现出与社会、人、制度之间的人为障碍的清除等人文化趋势。当今人文科学和艺术在延续文明、挑战功利主义价值观方面起到了至关重要的作用。哲学的真正社会功能在于防止人类对社会的有价值的、和平和幸福的倾向丧失信心，通过哲学批判来表达对价值理想和终极目标的追求。21世纪将是一个科学技术与社会发生着强烈而复杂的相互作用的世纪，也将是一个科学技术与人文社会科学共同繁荣的世纪。

第三节 技 术 观

技术观是关于技术及其发展的总的看法和观点。根据科学技术向现实生产力转化的进程，可以把科学技术分为基础科学、技术科学、工程技术，简称科学、技术、工程。技术观以技术为研究对象，注重揭示技术及其发展的一般规律性。基于认识的不同层面和理论视角，人们对技术观的内容也有着不同的理解，并直接影响到本节内容的选择。一般来说，对技术及其发展的认识存在着两种既相互联系又相互区别的认识路线：一种是侧重于技术的自然属性，从技术内部考察影响技术发展的各种内在因素及其关系，由此揭示技术及其发展的相对独立性；另一种是侧重于技术的社会属性，从技术外部探索影响技术发展的各种社会因素及其关系，由此揭示技术与社会相互作用的一般规律性。前者侧重于从技术史、技术哲学、技术论、创造学等层面或视角进行剖析；后者则偏重于从技术社会学、技术经济学、产业经济学等层面或视角做出解释。相应地，对技术观的理解也就有狭义和广义之分。狭义的技术观是指从技术的内在自然属性出发，注重揭示技术及其发展的相对独立性；而广义的技术观则是在狭义技术观的基础上，根据技术的外在社会特性，注重反映技术与社会的相互关系及其规律性。本节的内容侧重于狭义的技术观，主要包括技术的本质和结构、技术发展的模式和动力、技术创新的特点和模式、现代技术发展的趋势等；而有关技术与社会之间关系的内容，将在第四章加以讨论。

一、技术的本质和结构

（一）技术的本质特征

1. 现代国外关于技术本质特征的研究

欧美技术哲学存在工程学的和人文主义的两种技术研究路向。工程学的技术哲学主要是技术专家或工程师从纯粹技术的角度，希望通过对技术细节的分析，了解技术的发展规律并运用技术术语去解释世界，将世界进行人为的通约化；但忽略了人、技术与生活世界本真的关系。而人文主义的技术哲学从非技术的角度，对技术本质及其意义进行探索，研究技术与艺术、伦理、政治、宗教、社会等关系，强调人文价值对技术的先在性；但忽略了对技术本身和具体过程的认识。技术哲学要保持生命力，必须既向技术本身敞开，又向人与社会开放，二者的相互融合才是技术哲学发展的可取之路。

日本的技术论对技术本质问题的多种观点。例如："方法技能说"认为，技术是指人们使用工具完成某项科研和生产任务的操作方法和技能，代表人物为村田富二郎等人；"知识应用说"认为，技术有客观的自然规律，在生产实践中有意识的运用，根据生产实践经验和科学原理发展成各种工艺操作方法与技能，代表人物为五谷三男、星野芳郎等人；"劳动手段说"认为，技术是劳动手段的总和，是人类活动手段的总和，是劳动手段和工艺的总和，代表人物为户坂润、相川春喜等人。这些观点各有特色，但都表现出对技术理解的单一性，都有其局限性。

2. 技术的内涵和本质特征

马克思主义认为，技术是人类为满足自身的需要，在实践活动中根据实践经验或科学原理所创造的发明的各种手段和方式方法的总和。主要体现在两个方面：一是技术活动，狭义的技术是指人类在利用自然、改造自然的劳动过程中所掌握的方法和手段，广义的技术是指人类改造自然、改造社会和改造人类自身的方法和手段；二是技术成果，包括技术理论、技能技巧、技术工艺与技术产品（物质设备）。

技术在本质上体现了人对自然的实践关系，是人的本质力量的展现，属于直接生产力，是自然性和社会性、物质性和精神性、中立性和价值性、主体性和客体性、跃迁性和累积性、潜在性和现实性的统一。

（1）自然性和社会性。技术作为人用来延长自然肢体和活动器官的自然物，是客观自然界的一部分，技术创造、技术方法和实践活动都必须遵循自然规律，这就决定了技术具有自然属性。人们运用技术创造人工自然不能违背自然规律，这是技术的自然属性的根本要求。同时，技术作为变革自然、调控社会的手段，又必须服务于人类的目的、满足社会的需要以及遵循经济和社会规律，这就决定了技术又具有社会属性。社会的客观需要是技术得以产生和发展的前提，社会经济、政治、军事、教育、文化、心理等因素，都影响着技术发展的规模、速度和方向，这是技术的社会属性的体现和反映。技术是自然性和社会性的统一。

（2）物质性和精神性。技术是人类在实践中利用自然、改造自然的手段和方法，作为技术成果的工具、机器、设备等技术产品都包含着物质因素；同时技术是根据实践经验或科学原理而创造发明出来的，技术理论、技能技巧、技术工艺等技术成果又都包含着精神因素。技术的物质因素和精神因素是相互依赖、相互渗透的，并在生产劳动过程中得到统一。人类在运用技术变革自然的实践活动中，同时还改变着自身特别是使人所特有的思维能力得以不断提升。现代技术不仅延长了人的劳动器官，而且延长了人的感觉器官和思维器官，成为人用以认识客观物质、人自身及其精神活动乃至代替人的大脑智力活动的物质手段。正是由于技术同时只有物质因素和精神因素，它才成为物质和精神之间的联系中介，并起到由物质变精神、又由精神变物质的桥梁作用。

（3）中立性和价值性。技术的中立性是指技术只是方法论意义上的工具和手段，在政治、文化、伦理上是中性的，即技术本身不包含任何价值取向，这种观点又称技术中立论。技术的价值性是指技术本身的价值不是中性的，即任何技术都负荷着一定的善恶、对错甚至好坏的价值取向，这种观点又称为技术价值论或技术负荷论。技术中立论是从技术的自然属性方面来理解技术的本质，从而把技术的社会属性排斥在技术本质范畴之外；而技术价值论则是从技术的社会属性方面来理解技术的本质，则把技术的自然属性排斥在技术本质范畴之外。而实质上，技术是自然属性和社会属性的统一，是中立性和价值性的统一。任何片面地、绝对地认为“技术价值中立”或“技术价值负荷”的观点，都是对技术的自然属性和社会属性的割裂。

（4）主体性和客体性。技术的主体性是指人类在技术活动中表现出来的主体活动能力，包括经验、技能、技术知识和理论，技术的客体性是指以工具、机器、设备等生产工具为主要标志的客观性技术要素。技术在本质上反映了人对自然的能动关系，是人对自然界有目的性的变革。因此，人们所掌握的经验、技能、技术知识和理论等主体要素在技术活动中起着极其重要的作用。甚至有人认为，技术活动主要就表现在技术的发明或技术的设计等环节上。即使是在现代技术活动中，经验性的技能、诀窍和规则仍然是极其必要和不可缺少的。然而仅仅是主体的能力和知识还不能实现技术活动的功能，在技术活动中必须将经验、技能、技术知识和理论等主体要素与工具、机器设备等客体要素有机结合起来，才能形成一个卓有成效的变革自然的技术活动过程。因此，技术是主体的经验、技能、技术知识和理论与工具、机器、设备等客体要素的统一。

（5）跃迁性和累积性。技术是发展变化的，在人类的不同历史时期占主导地位的技术不同，表现出技术的跃迁性。古代生产力水平低下，人类直接或通过简单工具对自然对象进行加工制作，使材料加工技术在古代技术结构中占据重要地位。近代工业革命以材料加工技术为基础，注重解决社会对能源动力发展提出的新要求，从而使能源动力技术成为近代技术体系中的主导技术。20 世纪中叶开始的以信息通信技术为主导的第三次技术革命，引发了一系列高技术的产生，21 世纪将逐渐成为生物学的世纪。以往历次技术体系的更迭反映了技术发展的跃迁性。同时，技术又具有累积性。当新的技术（群）出现后，原来的技术并非全部被否定、被废弃，而是在主导技术影响下经过改造、提高的扬弃过程，从而形成技术的多层次性和多种技术的相互融合特征。例如，当今人类文明的材料、能源、信息三大技术与生物技术交叉融合，将形成生物材料技术、生物能源技术和生物信息技术；与纳米技术交叉融合，将在以往材料主导、能源主导、信息主导及其融合的基础上，进入更高层次的材料主导的新时代。

（6）潜在性和现实性。技术是潜在形态与现实形态的统一，是由潜在形态向现实形态的发展过程。从技术的产生和发展看，技术本身存在一个从无形技术向有形技术，从潜在技术向现实技术的转化过程。在这一过程中，人们运用各种知识、经验和技能，从各种相互矛盾的条件中，寻求实现技术的最优方案，形成构想和设计等潜在的无形技术；然后逐步将其具体化、形象化，形成技术说明、设计方案、工程图纸等有形技术，再通过试验与研制，将潜在的技术转化为现实的技术。技术由潜在形态向现实形态的发展过程，也是技术由潜在的生产力向现实生产力的转化过程。随着技术在生产过程中的地位和作用的日益加强，它已渗透到生产力的全部要素之中，它不仅从一开始就同生产力的物质要素紧密结合在一起，而且作为自然科学的物化形态，在生产过程中得到广泛应用，极大地推动了现实生产力的发展。

（二）技术的体系结构

1. 现代国外学者关于技术体系结构的研究

美国芒福德把技术分为“单一技术”和“综合技术”，并提出现代技术的本质是“巨技术”。法国艾吕尔把技术看作一个系统，认为技术系统由次级系统组成，次级系统由更低一级的技术组成。德国罗波尔提出了“社会－技术系统”理论，认为技术活动不仅是一种技术活动，也是一种社会活动，一种生产和生活方式。日本星野芳郎提出近代技术史上曾经出现过三次技术体系更替的观点，即第一技术体系的主导技术是蒸汽动力技术，第二技术体系的主导技术是电力和内燃机技术，第三技术体系发端于火箭技术、雷达技术、核技术和电子计算机技术的产生。这些观点，虽然都有一定的可借鉴之处，但也都有各自的不足和局限性。

2. 现代技术的体系结构

一般认为，现代技术的体系结构由门类结构和形态结构组成。

(1) 现代技术的门类结构。即由实验技术、基本技术和产业技术构成。它们之间既相互区别，又相互联系、相互促进。实验技术是科学认识而探索自然客体的元技术手段，包括力学试验技术、物理试验技术、化学试验技术和生物试验技术等。按照人工自然过程的四种基本形式，可以把技术划分为广义的机械技术、物理技术、化工技术和生物技术四种基本技术。这些基本技术一旦纳入生产过程，就会作为现实生产力发挥作用，并在生产过程中形成产业技术系统。产业技术是由不同生产过程中的不同技术组成的更为复杂的技术系统，并在生产过程中产生一定的经济效益。产业技术包括材料、能源、信息等基础产业技术，装备制造业、产品加工业等制造产业技术，生产服务业、生活服务业等服务业产业技术。

(2) 技术的形态结构。即由经验形态的技术、实体形态的技术和知识形态的技术构成。经验形态的技术结构是指由经验知识、手工工具和手工性经验技能等技术活动要素组成，并以手工经验技能为主导因素的技术结构。实体形态的技术结构是指由机器、机械性经验技能和半经验半理论的技术知识等技术活动要素组成，并以机器等技术手段为主导要素的技术结构。知识形态的技术结构是指由理论知识、自控装置和知识性经验技能等技术活动要素组成，并以技术知识为主导要素的技术结构。这三种技术形态分别在农业社会、工业社会早期和工业社会后期以来占据主导地位，形成了人类历史上不同时期的社会技术基础。

现代技术的体系结构表现出现代技术的发展过程，其中门类结构是立体的框架，形态结构的各要素同样渗透在门类结构相对应的要素之中。现代实验技术、基本技术和产业技术都包含经验技能，都使用工具机器，都蕴含了知识。

现代科学技术体系结构的研究表明，科学技术在各自的发展中，不但日益多样化和系统化，而且越来越呈现出科学技术一体化的特征。

二、技术发展的模式和动力

（一）技术发展的模式

1. 技术目的推动模式

技术目的的设定是技术发展的中心环节，而社会需求是技术目的设定的重要根据。技术目的包括既要考虑社会的经济需要，又要考虑社会的政治和文化需求，同时还要考虑资源、环境、生态等适应条件以及技术功效实现的现实可能性。在技术目的的驱动下，技术改进、技术研发和技术创新应运而生，并不断调节社会需要与社会供给的矛盾以及人与自然的矛盾。技术目的的实现，往往是从实验技术到基本技术再到产业技术的发展过程。

2. 新旧技术更替模式

这一模式是由日本技术论学者石谷清干提出的。他认为，社会对技术提出的需要是由技术结构所决定的技术功能去满足的，技术发展过程体现了量变、质变的交替规律，由稳定期和革命期交替进行的，并呈现出加速发展的趋势。如从原始的简单石器发展到多样石器，经过了几十万年；石器发展到劳动专用工具只用了几万年；又经过几千年发展到金属工具；由金属工具到机器的产生仅用了八九百年；机器自动化体系的发展只用了一二百年。新旧技术时代更替模式是：社会需要→技术的研究开发→新的社会需要→新技术的研究开发……

3. 主导技术带动模式

这一模式是由日本技术论专家星野芳郎提出来的。他把技术发展过程概括为局部性改良和原理性发展。局部性改良是在同一个技术原理范围内的技术发展，如从瓦特蒸汽机到高压蒸汽机、过热蒸汽机、多级膨胀蒸汽机等，其技术原理没有改变，都是把水蒸气热膨胀力转化为活塞的往复运动。原理性发展是指达到一定技术目的的方法从一个原理转变为另一个原理，如蒸汽机（外燃机）到柴油机（内燃机）是技术原理的发展。当技术以局部性改良的形式发展时，是渐进的发展；当技术以原理性发展时，是飞跃的发展。技术的原理性发展和局部性改良是交替进行的，构成技术阶段性发展。近代产业革命以来技术的发展，呈现出三个技术体系的转变过程，第一个是以机械技术体系为主导，它是由蒸汽机的发明引起冶炼、交通运输、机械制造、通信等全面的技术革命。第二个以电力技术体系为主导，引起电气技术革命，并发展成钢铁冶炼技术、内燃机技术、化工技术等组成的新技术群。第三个是以信息技术为主导技术，同新材料技术、新能源技术、生物技术、航天技术、海洋技术等组成的新技术群。

4. 技术梯度递进模式

从横向空间的技术转移看，不同的国家和地区，由于政治、经济、科学、文化发展的不平衡性，必然带来技术发展水平的不平衡性，并在客观上存在着区域技术梯度、城乡技术梯度。技术的递进方向是由技术水平较高的地区流向技术水平较低的地区。如我国由东往西形成三个技术梯度，即沿海发达地区、内陆发展中地区和西部落后地区，技术的流动方向由东往西。梯度递进的可行性和递进速度，取决于技术源的技术保密程度和技术被输入地区技术环境的适应程度。

5. 技术跃升突变模式

技术跃升突变模式是指某些国家或地区，在技术上以较短时间完成有关国家或地区在较长时间内的技术发展过程。这种技术跃升的重要条件是：技术主要是来自外部的先进技术；内部自身具备消化吸收新技术的条件和能力。实现跃升突变，还需要在技术改造、技术革新、技术集成上进行综合考虑，既要注重选取先进技术的硬件，也要考虑借鉴先进技术的软环境因素。

（二）技术发展的动力

1. 现代国外学者关于技术发展动力的研究

在技术发展动力问题上，国外存在着技术自主论和社会构建论两种不同的观点。

（1）技术自主论。即认为技术是独立的、自我决定、自我创生、自我推进、自在的或自我扩张的力量，它按照自身的内在逻辑发展，在某种程度上不受人类控制。20世纪60年代以来，法国的埃吕尔和美国的温纳被公认为是技术自主论的主要代表。其基本观点：首先，技术是自我决定的。技术能自我发展、自我扩张、自我完善，技术的自身内在需要是决定性的；其次，技术能导致社会革命，而经济和政治不是技术发展的条件，技术对于概念、价值和国家等来说都是自主的；最后，技术会自动选择，技术会选择人，但人不能选择技术，面对自主的技术，人没有自主性。

（2）社会构建论。即认为在技术的发展过程中，社会因素起到了决定性作用，应当把技术作为一个社会系统，从其内部来理解技术。20世纪70年代以来，荷兰的比克和美国的平齐是社会构建论的主要代表。他们认为，对科学的研究和对技术的研究应该也确实能够相互受益；科学社会学、技术社会学为社会构建主义提供了有用的起点；必须在经验意义上形成社会建构主义方法。社会构建论的技术理论和方法论原则，主要有技术设计的“待确定”原则、人工物解释的灵活性原则、对称性原则等。

技术自主论和社会建构论是在技术发展动力问题上的两个极端，它们只看到了技术发展某一方面的动力，忽视或低估了其他方面动力的作用，都存在片面性。

2. 马克思主义关于技术发展动力的观点

该观点认为技术的发展由社会需要、技术目的以及科学进步等多种因素共同推动。

（1）社会需求与技术发展水平之间的矛盾是技术发展的基本的动力。任何技术，最早都源于人类的需要。正是为了生存发展的需要，人类最初模仿自然，进而进行创造，发明了各种技术，需要是各种发明的驱动力。人类在各个不同的历史时期，由于经济、政治、军事、文化等方面的需要促进了不同领域技术的发展。古代四大文明古国由于农业生产的需要，都有着发达的农业种植技术和水利工程技术。近代资本主义生产的发展，产生了对新动力的需要，由于这种需要的驱使产生了蒸汽机。20 世纪以来，计算机技术、新能源技术、新材料技术、空间技术、生物技术、海洋技术等各种高技术，也都是为了满足社会的不同需要而产生的。社会需要包括物质需要和精神需要，体现在经济、政治、军事、文化、环境等诸多方面，同时还可区分为国家、区域、集团、企业、个人等不同层面的需要，因而对技术的要求也就有着不同的方面和层次。同时，需要的产生是有矛盾引起的，其中最为基本的是人与自然的矛盾。为满足不同方面和层次的社会需要，能迅速激活人内心的技术渴望和目的，产生技术设想、构思和规划，从而导致技术创新、发明和创造，由此推动技术发展。

（2）技术目的和技术手段之间的矛盾是技术发展的直接动力。技术目的是在技术实践过程中在观念上预先建立的技术结果的主观形象，是技术实践的内在要求，影响并贯穿技术实践的全过程。它是在技术上为实现社会需求而对技术发展的方向和技术系统的功能所作出的设定，其作用在于规定技术活动的指向。技术手段即实现技术目的的中介因素，包括实现技术目的的工具和使用工具的形式。它是为实现技术目的而采取的技术工艺、技术措施和技术方法等，是通向技术现实性的桥梁，具有安全性、可靠性、适应性等特征。技术目的与技术手段是互为条件的，技术目的的提出和实现，必须依赖与之相匹配的技术手段；技术手段是实现技术目的的中介和保证，包括为达到技术功能要求所使用的工具以及应用工具的方式。一种社会需要必须与技术可能性相符合，并具备达到技术目的所需要的技术条件。人类在改造自然的活动中，设定比现存技术更高的技术目的，是人类主观能动性的表现。技术目的总是处于积极主动的方面，而技术手段总是处于被动滞后的状态。但在一定条件下，技术手段也会反过来激励和唤起新的技术目的产生。如航天技术的发展，引起产生在失重条件下冶炼特殊性能材料的技术目的，而这种特殊材料的研制成功，必将产生新的社会需要和技术目的。新的技术目的和原有技术手段的矛盾构成了技术发展的直接动力。

（3）科学进步是技术发展的重要动力。西方在近代工业革命之前，科学与技术基本上处于分离状态，即使在第一次工业革命中，大部分的技术发明也仍源于经验与直接的生产活动，而与科学有较少关联。19 世纪中期以后，科学走在了技术的前面，成为技术发展的理论向导。科学革命导致技术革命，技术发展对科学进步的依赖程度越来越高，技术已成为科学的应用，尤其是当今社会的发展，日益成为科学技术一体化的双向互动过程。在 19 世纪第二次技术革命中，以电磁理论研究为先导，导致了电机的发明及其应用。1820 年丹麦奥斯特发现电流磁效应，1831 年英国法拉第发现电磁感应定律，1832 法国皮克希发明了磁石发电动机，此后人们又制造出电磁发电机的简单装置，直到 1864 年英国麦克斯韦建立了电磁场理论，1867 年德国西门子最终发明的自激式直流电动机成为第二次技术革命的标志。显然，科学成为技术的先导，技术是科学的应用。同样，20世纪初的物理学革命为第三次技术革命开拓了道路，如1905年爱因斯坦提出的质能关系式成为后来原子能技术革命的理论先导。当今社会的发展，日已形成了“科学—技术—工程—生产—产业—经济—社会—环境”一体化的双向互动过程。

技术的发展是一个由社会需要、技术目的以及科学发展多种因素组成的动力系统。此外，在技术发展中，文化对技术发展也表现出巨大的张力作用，先进的思想文化会推动技术发展，而落后的思想文化则会制约和阻碍技术的发展，包括影响技术决策、技术研发以技术成果的产业化各方面。我国改革开放以来，“科学技术是第一生产力”已成为共识。目前随着我国创新型国家发展战略的不断推进和深入，技术创新、发明创造和大众创新创业已成为全社会的时代潮流。

三、技术创新的特点和模式

（一）技术创新的内涵及特点

1. 现代国外关于技术创新内涵的研究

美国熊彼特于1912年最先提出创新概念。即认为创新是指把生产要素的新组合引入经济系统，建立一种新的生产函数。这种新组合的要素包括引入新产品、采用新技术、开辟新市场、控制原材料新的供应来源、实现工业的新组织。① 他认为，创新是经济发展的动力，是企业家的核心职能，是创造性“毁灭”等。第二次世界大战结束后，对创新的理解逐渐从狭义走向广义。狭义的创新主要是指技术创新，企业家和企业是创新的唯一主体；广义的创新不仅是技术方面的，还包括制度、组织等多个方面。如1992年国际经济合作组织指出，“创新包括了科学、技术、组织、金融和商业的一系列活动”②。

2. 技术创新的基本含义

国内学者大多认为，技术创新是一个融科技与经济为一体的系统概念，不仅关注技术的创新性和技术水平的进步，更关注技术在经济活动中的应用，特别是在市场中取得的成功。

1999年颁布的《中共中央、国务院关于加强技术创新，发展高科技，实现产业化的决定》文件中指出，技术创新是指企业应用创新的知识和新技术、新工艺，采用新的生产方式和经营管理模式，提高产品质量，开发新的产品，提高新的服务，占据市场并实现市场价值。从此，在我国形成了以企业为创新主体的主导性认识。

---

① 熊彼特．经济发展理论．北京：商务印书馆，1990：73.

② OECD. 国家统计局科技统计司编译．技术创新统计手册．北京：中国统计出版社，1993：26－28.

2006年初召开的全国科技大会和国家中长期科技规划纲要（2006－2020），把技术创新推进到自主创新的新阶段，对技术创新赋予了新的内涵，强调走自主创新之路，实施创新型国家发展战略。

一般来说，技术创新是指由技术的新构想经过研究开发或技术组合到获得实际应用，并产生经济、社会和生态效益的全过程。狭义的技术创新是指从发明创造到市场实现的整个过程；广义的技术创新则是指从发明创造到市场实现，直到技术扩散的整个过程。

3. 技术创新的特点

（1）创造性。技术创新的本质在于创造。以企业为创新主体，在技术创新活动中，如重组生产要素、建立新的组织结构和管理运行机制等，都是创造性的行为。创造性要求创新主体要不断更新观念，树立竞争意识，预测市场变化趋势，善于发现社会需求；同时，社会需要为技术创新营造良好的政治、经济、文化等环境与支撑条件，以保证技术创新的有效实施与实现。

（2）效益性。技术创新的最终目的是获得经济效益、社会效益和生态效益。经济效益包括微观经济效益（以最小的投入获得最大利润）和宏观经济效益（促进国民经济的不断增长）；社会经济效益主要是指提高人民的生活水平和国家的综合国力等；生态效益主要是指协调人与自然的关系，促进人与自然的协调发展。

（3）风险性。在实施技术创新的过程中，创新主体会受到技术不成熟、资源和能力不足、市场复杂多变、创新计划设计和投资决策失误以及国内外环境等各方面因素的影响，从而使技术创新的最终实现具有不确定性、风险性。为此，社会要健全风险投资与评估机制，并形成良好的创新文化环境。

（4）周期性。技术创新是一个连续与间断相互交替的循环过程。包括从技术发明到产品商品化的转化周期、从创新产品进入市场到退出市场的生命周期，以及创新被广泛采用、模仿的扩散周期等。

（5）集群性。技术创新在时间和空间分布上具有集群性。即在一定的时间和区域内，因某项技术重大突破能够满足社会的客观需要，而出现若干个技术创新集群，它们共同促进区域经济的迅速增长。创新一旦出现，就会成组或成群地不连续地出现。创新需要冲破一定的壁垒，一旦这一壁垒被冲垮，随后的创新就将容易得多，接踵而来的是形成创新群。①

（6）系统性。技术创新不仅涉及企业内部的研究、开发、生产、经营、销售等问题，而且涉及企业外部的市场环境与社会条件等因素。因此，技术创新尤其是重大技术创新是一项系统工程，它的运行是一种复杂系统行为。为此，

---

① 柳卸林．技术创新经济学．北京：中国经济出版社，1993：103.

需要各类创新主体如创新的决策主体、研发主体、生产主体、市场主体、管理主体，以及政府、金融机构、大学和研究机构等之间相互协同，才可能实现创新系统整体的最佳效益。

（二）技术创新的模式和类型

技术创新具有相对稳定的运作模式和类型。技术创新模式是指创新主体受一定的创新理论的支配，为实现目标所形成的驱使创新活动不断进行的运行方式和表现形式。它涵盖了创新主体对创新战略的构建、创新目标和技术路线的选择、可操作性方案的组织实施、创新成果的应用和扩散，以及支配创新活动持续进行的行为规范、运作方式和表现方式。技术创新模式具有明确的目的性、相对的稳定性、具体的可操作性和运作的规范性等显著特征。同时，对于技术创新类型的研究，有助于更为全面深入地把握技术创新及其自主创新。

1. 技术创新的基本模式

根据技术创新系统的驱动力的不同，将技术创新模式可分为科技推动创新模式、需求拉动创新模式和双力驱动创新模式。此外，人们还提出了一体化创新模式、系统网络创新模式等。

（1）科技推动模式。即由于科学技术的推动而导致技术创新。这是一个从基础研究经过应用研究、开发到生产和销售的线性过程，如图2-1所示。

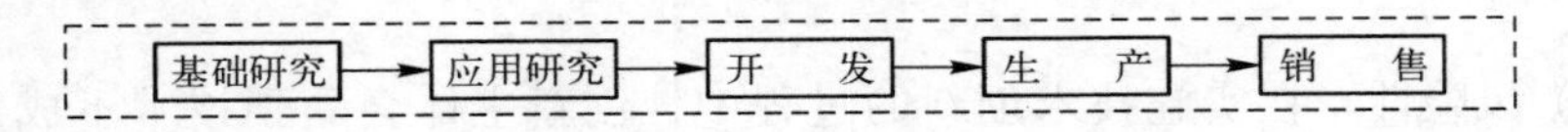

图2-1　科技推动创新的线性模型

这一模型充分体现了科学研究和技术发明是推进技术创新的主要动力。科学研究主要是科学共同体的活动，以创新知识为己任，往往不考虑知识生产是否具有经济需求。但企业家与企业则从科学共同体或技术市场获得科技知识和成果，对其进行应用开发、中试或批量生产，将之转化为新产品或新工艺，最终推向市场、谋求利润。例如，X射线仪的创新就是一个例证。1895年伦琴在物理学研究中偶然发现X射线后，其商业价值很快被德国企业（如西门子公司）、美国企业（如通用电气公司）所认同，并研制出新型X射线管和X射线仪，在医疗中获得了广泛应用。尼龙、核能、激光和半导体等许多技术创新，都是科技推动型的技术创新。

这种创新模式自20世纪40年代提出以来，为各国政界、学界和企业界广泛认同。各国政府以此作为制定科技政策的理论依据，大力投资基础研究，以期获得具有商业潜力的技术创新成果和效益。

（2）需求拉动模式。20世纪60年代，一些学者提出了技术创新的需求拉动模式，如图2-2所示。

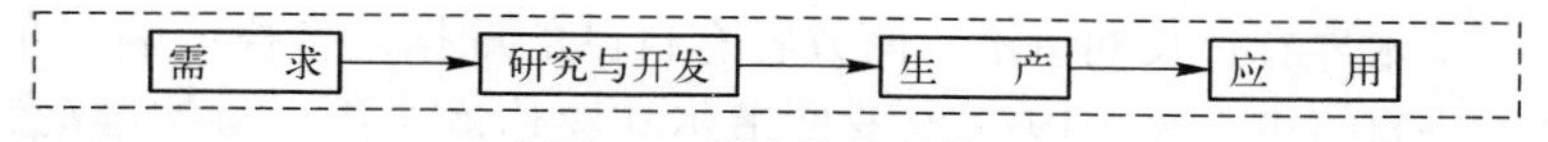

图 2-2 需求拉引的模型

施莫克勒 1966 年对美国产业发展历史中的投资、产出和专利数量变化的实证研究，为需求拉动（或拉引）的创新模型提供了有力支持。他指出，“人们通常认为，科学发现和重大的发明能够为新的发明提供刺激，但是，考察石油精炼、造纸、铁路和农业等产业中的若干重大发明的历史，没有任何一个例子能确凿地表明，科学发现或发明起到了人们所想象的作用。相反，有成百上千的例子表明，刺激发明的是认识到了一个高成本的问题需要解决，或者发现了一个潜在的盈利机会需要把握。”① 他发现，发明和专利活动与其他经济活动一样，基本上是追求利润的经济活动。施莫克勒提出了更为详细的需求拉引的创新模型，如图 2-3 所示。

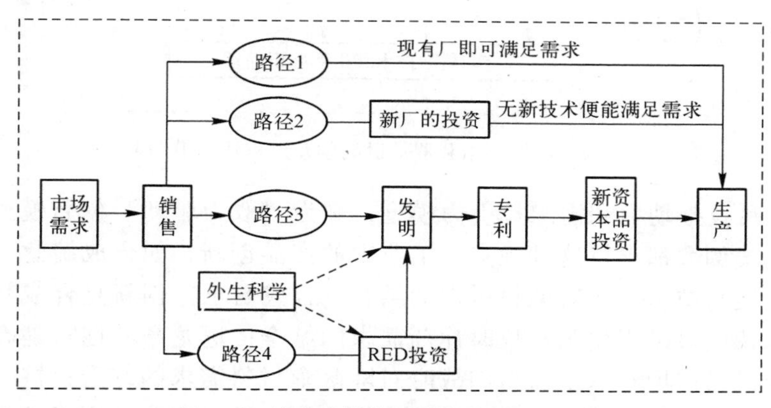

图 2-3 施莫克勒的需求拉引创新模型②

需求拉动模型强调技术创新起源于市场需求，社会需求是导致技术创新的主要动力。社会需求包括来自经济、军事、政府、企业等方面。迈尔斯（Myers）和马奎斯的一个实证客观上为施莫克勒的观点提供了有力支持。他们考察了五个产业中的 567 项创新，其中 3/4 的创新是由市场需求或生产需求而来的，只有 1/5 的创新来源于技术本身的发展。由此他们认为，在技术创新中，需求是一个比技术潜力更为重要的因素③。厄特巴克在 1974 年的一项工作中发现，60% ~80% 的重要创新是需求拉动的。④

（3）双力驱动模式。技术创新到底是科技推动的还是需求拉动的？围绕着

① Bridgstock M，等．科学技术与社会导论．刘立，等译．北京：清华大学出版社，2005：236.

② 柳卸林．技术创新经济学．北京：中国经济出版社，1993：33.

③ 赵玉林．创新经济学．北京：中国经济出版社，2006：110.

④ 柳卸林．技术创新经济学．北京：中国经济出版社，1993：33.

这个问题，学术界有过长期争论。两方各有自己的证据，各执一端。在争论中，需求拉动说一直略占上风。1973 年罗斯韦尔和罗伯逊指出，科技推动和市场需求对技术创新都具有重要作用，并提出了技术创新过程活动模型，如图 2-4 所示。

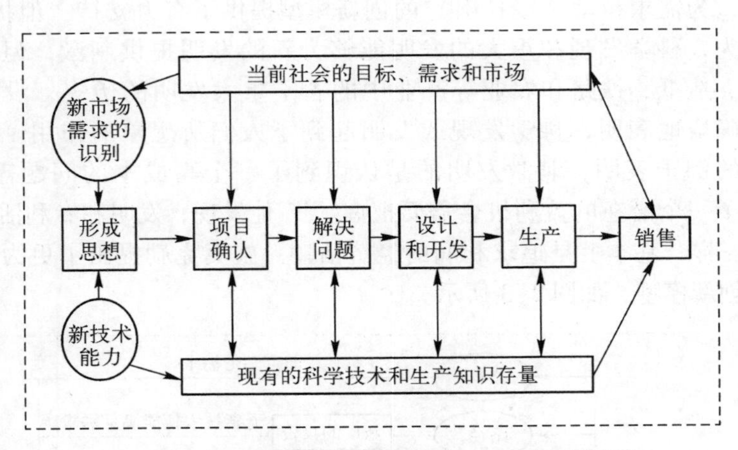

图 2-4　罗斯韦尔和罗伯逊的创新过程活动模型①

这种科技推动力和需求拉引力模型，称为“双力驱动”创新模型。历史上的创新案例大都支持这种观点。工业中的产品创新，如合成靛蓝是有机合成化学发展与纺织工业对染料需求的结合；合成氨工艺创新是合成氨的实验室研究与德国对民用化肥和战时炸药需求的结合；尼龙产品创新是高分子化学研究与民用市场对袜子面料和战时对降落伞材料需求的结合；核能的出现来自核物理研究与军事上对大规模杀伤性武器以及民用能源市场的需求；马可尼将电磁通信技术知识与无线电潜在的商业价值结合起来，创建了无线电通信企业等。

在技术创新中，科技推动力与需求拉引力的作用并非同等重要，有时表现为科技推动力的作用大于需求拉引力，有时表现为需求拉引力大于科技推动力，但都是不可缺少的。需求不足，或缺乏科技推动，都会导致创新失败。② 美国合成橡胶的开发、欧洲半导体工业的发展，1940 年前美国对雷达的研制以及第二次世界大战后欧洲对彩电的研制，这些创新都由于市场需求不足，而导致失败。相反地，尽管市场对治疗艾滋病、癌症等疾病的药物存在着巨大的需求，但由于相关的医学和生命科技研究尚不成熟，因此真正的有效药物的创新尚未出现。

① 柳卸林．技术创新经济学．北京：中国经济出版社，1993：33

② 克利斯·弗里曼．工业创新经济学．华宏勋，华宏慈，等译．北京：北京大学出版社，2004：254-255.

显然，科技推动与需求拉动这两个技术创新的驱动力，并不是完全独立的因素，两者之间是相互关联的。一方面，科技发展会激发社会需求；另一方面，社会需求会促进科技的发展。同时，科技推动和需求拉引都会受到诸多相关因素的制约和影响。

2. 技术创新的常见类型

（1）产品创新和工艺创新。根据技术创新的对象不同，可分为产品创新和工艺创新。产品创新是指创造出的新技术产品，根据对技术变化量的程度可分为：一类是全新型产品创新，如世界上首次出现的蒸汽机、汽车、半导体晶体管、电子计算机、Windows 操作系统、因特网等；另一类是改进型产品创新，如有收音机发展起来的组合音响、Windows 操作系统从当初的 Windows 3.0 经过 Windows 95、Windows 98、Windows 2000、Windows XP 进入到 Windows 10 版本等。工艺创新是指生产过程中的技术变革，是对新的产品生产技术、工艺流程或生产方法的采用。包括设备更新、生产方式创新以及组织管理创新等，如炼钢中创造出的氧气吹顶转炉、钢铁生产中建立的连铸系统、标准化生产规程、合成氨工艺等。工艺创新可以是全新的，也可以是对现有工艺的改进。

（2）渐进创新和激进创新。渐进创新是一种连续不断的小创新或技术革新。它通过不断地累积和集成，也会导致巨大的经济价值。美国福特 T 型轿车，其成本的降低是无数次工艺改进的结果。有学者指出，美国生产率增长中的很大一部分，要归功于对已有产品和工艺不断进行的小幅完善和技术改进。激进创新是指在技术原理和观念上有重大突破和转变的创新。一般来说，它是有组织的研发活动的产物，往往要经历较长时间和投入大量资金。激进创新的发生往往伴随着产品创新、过程创新和组织创新等连锁反应，甚至引起产业结构的变化。渐进创新与激进创新具有内在的联系。一方面，激进创新的实现离不开现实条件，如已有知识存量、技术水平、制度环境等支持，而这些条件往往是长期渐进创新积累的结果；另一方面，激进创新一旦完成，就会为新的渐进创新提供大量的机会，开辟新的创新领域。激进创新往往导致整个技术系统发生根本性变革，它几乎影响到国民经济的所有部门。20 世纪后期以来，微电子和计算机网络方面涌现出来的大量创新，带来了人类社会的技术 - 经济范式的深刻转换，并把人类社会带人了信息化、网络化和知识经济的新纪元。

（3）合作创新与自主创新。根据创新的主体不同，可以把技术创新分为合作创新与自主创新。合作创新是指由不同的创新主体共同推动创新的一种常见的创新类型。它通常以合作伙伴的共同利益为基础，以资源共享和优势互补为前提，有明确的合作目标、合作期限和合作规则，合作各方在创新的全过程或某些环节共同投入，共同参与，共享成果，共担风险。因此，合作创新不仅可以使创新资源组合趋于优化，缩短创新时间，减少创新过程中的不确定性，扩大创新空间，而且能够分解创新成本，分散创新风险。通过合作创新，还往往可以使具有激烈竞争关系和利益冲突的创新主体联合起来，使合作各方获得更大的利益。因此，合作创新已成为一种较为普遍的创新方式。相对于合作创新而言，自主创新则是由同一创新主体推动的一类创新活动。关于自主创新的相关内容，将在第五章加以阐述。

四、现代技术的发展趋势

（一）技术科学化

近代以来，新技术发展中科学成分愈来愈高，而经验性因素愈来愈少，这是技术成熟的表现。在第一次技术革命中涌现出来的新技术，虽然也有一定的科学因素，但并不是主要的。例如，瓦特在完善蒸汽机技术时，科学理论因素起了一定的作用，但纺织机械的发明却是经验性的。当时技术与科学是相互分离平行发展的，技术对科学的依赖并不强。第二次技术革命实现了科学与生产实际的结合，产生了用科学理论专门研究技术的科学，如电力技术、无线电技术、内燃机和汽轮机技术等，这无一不是在电磁学、电工学、无线电电子学、热力学的指导下形成发展起来的。

现代技术革命全面体现了科学对技术的主导作用。科学革命走在技术革命的前面、成为技术革命的先导，科学成果渗透到技术的各个领域、成为技术发展的关键，表现出明显的技术科学化趋势。例如，原子能技术是原子物理学、原子核物理学发展的结果，半导体技术是固体物理学发展的结果，超导技术、基因重组技术、人工智能技术、人工化学合成技术等，也无一不是其相应的基础科学发展的结果。在技术科学化的同时，科学技术化的趋势也日益突出，正是二者紧密结合、相互作用，推动着当代科学技术的迅速发展。

（二）技术集群化

现代技术发展已呈现出横向关联性、综合性、交叉性极强的技术集聚化特征。没有以电子计算机为核心的控制手段，核能、航天、海洋工程以及某些材料生产的自动化都是不可想象的；没有半导体材料、真空技术、光刻技术等进步，微电子技术不可能发展起来。现代技术的纵横交错、相互渗透和相互移植，已形成了许多新的技术群体。遗传工程的发展，使量子生物学、量子遗传学、量子生理学与基因重组技术、生化技术、结构分析技术等科学技术集聚化发展；海洋开发的需要，使海洋水文学、海洋地质学、海洋气象学、海洋生物学与海洋探测技术、海洋电力技术、海洋采矿技术等成为一个庞大的科学技术群落；

能源发展的需要，也使得天体物理学、原子核物、硅电化学与太阳能技术、海洋能技术、生物能技术等成为一个科学技术群体；等等。

（三）技术智能化

历次技术革命中出现的新技术，逐渐从机械性向智能化发展。第一次技术革命中的许多新技术，还带有明显的“工具”痕迹，结构简单、精度不高、速度不快、易于控制，是对人手和体力的简单取代；第二次技术革命时期，由于电力的应用，机器复杂，功能增多，性能提高，速度加快，精度提升，控制也较为复杂。初步的自动化以及较为复杂的机电控制系统已经可以完成简单的脑力劳动。

第三次技术革命中出现的技术，特别是电子计算机、微处理机与传统技术相结合，形成的机电一体化技术领域，智能化已十分明显。机器不再仅仅是代替人手和人的体力的工具，如机器人和无人工厂既解放了人的体力劳动，又解放了人的脑力劳动。现代技术革命使电脑进入机器系统，通过信息控制调节机器以至整个车间或工厂的运转。只要把编制好的程序存入电脑，它就可以按设计要求实现自动化操作，而且可以随时调整程序，实行柔性生产，使产品精度高、质量好、成本省、换代快、市场适应性和竞争性强。这使得现代技术进入了智能化的新阶段。

（四）技术高新化

技术高新化也称高新技术化。一般认为，高新技术是指那些对一个国家军事、经济有重大影响，具有较大的社会意义，能够形成高新产业的新技术或尖端技术。当代高技术对传统技术和新技术的发展起着主导作用。当代高技术主要表现在六大领域：信息技术、新材料技术、新能源技术、生物技术、空间技术和海洋技术。这六大高技术中有 12 项标志性技术：基因工程、蛋白质工程；智能计算机，智能机器人；超导材料、定向材料；核聚变能、太阳能；航天飞机、永久太空站；深海采掘、海水利用等。高技术具有高智能、高战略、高投入、高风险、高创新、高辐射、高效益等显著特征。

当代信息技术的发展与竞争的加剧，使得一项新的技术发明几乎可以瞬时传遍全球。19 世纪中叶，美国曾用了几十年的时间掌握了英国的纺织机、蒸汽机技术；到 20 世纪中叶，日本的某些公司只需几个月就能分析和复制出美国最新电子计算机的微型集成电路。当今高新技术扩散极为迅速，高新技术产品生产可以是全球性的，其发展方向更多地是由国际发展趋势所决定，而不单以某一国家的政策为转移。当代高新技术开发与市场开发的国际化步伐已明显加快，各国高技术企业的国际性科技活动大为活跃、形式多样，有力地推动了全球高技术化进程。目前高技术已成为世界竞争的制高点，发达国家和国家集团的高技术竞争日趋白热化，这将进一步加速全球高技术发展，同时必将改变目前世界各国的高技术化格局。

（五）技术产业化

技术产业化是一个过程。一项新技术要通过生产实验、技术定型和中间试验试后，进入批量生产，实现商品化，完成向产业的转移。历史上，从技术革命到产业革命的发展都经历了技术产业化的过程，并导致技术体系的根本性变革。比如，1831年法拉第发现电磁感应现象后，到1867年德国西门子创造出实用的发电机，1881年开始兴建大型火力发电厂，带动电力工业全面发展，从此建立了钢铁、化工、石油等规模庞大的工业体系。

现代技术革命大大加速了技术产业化进程。由高技术产业化形成的高技术产业包括生物工程产业、光电子信息产业、软件产业、智能机械产业、生物医学产业、超导体产业、太阳能产业、空间产业、海洋产业等。高技术产业领域的纵深开拓，将进一步加速高技术商品化、产业化、国际化进程，人类也将迎来高技术产业革命的高潮。

第四节　工　程　观

工程观是关于工程技术及其发展的总的看法和观点。它以技术观为基础，从认识的不同层面和理论视角看，对工程观也有不同的理解，并直接影响到本节内容的选择。一般来说，由于技术具有自然属性和社会属性，相应地，对工程观的理解也有狭义和广义之分。狭义的工程观是指从工程技术的内在自然属性出发，注重揭示工程技术及其发展的相对独立性；而广义的工程观则是在狭义工程观的基础上，根据工程的外在社会属性，注重反映工程技术与社会相互作用的规律性。本节的内容侧重于狭义的工程观，主要包括工程的本质和结构，工程与科学、技术的关系，工程实践与工程创新，现代工程的发展趋势；而有关工程技术与社会之间关系的内容，将在第四章进行讨论。

一、工程的本质和结构

对工程的含义、特征和分类的认识，是工程观的基本理论问题。

（一）工程的本质特征

工程是一个历史范畴，是伴随着科学技术的发展和人类社会实践的不断深化而发展的。从古代到18世纪末，工程主要以军事和艺术的形式存在，强调工程主体的智力因素，以及工程师的直觉创造在工程活动中的主导地位。1818年英国民用工程师学会的成立，标志着工匠与工程师在职业划分上的明确分离和现代意义上的工程师的出现。1828 年英国托马斯·莱德古德把工程定义为“驾驭自然界的力量之源、以供给人类使用与便利之术”①。第二次世界大战以后，工程研究以现代科学为基础，更加依赖现代技术手段，并形成了对现代工程的新认识。例如，美国工程师职业开发委员会认为，工程就是把通过学习、经验以及实践所获得的数学与自然科学知识，加以选择地应用到开辟合理使用天然材料和自然力的途径上来为人类谋福利的专业的总称。我国一些学者认为，工程是指人类改造物质自然界的完整的、全部的实践活动和过程的总称。②

一般认为，工程是指人们综合运用科学的理论和技术的方法与手段，有组织、系统化地改造客观世界的实践活动以及所取得的实际成果。从广义上看，它不仅包括以技术活动为主的改造自然的技术工程，如载人航天与探月工程、高技术产业重大专项工程、沃土工程和植保工程、生态保护工程、环境治理重点工程等；而且包括以社会活动为主的改造社会的社会工程，如新农村建设重点工程、高等教育“211”工程、社会公共服务重点工程等。狭义的工程概念，仅指人类改造自然界的技术活动，而不包括社会工程。本书主要是在狭义上使用“工程”概念的。与一般技术相对而言，工程具有以下几个本质特征：

（1）更强的社会计划性。工程系统是由多个技术子系统构成的综合集成系统，它有着更大的预期目标，以最大限度地满足社会发展的特定需求，并获得相应的经济、社会和生态等效益。工程的规划和设计都是围绕其预期目标进行的。科学技术转化为现实生产力的功能，必须通过工程这一环节来实现。诸多国家发展实践证明，是否重视工程转化这一环节，决定着科学技术能否有效地推动国家经济发展。英国尽管拥有大量的科研理论成果，但由于缺乏有效的工程转化，结果使科学研究成为“孤立”的行为，这是造成 20 世纪以后英国经济发展相对缓慢的原因之一。与英国的情况相反，日本、韩国等国家虽然科研理论成果不如英国多，诺贝尔奖获得者也没有英国多，但它们在工程转化上效率高，在第二次世界大战后不长的时间内就实现了崛起。

（2）更强的动态整合性。工程通常是按照综合的技术目标和系统规则，对科学、技术和社会的动态优化整合过程。在工程活动中，常常涉及人流、物质流、能量流、信息流等方面的问题，因此，各类工程活动不仅要求对其中的科学、技术因素优化整合，而且必须在工程整体上对技术、市场、产业、

---

①② 陈凡，张铃．当代西方工程哲学综述．科学技术与辩证法，2006（4）.

经济、环境、社会、管理等诸多方面和环节进行更为综合的优化整合。工程活动实际上是在一定社会、经济条件下对诸多要素的集成和优化的过程。某一工程往往有多种技术、多个方案、多种实施路径可供选择，工程活动就是要在发展理念、发展战略、工程决策、工程设计、施工技术和组织、生产运行优化等过程中，按照一定的目标和规则，努力寻求和实现在一定边界条件下的优化整合。

（3）更强的集成创新性。工程活动是通过技术集成实现创新的过程。它通常以创造人工自然物为创新目标，比一般的技术活动具有更强的集成创新性。工程不是单纯的“科学的应用”，也不是相关技术的简单堆砌，工程追求的是通过选择和组合所采用的各类技术以及组织协调各类资源，最终创造出全新的人工自然物。工程中所采用的技术不一定是全新的，甚至在某项工程中可能没有一项技术是全新的，但经过技术组合与集成却具有全新的系统特征。因此，工程创新主要是体现为组合型或集成型。工程创新活动需要对多个学科、多种技术在较大的时空尺度上进行选择、组织和优化组合，而不能只依靠单一技术。在工程创新中，如果只有单项的技术创新成果，而缺乏与之相配合的相关技术的协同支撑，就难以达到预期的工程效果，甚至可能酿成工程的失败。

（4）更强的系统复杂性。按照一定的目标和规则对科学、技术和社会的动态整合以及各种要素的优化组合，使工程系统成为比一般技术系统具有更大规模的复杂系统。在工程活动中，对多因素分析、多方案的选择和决策研究，是工程实施的常规性要求。工程活动涉及很多方面或环节的复杂因素，如何实现这些因素的有序协调，是工程系统有效运行的重要条件；同时在这一复杂系统中，还存在着许多不确定性因素和限制因素，对此，也必须有可靠的评估、检测和危机管理预案，以确保实现工程目标。

（二）工程的体系结构

现代工程的体系结构由学科结构和产业结构所构成。

1. 现代工程的学科结构

根据工程学科的不同，各工程学科中的基本工程包括土木工程、水利工程、机械工程、电气工程、计算机工程、原子能工程、材料工程、航天工程、生物工程、信息工程学等。

2. 现代工程的产业结构

根据产业部类的不同，现代工程的产业结构由第一产业、第二产业和第三产业等三大部类工程构成。见表2-1。

表2-1　工程的产业结构①

	第一产业部类工程	第二产业部类工程	第三产业部类工程
工程性质	对自然资源的直接利用和改造，以满足人类的基本生活需求	对自然资源的二次加工和利用，以满足人类的生产生活需要，特别是为社会的再生产活动提供基础	对人类正常的生产和生活提供服务，属于社会基础结构的类型
工程类型	1. 农业工程、林业工程 2. 水利工程 3. 采掘工程	1. 能源与动力工程 2. 材料工程 3. 制造工程 4. 建筑与土木工程 5. 海洋工程	1. 信息与通信工程 2. 交通工程 3. 环境工程 4. 保健工程 5. 管理工程

二、工程与科学、技术的关系

在上述科学观、技术观、工程观等内容中，对科学、技术、工程进行了分述，但对于它们之间的关系尚未做出整体性的论述。对此从总体上看，科学、技术、工程三者之间既有相互区别，又有内在的联系。

（一）工程与科学、技术的区别

科学的核心是科学发现，技术的核心是技术发明，工程的核心是工程建造。进一步地说，三者之间的主要区别如下：

（1）研究的目的和任务不同。科学研究的目的在于认识世界，揭示自然界的客观规律，它要解决有关自然界“是什么”和“为什么”的问题，从而为人类增加知识财富。技术的目的在于改造世界，实现对自然物和自然力的利用，它要解决变革自然界“做什么”和“怎么做”的问题，从而为人类增加物质财富。工程研究的目的和任务不是获得新知识，而是创造新的人工自然物，是要将人们头脑中的观念形态的东西转化为现实，并以物的形式呈现出来，其核心在于观念的物化。一个工程要运用多项技术，包括通用技术和专用技术。通用技术是独立于工程之外的，这类技术的开发与工程本身无关，工程活动中只是把它们拿来应用而已，如计算技术、GPS技术等，而专用技术则构成了工程研究与开发的主要对象和任务。

（2）研究的过程和方法不同。科学研究过程追求的是精确的数据和完备的理论，要从认识的经验水平上升到理论水平，属于认识由实践向理论转化的阶段，目标常常不甚明了，摸索性很强，或然性较大；这就决定了科学研究应主要采用实验、归纳、演绎、假说等探索性方法。技术研究过程追求的是比较确定的应用目标，要利用科学理论解决实际问题，属于认识由理论向实践转化的

① 中华人民共和国国家发展和改革委员会令（第40号）公布的产业结构调整指导目录（2005年版）.

阶段，有的放矢，或然性较小；由此决定了技术活动大多运用预测、设计、试验、修正等方法。在研究的过程和方法上，工程主要涉及工程目标的选择、工程方案的设计和工程项目的实施等，对工程知识的判断直接影响到工程进展的顺利与否以及效率的高低。工程知识的结构要比科学和技术复杂得多，并且从历史的角度来看，工程知识的结构是不断变化的。一项工程的实现往往是多学科知识、多领域技术的综合集成，也是人力、财力、物力的综合集成，工程负责人的组织协调能力亦至关重要。在这一过程中，对于技术的组织化程度要求相对较低，即发明家的个人素质仍然起着较大的作用。

（3）成果性质和评价标准不同。科学研究获得的最终成果主要是知识形态的理论或知识体系，具有公共性或共享性，一般是不保密的；对科学的评价是以真理为准绳。技术活动获得的最终成果主要是科学知识和生产经验的物化形态，是某种“原始发明”、技术专利、技术诀窍、工艺图纸、样品或样机等，这些都具有商品性，可以在保密的同时转让和出卖；对技术的评价标准是利弊得失，以功利为尺度。工程是以已有的科技成果为对象，将其进一步实现产业化的过程；从工程成果的性质和评价标准看，工程所遵循的是“目标—计划—实施—监控—反馈—修正”路线评价成败，工程达不到预期目标就意味着失败。

（4）研究取向和价值观念不同。科学是以好奇取向的，与社会现实的联系相对较弱，一般认为科学的价值是中立的，或科学本身仅蕴涵少量的价值成分。技术是以任务取向的，与社会现实的关系密切，在技术中渗透着价值，与价值有着不解之缘。在研究取向和价值观念上，工程显示出具有更强的实践价值依赖性。一项工程的实施不仅与技术相关，还与资源、环境、经济密切相联并负有责任，工程绝不是价值中立的。正因为如此，人们常用好与坏、善与恶、正确与错误来评价一个工程项目。一项工程不可能在各个方面都做到最优，而是在各方利益之间进行权衡，工程的这种妥协性正是其价值性的体现。

（5）研究规范不同。科学的研究规范遵循默顿提出的普遍性、公有性、无私性、创造性和有条理的怀疑主义原则。技术以获取经济效益和物质利益为目的，具有“事前多保密、事后有专利”的规范特征。在研究规范上，工程作为改造自然的实践活动的实施过程，尤其是较大规模并有着复杂组织系统的实践活动的实施过程，在工程项目实施中特别强调团结和协作、发挥团队精神。

（二）工程与科学、技术的联系

科学、技术和工程之间的区别是相对的，它们之间是相互联系、相互作用的。

1. 科学、技术、工程都是协调人和自然关系的重要中介

科学、技术、工程都是协调人和自然关系的重要中介，三者都反映了人对自然的能动关系及其成果。科学活动是以发现为核心的人类活动，它使那些完全脱离于人的天然自然在实践中变成人化自然；技术活动是以发明为核心的人类活动，它使一种崭新的人工自然的诞生成为可能；工程活动是以建造为核心的人类活动，它使完全造福于人类的人工自然物成为现实。

科学与技术之间是相互联系、相互影响的。虽然发现不等于发明、科学不同于技术，但它们都是通过处理人与自然关系所取得的积极成果。在由人与天然自然到人化自然，再到人工自然的关系协调发展过程中，科学发现是技术发明的前提和基础，技术发明是科学发现的延伸和发展。

技术与工程之间也是相互渗透、相互作用的。虽然发明不等于建造，技术不同于工程，但它们都是人与自然作用的产物，并同属于改造自然的实践范畴。没有不依托于工程的技术，也没有不运用技术的工程。技术是工程的前提和基础，没有技术就没有工程；而工程又是技术的深化和拓展，并为技术的成熟化和产业化开拓道路 。

2. 科学、技术、工程都在历史进程中融合发展

古代的技术和科学基本上处于分离状态。它们有着各自独特的文化传统，各自独立地发挥着社会作用。随着近代第一次技术革命的深入发展，技术与科学开始结合。但当时的技术和科学在活动的目的、任务、对象、过程等方面仍存在明显差别，还没有表现出显著的相互融合特征。从 19 世纪第二次技术革命开始，科学与技术的联系日益突出地显现出来。麦克斯韦电磁场理论的建立(1862—1864)、赫兹电磁波实验的成功（1887）和集科研与生产于一身的爱迪生门罗公园实验室的创建（1876）等，出现了科学走在技术的前面，科学与技术的相互融合、相互促进，形成了“科学—技术—生产”一体化过程。20 世纪中叶以后，随着现代科学研究与技术开发活动的纵深拓展，出现了其与“科学—技术—工程”相融合的新观念。这三个层次或环节的实践性依次增强，越来越靠近于社会生产活动。由科学知识到技术物化，再到工程实践的发展过程，其实就由是潜在的生产力向现实生产力的转化过程。

3. 科学、技术、工程与社会相互作用

一方面表现为科学、技术、工程的社会化。当代科学、技术和工程越来越摆脱了“纯粹”的形态，与社会诸多方面的联结越来越广、越来越紧密。另一方面表现为社会的科学化、技术化和工程化。当今人们越来越按照科学、技术和工程的运行模式和操作方式来从事社会性的活动，科学、技术和工程的思维方式越来越多地运用于社会过程，以至社会发展与管理领域出现了许多“社会工程”。科学、技术、工程从来没有像现在这样强烈、全方位地影响着社会，社

会也从来没有像现在这样关注科学、技术和工程。

三、工程的管理模式和创新

（一）工程项目的管理模式

工程项目具有参与方多、投资大、规模大、工期长、风险高等特点。在项目管理产生的近百年时间里，形成了多种成熟的项目管理模式。任何管理模式都有其优缺点，只有采用适宜的模式才可能达到最佳的建设目标。其常见模式如下：

（1）DB模式。即设计-建造（Design-Build）模式，国际上亦称交钥匙模式，在中国称为设计-施工总承包模式。它是指在项目的初始阶段，业主邀请几家有资格的承包商进行议标，根据项目确定的原则，各承包商提出初步设计和成本概算，中标承包商将负责项目的设计和施工。其优点：有利于控制成本、降低造价、缩短工期等。其缺点：业主对最终设计和细节控制能力较弱、承包商承担更大风险、交付方式操作复杂等。

（2）DBB模式。即设计-招标-建造（Design-Bid-Build）模式，在国际上应用最早的工程项目发包模式之一。它是指由业主委托建筑师或咨询工程师进行前期的各项工作，待项目评估立项后再进行设计。其优点：管理方法较成熟，各方对有关程序都很熟悉，有利于合同管理、风险管理和减少投资等。其缺点：项目周期较长、管理费较高、可施工性差、不利于工程事故的责任划分等。该模式在国际上最为通用，以世行、亚行贷款项目和国际咨询工程师联合会（FIDIC）的合同条件为依据的项目均采用这种模式。中国目前普遍采用的项目法人责任制、招标投标制、建设监理制、合同管理制等，基本上是参照世行、亚行和FIDIC的这种传统模式。

（3）BOT模式。即建造-运营-移交（Build-Operate-Transfer）模式，指一国财团或投资人为项目的发起人，从一个国家的政府获得某项目基础设施的建设特许权，然后由其独立式地联合其他方组建项目公司，负责项目的融资、设计、建造和经营。其优点：可以减少政府主权借债和还本付息的责任、可避免公营机构承担项目的全部风险、可吸引国外投资支持国内基础设施建设、有助于借鉴先进技术和管理经验等。其缺点：在特许权期限内，政府将失去对项目所有权和经营权的控制；参与方多，结构复杂，融资成本较高；可能导致大量的税收流失等。该模式主要用于机场、隧道、发电厂、港口、收费公路、电信、供水和污水处理等一些投资较大、建设周期长和可运营获利的基础设施项目。

（4）PPP模式。即公共部门与私人企业合作（Private-Public-Partnership）模式，是以各参与方的“双赢”或“多赢”为合作理念的现代融资模式。政府部门通过政府采购，与中标单位组成的特殊目的项目公司并签订特许权协议，由该项目公司负责筹资、建设与经营。其优点：有利于缩短前期工作周期、节省政府投资、风险分配更合理；有利于私人企业引入先进技术和管理经验，使项目参与各方整合组成战略联盟；政府拥有一定的控制权。其缺点：政府负有较大的责任，增加了政府的风险负担；组织形式比较复杂，增加了管理上协调的难度等。这种模式适用于投资额大、建设周期长、资金回报慢的项目，如交通、能源和通信系统中的铁路、公路、桥梁、隧道、电力、煤气、电信、网络等工程项目。

（5）PFI 模式。即私人融资（Private Finance Initiative）模式。它是指由政府采取措施使私人部门有机会参与基础设施建设，改变了传统中全部由政府负责的方式。其优点：吸收民间资本，缓解政府财政资金压力；提高项目的建设效率和降低建设成本；政府部门和私人部门可适当分配风险。其缺点：信用等级和相关法律制度的不完善，使政府部门确定私人合作公司存在较大难度；项目的经营收益分派、政府补贴等要与私人协商，可能存在利益纠纷；前期费用较高等。这种模式适用于学校、医院、监狱等公共基础项目，在英国还被用于国防训练项目、政府部门的设备改造项目、政府的公共住房开发项目、城市的重建项目等。

（6）ABS 模式。即资产支持证券化或资产证券化（Asset - Backed - Securitization）模式，指以项目所拥有的资产为基础，以项目资产可以带来的预期收益为保证，通过在国际资本市场发行高档债券来募集资金的一种证券化融资方式。其优点：可以大幅降低融资成本；可以减轻、分散投资风险；避免了项目被投资者控制，保证了运营利润不会大幅外流；可有效避免外汇市场风险；改进了资产管理，提高了资本比率等。其缺点：由于项目的经营决策权仍归原始权益人，在融资的同时无法引进国外先进的技术和管理，不利于项目建设及经营效率的提高。该模式适合于投资规模大、周期长、资金回报慢的城市基础设施项目，如电信、电力、供水、排污、环保、大型工业项目、资源开发型项目等领域的基本建设、维护、更新改造扩建等。

（7）PC 模式。即项目总控（Project Controlling）模式。它是运用项目管理和企业控制论的基本原理，以现代信息技术和通信技术为手段，对大型建设工程项目实施的管理组织模式。其优点：能减小业主的工作量，对业主的决策有重要的建议权；业主对工程有直接的管理权；项目总控咨询单位一般只具有对信息的了解权；在宏观面上控制施工进度从而缩短工期，造价较低，质量较好，减少发生索赔的机会。其缺点：对业主的组织结构产生不良影响；业主无控制权。

此外，还有 EPC 模式（设计 - 采购 - 建造模式，Engineering - Procurement

– Construction)、CM 模式（建筑工程管理模式，Construction Management Approach)、MC 模式（管理承包模式，Management – Contracting)、PMC 模式（项目管理承包商模式，Project – Management – Contractor)、PM 模式（项目管理模式，Project Management)、伙伴协作模式（Partnering 模式、动态联盟模式、伙伴关系模式）等。

（二）工程实践与工程创新

工程是直接生产力。工程实践是把已确定的工程设计方案和项目管理模式付诸实施的创造过程，是工程创新的过程。工程创新是不断突破壁垒和躲避陷阱的过程，它不但包括技术要素而且包括非技术要素，是“全要素”和“全过程”的创新活动。科学发现要求“可重复性”，技术发明只承认“首创性”，而工程创新则具有“唯一性”和“当时当地性”，这种“量身定做”式创新是工程实践的内在要求。工程师在建造人工自然物的过程中，通过对现有技术或引入新技术进行集成和整合，从而实现工程理念创新和管理机制创新。工程创新是创新实践活动和国家创新系统建设的主战场。从我国载人航天工程、“两弹一星”工程实践看，工程创新包括以下几个方面。

1. 技术创新、自主创新和集成创新

在“两弹一星”研制中，科学家和工程技术人员攻破了几千个重大的技术难关，制造了几十万台件设备、仪器、仪表，独立地掌握了国防和航天的尖端技术。在载人航天工程中，工程各部门和各系统联合攻关，先后攻克了数十项国际宇航界公认的技术难点，用较短的时间跨越了美、俄两国 40 余年载人飞船技术的发展历程，达到了当今世界先进水平。这是技术创新、自主创新和集成创新的结果。

2. 项目管理创新

“两弹一星”是技术密集、系统复杂、综合性强的工程。工程的实施广泛运用了系统工程、并行工程和矩阵式管理等现代管理理论与方法，建立了协调、高效的组织指挥和调度系统。在载人航天工程中，工程实施之初，就明确了工程实施专项管理的运作机制。按照这一要求，载人航天工程指挥部建立了以工程专项管理为核心的组织计划体系；建立了以工程总体设计为龙头的技术创新体系；建立了由全国上千个单位组成的协作配套保障体系；实施和完善了工程行政、技术两条指挥线的制度和联席会议制度，建立和完善了民主科学的决策体系，形成由领导、专家和技术骨干相结合的决策机制。通过历次任务的实践，逐步走出了一条投入较少、效益较高、发展较快、具有中国特色的大型高科技系统工程建设的新路子。

3. 工程人才管理与培养创新

“两弹一星”工程汇集了我国一大批杰出的科学家、科研人员、工程技术人员和管理工作者。党和政府充分信任和大胆使用来自各个方面的科技专家，委以重任，充分发挥他们的积极性、主动性和创造性。同时，在艰苦的研制工作中，培养和造就了年轻一代的科技人才。清华在发展核能科技事业中提出“建堆树人”，宝钢提出“工程不仅是造物，更是造人”①，这些都体现了工程创新的人才观。从载人航天工程的实践经验看，工程指挥部推出了三项重要举措：一是充分发挥老一辈航天专家的作用，搞好“传帮带”，并在关键环节和关键技术上起到把关定向的作用；二是把培养造就新一代载人航天人才队伍作为工程建设的主要任务，对年轻科技人才，大胆交任务、敢于压担子，使其脱颖而出，担当起工程创新发展的重任；三是高度重视组织指挥和管理人才的培养，努力实现各类人才队伍的协调发展，不断提高工程队伍的整体素质，为载人航天工程持续稳定发展提供了强有力的人才保障。

4. 项目风险管理创新

任何工程项目都有风险，甚至是高风险。有些工程直接关系到上千万群众的生命安危。我国在第一颗原子弹研制的最后阶段，1964 年 4 月中央专委会议提出了“一次试验、全面收益”的指示。同年 6 月进行了 1：1 不装活性核燃料的原子弹模拟爆炸试验。为确保核试验万无一失，现场总指挥张爱萍曾组织全面预演，设想了各种情况，从难从严要求，几十次联试均获成功。1964 年 10 月 16 日，第一次核装置按计划爆炸成功。载人航天是当今世界最具风险的高科技工程实践活动。工程全系统始终坚持成功是硬道理，始终坚持“安全第一，质量第一”的原则，始终坚持“组织指挥零失误，技术操作零差错，产品质量零隐患，设备设施零故障”的高标准，始终坚持飞行产品“不带问题出厂，不带隐患上天”的严要求，始终坚持把风险控制和质量建设作为工程的生命线，不断强化“讲质量就是讲政治，保质量就是保成功”意识；不断强化“发现问题是能力、揭露问题是党性、正视问题是素质、解决问题是成绩”的观念；形成了一整套卓有成效的措施和办法，建立了科学有效的风险控制机制，为成功完成飞行任务奠定了坚实的基础。

5. 工程理念创新

（1）以人为本的统领观。即用以人为本统领一切工程项目和实践，要把最大多数人的根本利益放在最优先考虑的位置上。

（2）生态环境观。生态环境既是工程实践的外在约束条件，也是工程实践必须考虑的内生要素。工程的造物活动以及所造之物，必须做到既改造生态环境，又促进生态环境的可持续发展。

---

① 杜澄，李伯聪．工程研究——跨学科视野中的工程（第 2 卷）．北京：北京理工大学出版社，2006：64.

（3）系统协调观。如水坝工程不仅对江河本身，而且还涉及对水中生物的影响问题、水库淹没土地的损失问题、水库移民问题、水库泥沙淤积问题、水质污染问题、地震及地质灾害问题、文物古迹保护问题等，必须协调处理。

通过对工程实践与工程创新的研究，可以得出以下几点认识：①

（1）工程创新主要体现为集成创新。它注重实现工程创新活动对多个学科、多种技术在更大的时空尺度上进行选择、组织和集成优化；同时，实现技术要素与经济、社会、管理等要素在一定的约束条件下的优化集成。

（2）工程创新以渐进创新为主，激进创新为辅。在工程实践中，采用的技术绝大多数是经过工程实践考验过的成熟技术。对一切新技术的采用必须经过中间试验、放大试验等中间检验过程，这些新技术以渐进创新为主，以激进创新为辅。

（3）对工程创新与生态环境、社会文化等复杂问题的研究，既要考虑经济效益，也要考虑生态环境效益，以及与社会文化的协调。

四、现代工程的发展趋势

（一）工程创新集成化

在现代社会，工程已成为联通科学发现、技术发明与产业发展之间的桥梁，已成为产业革命、经济发展和社会进步的强大杠杆。科学、技术转化为现实生产力的功能一般都要通过工程这一环节实现。因此，当技术创新成为世界经济和社会发展的主题时，工程创新也越来越引起人们的重视，以至于我国有学者认为，工程创新是一系列技术进步及其集成性创新的体现，工程创新直接决定着国家、地区的发展速度和进程②。从微观上看，工程创新的状况决定了一个工程项目的成败；从宏观上看，一个国家工程创新的总体状况决定了这个国家工业化进程是否顺利。纵观历史，世界各国的工业化和现代化的发展历程就是一个不断进行工程创新的过程，工程创新的能力直接决定着一个国家的发展状况和水平。

（二）工程活动规模化

随着科学技术不断向深度广度发展，许多科技含量大、要求标准高的大型社会性的工程项目相继出现，这些工程项目科技含量高，涉及领域广，工艺复杂，已不是几个人或一个企业、一个科研院所甚至几个工程单位所能承担，它需要国家去组织，并整合相关科研单位、生产制造企业、工程施工单位等众多

---

① 杜澄，李伯聪．工程研究——跨学科视野中的工程（第2卷）．北京：北京理工大学出版社，2006：8.

② 杜澄，李伯聪．工程研究——跨学科视野中的工程（第2卷）．北京：北京理工大学出版社，2006：6.

部门联合。例如，我国“两弹一星”的研制，“神舟”号系列飞船的研制和试验，以及西气东输工程、三峡水利工程等都需要国家级的统一协调指导。由于现代工程规模的进一步扩大，工程管理问题在工程发展中的地位越来越重要。工程管理是围绕着工程活动产生、发展的一系列特定管理活动的学问，包括决策管理、计划管理、施工管理、生产技术管理、产品管理和产业管理等。这些管理学问构成了特定的工程管理学问。工程管理不同于一般的管理，它是为了实现预期的工程目标，有效地利用各种资源在正确的工程理念指导下，对工程进行决策、计划、组织、指挥、协调与控制的活动过程。大型工程项目的出现对工程管理的现代化提出了更高的要求。

（三）工程规划国策化

从工程政策的发展趋势看，各国都在制定和实施规模宏大的具有远景目标的工程发展规划，并对其置于基本国策的战略地位。1983 年美国向全世界公开披露“星球大战”计划，这是人类工程实施规模最大、耗资最多的一个工程项目。这个计划后来由于种种原因没有全面贯彻和实施，但是其中的核心部分至今仍在加紧实施中，如美国布什政府部署的“国家导弹防御系统”（NMD）。美国是当今世界头号经济大国和军事强国，离不开建立在高科技基础上的大规模工程项目的支撑。美国历届政府都非常重视国家层次的大型工程项目的规划。欧盟的主要成员国，如德国、法国、英国等发达国家也都非常重视大型工程项目的规划。为了迎接新世纪的科学技术挑战，日本修订了《宇宙开发大纲》，调整了《原子能发展计划》。较先进的发展中国家，如韩国、新加坡等国家，也都把大型工程项目的实施作为基本国策。改革开放以来，我国也推出了一系列由国家直接组织实施的大规模的工程计划。重视大型工程项目的规划和实施，已成为世界经济和社会发展的潮流。

（四）工程合作跨国化

在当今世界，许多高技术含量的工程项目日益精细化、自动化和智能化。要完成某个工艺复杂、材料特殊、技术标准要求高的工程项目，已非一个或两个国家所能承担得起的，必须走国际合作的跨国化道路。美国波音 747 飞机就有 6 个国家的 1500 家大型企业和 15000 家中小企业通过分工与协作生产而成的。欧洲共同体生产的“空中客车”A－300 型飞机的机头是法国生产的，机身是德国生产的，机翼是荷兰和英国生产的，发动机和机尾是西班牙生产的。正是由于该工程项目的跨国化制造的产品特征，所以才具有生产效率高、技术先进、飞机体积大、噪声小、油耗少等优点。据统计，1988 年全世界就已拥有 2 万多家跨国公司，它们分别在 160 多个国家和地区开办了十几万家子公司。西方跨国公司所拥有的新技术和新工艺占世界总量的 80%，有近 70% 的国际技术转让为跨国公司经营。

（五）工程效益生态化

现代工程规模的扩大使其对社会的影响也越来越大。在其充分发挥了为人类造福的功能同时，其对社会的负影响也暴露出来。工程活动既能带来生态环境及社会的双重效益，也能带来生态环境及社会的双重危机。因此，当代工程活动不应是一味改造自然的造物活动，而是协调人与自然关系造福子孙后代的造物活动。要树立新的工程生态观，即要把生态与社会看成工程活动的内生要素，做到既改造环境又保护环境，促进环境的可持续发展。我国的三峡工程、南水北调工程、“三北”防护林工程等，都面临着此类问题。随着现代工程活动的负效应日益突出，追求工程活动的生态效益也是工程发展的必然趋势。

思考题

1. 如何理解18、19世纪科学技术发展与马克思、恩格斯科学技术思想产生的关系？

2. 怎样认识马克思、恩格斯科学技术思想在马克思主义理论体系中的重要地位？

3. 马克思、恩格斯和国外关于技术本质的分析有何主要差异？

4. 如何理解科学技术一体化的特征？

5. 为什么说科学技术发展表现为继承与创新的统一？

6. 科学、技术和工程之间有何区别和联系？

7. 结合所学专业或工作实际，分析阐述马克思主义科学技术观（或某一观点）对科学技术的作用。

第三章
马克思主义科学技术方法论

马克思主义的科学技术方法论是以辩证唯物主义立场、观点为基础，吸取具体科学技术研究中的基本方法，并且对其进行概括和升华的方法论。

方法论是论方法。方法是认识的工具，是人们为达到某种目的所遵循或使用的理论、原则、程序和手段的总和。方法论是关于方法的规律性的理论。它是把多样性的方法作为自己的研究对象，阐明进行各种研究来怎么样使用或如何使用这些方法，可以说方法论就是论方法。科学技术方法是指从理论上和实践上，为解决科学技术问题而采取的各种方法、手段和操作的总和；科学技术方法论是关于科学、技术和工程研究中的一般方法的规律性理论。

在本书中，主要根据有关方法论或研究方法的适应性与应用领域，把马克思主义的科学技术方法论区分为四个基本组成部分，即思维方法论、科学方法论、技术方法论和工程方法论。思维方法论普遍适合于基础科学、技术科学和工程技术等各个研究领域；科学方法论、技术方法论和工程方法论三者相对而言，是分别依次总结概括了基础科学、技术科学和工程技术各领域研究中的一般方法。从整体上看，一方面，它们相互之间有着内在的密切联系，即思维方法论是科学方法论、技术方法论和工程方法论的理论基础，并普遍适合于科学、技术和工程研究；同时，科学方法论、技术方法论和工程方法论三者之间也具有内在的统一性，而且通过对它们的进一步研究，有助于促进思维方法论的深化和拓展。另一方面，思维方法论、科学方法论、技术方法论和工程方法论相互之间又是不同的，即它们各自的研究对象、研究方法的适应领域和基本理论内容都是相互区别、不能相互替代的，思维方法论、科学方法论、技术方法论和工程方法论都具有其各自本身的特殊性和相对独立性。

第一节　思维方法论

思维方法论是马克思主义科学技术方法论的一个重要组成部分。它是以基础科学、技术科学和工程技术领域研究中的一般思维方法为研究对象，是关于科学技术研究的一般思维方法的规律性理论。思维方法论主要包括辩证思维方法论、创新思维方法论、数学方法论和系统思维方法论。

一、辩证思维方法

在本书中，辩证思维方法是指科学、技术和工程研究中的辩证思维的一般方法。辩证思维方法是马克思主义科学技术方法论的灵魂和核心，在整个马克思主义科学技术方法论体系中占有重要地位，对于科学、技术和工程研究具有理论指导意义。辩证思维方法主要包括分析与综合、归纳与演绎、抽象与具体、历史与逻辑等。

（一）分析与综合

1. 分析

分析是把整体分为部分，或把复杂的事物分解为简单的要素，或把历史的过程分解为片断分别加以研究的思维方法。人们为了从整体上了解和把握研究对象的性质和规律，首先要了解组成复杂事物整体的各个部分和各种要素的性质和特点。为了了解这些部分和方面，就必须把它们暂时从整体中抽取出来，使它们能够单独地起作用，以便研究它的细节，为从整体上把握事物积累材料。然而，分别地研究事物的各个方面并不是分析的最终目的，分析的目的在于把握本质。只有在完全了解了事物的各个组成部分在整体中所占的地位、所起的作用，以及它们之间相互依赖、相互制约的关系的基础上，才能真正把握住事物的本质和规律。

分析的主要类型。一是定性分析。定性分析是为了确定研究对象是否具有某种性质的分析，通过定性分析可以明确研究对象与其他事物的区别和联系。二是定量分析。定量分析是为了确定研究对象各种成分的数量的分析。事物常常由于量的不同而相互区别，通过定量分析就可以把握事物的区别。定性分析是定量分析的基础，定量分析是定性分析的精确化。三是因果分析。因果分析是为了确定引起某一现象变化原因的分析。通过因果分析可以把握客观事物之间的因果联系。四是结构－功能分析。这种分析是对系统的层次和功能所进行的分析，它有助于人们掌握具有多层次的事物的本质。借助这种分析能够调整和改组系统结构，使整个系统处于最佳功能状态。

分析方法在科学研究中具有重要作用，它是人们认识事物、探求新知和建立科学理论的重要手段。但是，分析也有它的局限性。由于着眼于局部的研究，就可能将人的眼光限制在狭隘的领域里；把本来相互联系的东西割裂开来考察，也容易造成一种孤立的、片面的看问题的习惯。为了克服这种局限性，必须把分析和综合统一起来。

2. 综合

综合就是在思维中把对象的各个部分、各个方面和各种因素联系起来作为一个整体加以认识的思维方法。科学认识的目的是揭示事物整体的内在联系，把握其本质和规律，所以，认识必须由分析达到综合，把对象分解开的各个部分综合起来。但综合不是各个部分的机械相加和各种因素的简单堆砌，而是按照对象各个部分之间的内在联系有机地结合成一个统一的整体。

综合在科学研究中具有重要意义。由于综合恢复并把握了事物本来的联系和中介，克服了分析给人的认识造成的局限，因而就能揭示出事物在其分割的状态下不曾显现出来的特性，导致新的科学发现。综合在科学理论发展过程中也起着重要的作用。科学发展到一定阶段，必然要对以往的科学理论进行综合而形成更具有普遍性的新的科学理论。综合还把不同学科的理论和方法联系起来，导致交叉学科、边缘学科和综合学科的大量出现。由此可见，综合对科学的发展起着非常重要的促进作用。

3. 分析和综合的辩证关系

分析和综合的统一。从认识的出发点和思维运动的方向来看，二者是完全相反的。然而，分析和综合共处于一个统一的认识过程中，它们又是相互依存、相互渗透和相互转化的。

分析和综合是相互依存的。首先，分析是综合的基础，没有分析就没有综合。综合必须以分析为基础，如果没有分析，就得不到反映事物各个方面的具体知识，对整体的认识就只能是空洞的、抽象的。其次，分析也离不开综合。任何分析总是以它之前的某种综合的成果为指导的。如果离开了综合的指导，分析就会有很大的盲目性，其结果也不会是恰当的。因为统一物的部分一旦离开了整体，就无法确定自身的性质和地位。在实际的认识过程中，分析和综合又是相互渗透的，总是分析中有综合，综合中又有分析。分析和综合也是相互转化的。分析进行到一定程度，抓住了事物各个部分或方面的规定性之后，就开始向综合转化，按照事物的内部联系，形成关于对象的综合性认识。综合获得一定成果后；又要向新的分析转化。分析和综合的相互转化，从整个认识过程来看，表现为分析、综合、再分析、再综合……如此循环地前进运动，人们的认识就是在这个过程中不断前进的。

（二）归纳与演绎

1. 归纳

归纳是从个别事实中概括出一般原理的逻辑方法。归纳是归纳推理的简称。归纳根据它所概括的对象是否完全而分为完全归纳和不完全归纳。

（1）完全归纳也称穷举法。它是根据某类事物的所有对象都有某一属性，从而推出该类事物的全体都有这一属性的一般性结论的推理方法。完全归纳的结论没有超出前提所断定的范围，它是在考察了某类事物的全部对象，发现它们都具有某种属性之后才作的归纳，所以，它所得出的结论是可靠的。

（2）不完全归纳是根据某类事物的部分对象具有某一属性而推出该类事物的所有对象都具有这一属性的方法。不完全归纳又分为简单枚举法和科学归纳法。

简单枚举法是根据从观察过的某类事物中一些对象无例外地具有某个共同属性，而推出这类事物的所有对象都具有这个共同属性的方法。它的结论是或然的。由于这种方法没有穷举全部对象，不能保证在没有考察过的对象中出现例外，一旦发现有一个对象与归纳结论相反，那么，这个结论就是不可靠的。

科学归纳法是根据某类事物中的部分对象及其属性之间的因果联系，从而概括出一般性结论的方法。这种方法包括求同法、差异法、求同差异共用法、共变法和剩余法等。科学归纳法与简单枚举法虽然都属于不完全归纳，但二者是有区别的。科学归纳是在探明事物之间因果联系的基础上进行概括的，它不受某类对象数目的影响，因此，科学归纳的结论是相当可靠的。但它毕竟还是一种不完全归纳，其结论不可能百分之百地正确。

归纳法在科学研究中具有重要作用。首先，通过归纳法从经验事实中找到普遍性的规律。科学史表明，自然科学中的经验定律和经验公式大都是运用归纳法总结出来的。其次，通过归纳法提出科学假说和猜想。在归纳过程中，人们可以从个别事实的考察中看到真理的端倪，受到启发，从而提出各种假说和猜想。归纳法作为提出假说和猜想的一种方法，对探索真理具有积极作用。最后，归纳法对科学实验有指导意义。根据判明因果联系的归纳法可以把实验安排得更为有效而合理。

2. 演绎

演绎是从一般到个别的推理方法。演绎的主要形式是三段论，并由大前提、小前提和结论所组成。大前提指已知的一般原理或一般性假设；小前提指关于所研究的特殊场合或个别事实做判断；结论指从一般的已知的原理（或假设）推出的对于特殊场合或个别事实做出的新判断。从三段论的情况来看，演绎推理是一种必然性推理，它的结论所表述的个别性知识已经包含在大前提的一般性知识之中，从一般中必然能够推出个别。如果推理的前提正确，推理的形式合乎逻辑规则，推理的结论就必然是真实的。但是，演绎本身并不能保证它的前提的正确性，如果前提错误，就会推出错误的结论。

演绎在科学研究中也发挥着重要作用。其一，演绎是逻辑证明的工具。演绎是一种必然性推理，只要前提正确，推理形式合理，则肯定可以获得正确的结论，以此来证明或推翻某个命题。其二，演绎是科学预见的手段。在演绎过程中，把一般原理运用于某个具体场合，做出关于特定对象的推论，这就是预见。如果作为演绎前提的知识是正确的，推导的形式是合理的，就能够做出科学的预见。其三，演绎推理是发展假说和理论的必要环节。科学假说和理论的发展要依靠实践的推动和检验，在实践检验假说和理论的过程中，演绎推理发挥着重要作用，通过演绎从假说和理论中推演出一个可以与实验相对比的具体结论用以指导实验、设计实验。通过实验，推演出的结论或者被证实，或者被推翻，再以这种检验结果论证假说和理论的正确或错误。

3. 归纳与演绎的辩证关系

归纳在思维中表现为从个别到一般，演绎则表现为从一般到个别，它们既相互区别，又相互联系、相互渗透、相互依赖。一方面，归纳是演绎的基础。作为演绎出发点的一般原理是归纳的结果，即演绎的大前提是借助归纳得来的，所以，演绎离不开归纳。另一方面，归纳要以演绎为指导。人们对大量的经验材料进行归纳时并不是盲目的，而是自觉的，即要以某种演绎作为归纳的指导。只有用一般的原理、原则作指导，才能认识个别事物，归纳出一般的结论。总之，只有二者相互联系、相互补充，才能充分地发挥它们的作用。

（三）抽象与具体

抽象与具体是指从“感性的具体”到“抽象的规定”，再由“抽象的规定”到“思维中的具体”两个阶段的思维过程。

1. 从感性的具体上升到抽象的规定

感性的具体是指人们通过感性认识而获得的关于事物整体的、混沌的表象，是对客观事物的直接反映，是整个认识的基础。但它还不是完全的认识，它只是反映了客观事物的外部特征及其相互联系，而没有揭示出事物的本质和规律。因此，要把握事物的本质和规律，必须由感性的具体上升到抽象的规定。抽象的规定是运用思维的抽象力，把事物分解为各个部分、方面，逐一考察其不同的发展形态，在这个基础上形成的各种简单的概念和判断。抽象的规定比感性具体更进了一步，它已深入到事物的内部，从不同的方面反映出了事物的本质和规律性，但每个抽象的规定只反映事物本质和规律性的某个方面或某种联系，如果只停留在这一阶段，就会使事物在我们的思维中处于肢解状态，不能达到对事物全面的、具体的认识。因此，还必须研究这些规定性之间的复杂关系，达到思维中的具体。

2. 由抽象的规定上升到思维中的具体

思维中的具体是关于事物的各种抽象规定性的有机综合和多样性的统一。即把已经获得的各种抽象的规定，结合具体条件，作系统而周密的综合考察，找出事物内部各方面之间的内在联系，并按照这种本质联系把事物在思维中完整地再现出来，这样就形成了对事物完整的科学的认识，即思维中的具体。

例如，科学理论的形成首先要从大量的经验材料出发，经过科学概括，建立起局部的一些科学定律（经验定律或经验公式），这些定律反映了某一类自然现象的某一侧面或特点，反映了其中某些规律性的东西。但它们还只是一些“抽象的规定”，对这一系列的经验定律加以分析和综合，从那些最基本的规定扩展到整体，把事物的各种联系在思维中完整地复制出来，即把事物作为整体在思维中再现出来，达到“思维的具体”即形成科学理论。至此，这才意味着一个科学认识过程的相对完成。

（四）历史与逻辑

所谓历史，是指客观事物的发展过程，或人类对它的认识过程；所谓逻辑，是指人的思维对客观事物发展规律的概括反映，是历史的发展过程在思维中的再现。思维或理论的逻辑进程（表现为知识的逻辑体系）应当与客观事物或人类认识的历史过程相一致，亦即历史与逻辑相统一。

历史与逻辑相统一，要求在科学研究中辩证地处理历史方法和逻辑方法的相互关系。任何自然事物都有发展的历史，历史是第一性，是逻辑的客观基础。逻辑是第二性的，思维的逻辑体系不是任意创造的，而应该是对历史的科学抽象。恩格斯深刻指出；“历史从哪里开始，思维进程也应当从哪里开始，而思维进程的进一步发展不过是历史进程在抽象的、理论上前后一贯的形式上的反映”。①科学理论的逻辑分析要以客观事物或人类认识的历史发展为基础，以避免单纯的逻辑推演所产生的曲解现实历史、任意组合要素的倾向，使科学理论的逻辑分析不致于变成无具体内容的空洞说教。自然事物发展的逻辑贯穿在事物发展的全部历史中，是自然史本身的必然性和规律性，科学的逻辑反映着事物的发展逻辑，因此，自然科学的逻辑与自然事物发展的历史在内容和实质上是一致的。当然，科学的逻辑反映的只是自然史中的必然性和规律性，只是自然的逻辑，而不是自然的全部，它撇开了历史进程中的具体细节和大量次要的偶然因素，而只在纯粹形态上去把握自然事物发展的内在必然性，因此，逻辑与历史的统一，只是本质的统一而非绝对的一致。

二、创新思维方法

在本书中，创新思维方法是关于科学技术研究中创新思维的一般方法。它主要包括：思维的收敛性与发散性；思维的逻辑性与非逻辑性；移植、交叉与跨学科研究方法等。

（一）思维的收敛性与发散性

思维的收敛性与发散性是创新性思维的典型特征之一。

1. 思维的收敛性

它是指能够使思维集中于一个方向的思维特性。这种思维亦称收敛思维、聚合思维、求同思维、辐合思维或集中思维。它是从已知各种信息中沿着同一

---

① 马克思恩格斯选集（第2卷）．北京：人民出版社，1972：122.

目标、方向产生逻辑结论，寻求正确答案的一种有方向、有范围、有条例的思维方式。思维的收敛性具有条理化、简明化、逻辑化、规律化等特征和品质。收敛思维要求逐渐收缩到准确地思考出某一问题的正确答案。也有研究者认为，创造性的收敛思维通常要求研究者能够提出解决某一问题的新颖方法。

2. 思维的发散性

它是指从一个目标出发，沿着各种不同的途径去思考，探求多种答案的思维特性。这种思维亦称放射思维、求异思维、分散思维或扩散思维。它是从某一起点出发．把思维放射出去，自由驰骋，去思考各种可能的发展方向，与思维收敛性相对。思维发散性是创造性思维最重要的特点之一。发散思维具有流变性、变通灵活性、独特性等特征和品质。培养发散思维能力主要是培养发散的意识和习性、善于寻找发散点，提供发散的情境和条件。

3. 思维收敛与发散的辩证统一

思维的收敛与发散是对立的统一，具有互补性，不可偏废。只发散不收敛，劳而无功；只收敛不发散，缺乏创造。需要在两者之间保持思维的张力，在收敛中注意发散，在发散中注意收敛。对于某一个体而言，的确很难做到既具有思维的收敛性，同时又具有同样水平的发散性。事实上，一个个体的思维过程通常是要么发散性更好，要么收敛性更好，很难兼得；对此可以通过团队合作解决思维的收敛性与发散性的综合与统一。

事实上，科学技术的创造性过程更多体现了思维的收敛与发散的综合性。实践中的创造性思维常常表现为发散与收敛的对立统一。单一的发散性和聚合性都不利于创造力的发展和取得创造成果。在创造过程中，发散思维的重要性不可忽视，它是一种导引、一种多方向的搜寻；但从整体上看，在整个创造过程中，收敛思维的整合、聚焦、指向、归类也起着或发挥着重要的作用。对于科学研究，思维的发散性像侦察兵，而思维的收敛性则像排兵布阵的军师。侦察兵提供了各种可能的进攻方向；军师则集中兵力，使得科学研究的进攻获得创新的突破。

（二）思维的逻辑性与非逻辑性

思维的逻辑性与非逻辑性也是创造性思维、创新思维的典型特征。创新性思维特别注重思维的逻辑性与非逻辑性的辩证统一、抽象性与形象性的辩证统一。

1. 创造性思维的逻辑性

创造性思维也离不开逻辑性思维，它也表现为是对一系列逻辑思维与推理方法的运用。这里，仅特别讨论类比推理、溯因推理和最佳说明推理等逻辑性思维在科学认识中的作用。

（1）类比推理。类比是根据两个或两类对象之间在某些方面的相似或相同，推出它们在其他方面也可能相似或相同的逻辑思维方法。类比推理的基本逻辑形式如下：

A对象具有a、b、c、d属性
.B对象具有a、b、c属性
所以，B对象也可能具有d属性

根据类比对象的事物相似或相同属性之间的关系，类比可分为因果关系类比、并存关系类比、对称关系类比和协变关系类比等。根据类比分类标准的不同，还有形式类比、质料类比、综合类比等。有的类比较为简单，有的类比非常复杂。

类比与归纳、演绎相比，具有创造性最大、可靠性最小的特点。从逻辑推理的可靠性来看，由于演绎法具有最严密的推理规则，归纳法次之，类比推理最不严密，因而演绎法的可靠性也最大，归纳法次之，类比法则最小。但从逻辑推理的创造性来看，则呈现出相反的情形，即演绎法的创造性最小、归纳法比较大，而类比法是最富于创造性的推理方法。这是因为，演绎法所推出的新知在原则上并没有超出作为前提的范围，归纳法则过分地受到了特殊事实在数量上的限制，同时归纳和演绎的适用范围，只局限于同类事物中的一般和个别的联系；而相对于类比来说，类比的事物可以是同类的，也可是不同类的，甚至类差是相当大的；类比的属性和关系可以是本质的，也可以是非本质的，并且类比的相似点或相同点可以有多个，也可以只有一个。

类比推理在科学研究中具有重要作用。第一，解释作用。类比根据某一事物的已有知识去说明与其相似的另一事物，有助于人们理解不易直接观察到、不易理解的对象。第二，启发和探索作用。类比能够开阔人们的眼界，具有启发思路、提供线索、举一反三、触类旁通的作用。第三，模拟和仿造作用。运用类比可以按照一定的规则制造出一个研究对象或原型的类似物即模型，通过对模型的实验研究来探索和仿造研究对象或原型的属性、功能和类似物。例如，类比苍蝇的揖翅，研制出用于火箭和飞机导航的振动陀螺仪；类比蛙眼，制造出人造卫星的跟踪系统等。

类比推出的结论具有或然性，不一定都是可靠的。因为类比的基础是客观对象的相似性和差异性，相似性的存在提供了类比的根据，差异性的存在使类比的结论不具有必然性。如果被推出的属性正好反映了类比对象的相似点，那么结论是正确的；如果被推出的属性恰好反映了类比对象的差异点，那么结论就是错误的。显然，类比推理的逻辑根据是不充分的，不能确保其结论的可靠性。

为提高类比推理结论的可靠性，进行类比推理至少应注意以下几个问题。第一，类比所根据的相似属性越多，类比的应用也就越有成效。第二，类比所根据的相似属性之间越是关联的，类比的应用也就越有成效。第三，类比所根据的相似数学模型越精确，其结论的可靠性也就越大。第四，不能把类比混同于归纳或演绎。尽管类比推理的对象与范围非常广阔，即包括从此物到彼物、从此类到彼类，以及同类事物中的个别与个别对象之间、一般与一般对象之间进行推理；但是，类比不能在同类事物的个别对象与一般对象之间进行推理，否则就会导致把类比混同于归纳或演绎的逻辑错误。这是因为，归纳和演绎恰恰是在同类事物的个别对象与一般对象之间进行推理的。以下两种推理形式都不是类比推理：

第一种推理形式，即属于归纳推理：

S 类的某一个体具有 a、b、c、d 属性
S 类对象具有 a、b、c 属性
————————————————
所以，S 类对象也可能具有 d 属性

第二种推理形式，即属于演绎推理：

S 类对象具有 a、b、c、d 属性
S 类的某一个体具有 a、b、c 属性
————————————————
S 类的某一个体也可能具有 d 属性

广泛而恰当地进行类比推理，需要有扎实的专业知识，且知识面越广越好，这样才可能在类比推理中左右逢源、运用自如，才可能不犯或少犯机械类推的错误。

（2）溯因推理。长期以来，西方科学哲学家们就一直在科学发现、科学辩护方面寻找合理的科学说明。在这种探寻中，他们提出了溯因推理、最佳说明推理等推理形式和说明方式。这些努力推动了关于逻辑推理在科学创造性方面的研究。

首先，溯因推理形式。溯因推理最初由皮尔士所创，后又被汉森发展。[①] 溯因推理是从被解释项到解释项，即从已知事实出发，依据推论者的背景知识，进而提出解释性说明的逻辑推理过程。其推理特点是发现事实在先，而提出解释性说明在后。经国内专家解读和概括的溯因推理形式如下：[②]

① 某一令人惊异的现象 P 被观察到
② 若 H 是真的，则 P 理所当然地是可解释的
————————————————
③因此，有理由认为 H 是真的

科学史上有很多科学发现的逻辑基础是溯因推理。例如：

① 从原子内部发出令人惊异的线状光谱 P 被观察到
② 若玻尔提出原子轨道假设 H 是基于科学事实的，
则线状光谱 P 理所当然地是可解释的
————————————————
③ 因此，有理由认为玻尔的原子轨道假设 H 是具有真理性的

① 汉森．科学发现的模式．北京中国国际广播出版社，1988：93.
② 郭贵春．自然辩证法概论．北京：高等教育出版社，2013：143－144.

在科学创新研究中，从新事实（P）的发现到提出解释性假说（H），随着假说对事实（P）作出的必然性解释得到确认，至此认为该假说（H）是具有真理性的看法就很快得到了公认，这类案例在科学史上是举不胜举的。

其次，反向溯因推理形式。我们认为，如果将溯因推理的推理方向反过来，即从解释项到被解释项的推理过程，并称之为反向溯因推理。这种推理是从创立理论或提出假说出发，依据研究者的背景知识，进而预言某一事实的逻辑推理过程。其推理的特点是：提出新理论或新假说在先，而发现新现象或新事实在后。据上所述，我们不难提出反向溯因推理的形式如下：

① 若H是真的，则P理所当然地是可解释的

② 某一令人惊异的现象P被观察到

---

③ 因此，有理由认为H是真的

从科学史上看，反向溯因推理也是许多科学发现的逻辑基础。例如：

①若1916年创立广义相对论H是有可靠理论根据的，
则其预言的光弯曲效应P理所当然地是可解释的

② 1919年令人惊异的光弯曲效应P被观察到即得到证实

---

③ 因此，有理由认为广义相对论H是真理性的

在科学创新研究中，从提出新理论或新假说（H）开始，到其预言的某一事实（P）得到证实，因此认为该理论或假说（H）是具有真理性的认识也就很快得到了公认。这类案例在科学史上也是俯拾皆是的。

（3）最佳说明推理。由溯因推理很容易达到最佳说明推理。最佳说明推理是一种对非证明性推理的原则性说明，其核心思想在于以说明性思考去引导推理，科学家从可获得的证据中推断出假说，如果该假说是正确的，那么，它将是对证据的最佳说明。

在借鉴有关研究成果的基础上，[①] 我们提出的最佳说明推理的形式如下：

①E是事实、观察等数据的集合；而对此有一系列说明
性假说H1、H2、H3、…、Hi…

② $Hi \longrightarrow E$（如果Hi真，将说明E）

③ 没有其他假说像Hi一样好地说明E

---

④ 因此，Hi（最可能）是真的

可以认为，这种逻辑推理的功能在于，它能够对复杂的科学事实或科学发现，找出作为解释性说明的最佳科学理论或科学假说。可能正因为如此，才把这种推理称之为“最佳说明推理”。根据这种推理，不仅有助于揭示科学事实或科学发现的逻辑基础，而且也能够解释科学创新过程中的一大类史实。

案例及其分析：

---

① 郭贵春．自然辩证法概论．北京：高等教育出版社，2013：143－144.

① 历史上发现光的波动性或粒子性（E）是事实，可供查证的观察实验史实有很多（集合）；而对此曾提出的一系列代表性假说有：17 世纪笛卡儿提出光的两点假说，1666 年惠更斯的波动说，1672 年牛顿的粒子说并在 18 世纪占主导地位，1803 年托马斯·杨的纵波说，1819 年菲涅耳的横波说……1905 年爱因斯坦提出光的波粒二象性假说(Hi)……1923 年德布罗意的物质波假说，1926 年薛定谔创立波动力学等。

② 1905 年爱因斯坦提出了光的波粒二象性假说(Hi)──→首次最全面、最本质地说明了光的波动性或粒子性（E）。

③ 在 1905 年之前没有其他假说像爱因斯坦的波粒二象性假说（Hi）一样，即能够最全面、最本质地说明光的波动性或粒子性（E），而此后的物质波假说、波动力学等则是拓展性、延伸性说明。

④ 因此，1905 年爱因斯坦关于光的波粒二象性假说（Hi）是最真实的说明。

在这个案例中，1905 年 3 月，爱因斯坦发表《关于光的产生和转化的一个推测性观点》论文，认为对于时间的平均值，光表现为波动；对于时间的瞬间值，光表现为粒子性。这是历史上第一次揭示微观客体波动性和粒子性的统一，从此波粒二象性这一科学假说成为科学理论并最终得到了学术界的广泛接受。爱因斯坦正是因为在“光的波粒二象性”这一领域的成就而获得了诺贝尔物理学奖（1921）。此后，将光子的波粒二象性赋予了所有物质粒子，促使德布罗意提出了物质波假说、薛定谔建立了量子理论的波动力学形式。

至于是否存在“反向最佳说明推理”，这是一个值得深入探讨的理论问题。

2. 创造性思维的非逻辑性

创造性思维不具有固定的逻辑规则和推理格式的特性。非逻辑思维是指在感性经验和已有知识的基础上，未经充分逻辑推理而直接领悟事物本质的思维过程和思维方式。一般来说，可以把诸如意象、幻想、设想、想象、猜想、联想、直觉、顿悟、灵感之类的思维方式，统称或总称为形象思维、直觉思维、创造性思维、非逻辑思维等。诚然，也可以在它们之间做出进一步的分类。这类思维方式具有形象性、诱发性、直觉性、突发性、偶然性或意外性等总体特征。

非逻辑思维与逻辑思维既有联系又有区别。从联系方面来看，二者都可以提供新的知识，导出新的结论，做出新的成果。但从区别方面来看，逻辑思维是按照相对固定的逻辑规则和严格的推理格式进行的，逻辑跳跃是不允许的；但非逻辑思维则是一种颇为灵活的、没有严格的固定程序和推理格式的思维活动。

以下仅就非逻辑思维的重要表现形式——想象、直觉和灵感加以简述。

（1）想象的本意是指对不在眼前的事物想出它的形象。想象，一般是指从已知对象联想到未知对象，从构思出未知对象的鲜明明形象的思维方式。在科学认识中，想象是人们在原有感性形象的基础上，经过新的组合排列而创造出新形象或引起联想、猜想的创造性思维活动。科学想象的目的在于提出新见解，或提出工程技术的设计思路等。

想象的类型可以分为再造性想象和创造性想象。再造性想象是根据语言的表述或图样的描绘，在头脑中形成这一事物的形象。它的产生依赖于人们已有的知识和对事物的表述是否具体生动以及对表述内容的理解等条件。创造性想象不依赖现成的描述，它是把经验材料纳入新的联系而建立起来的新的完整的形象，是一种创造性的综合。

想象是一种极为自由、不受逻辑程式束缚的思维形式，这种自由活跃、无拘无束的思维活动正是诱发灵感和直觉的直接原因。想象同时也是一种自觉的、积极主动的心理现象，各种形象的联结和组合都是人们自觉地、有目的地，即有利于问题的解决而定向地进行的。

想象虽然不受逻辑程式的约束，但它有时也要借助于类似逻辑推理形式的类比联想才能进行。无论想象多么自由，作为一种思维活动它也是以实践为基础，以事实为根据的。想象受实践的制约还表现在它还要接受实践的检验，要根据实际情况不断地修正和调整自己的方向。

想象与空想不可同日而语。想象总带着一定的科学性，它立足于一定事实和科学知识之上，因而它有实现的可能；而空想则是没有事实根据，没有科学知识的依托和背景，因而是无法实现的东西。此外，想象与真理、幻想与现实也不可等量齐观。想象的东西在没有为实践证实之前，始终是想象而不是真理，把幻想变成现实，要有一定的条件和过程。

在科学研究中，想象的作用是很突出的。第一，想象对于提出科学假说具有重要作用。在科学研究过程中经验材料不完备而不能揭示事物的内部联系和规律的情况下，可以借助想象去设想、构思其内部过程相互联系相互作用的图景，提出科学假说。第二，想象在逻辑方法中也有重要作用。在类比方法中想象是不可缺少的，类比方法的重要一环就是要找到合适的类比对象，这就要运用想象。第三，想象是理想实验的一个要素。爱因斯坦说，我们必须“使用我们的想象力去想象一个理想实验。”英国数学家布罗诺夫斯基更明确地把理想实验称作想象实验。由上述可见，想象是科学探索的重要手段，如果有了精确的实验和观测作为研究的根据，想象就可以成为自然科学理论的设计师。从某种意义上讲，“想象力比知识更重要，因为知识是有限的，而想象力概括着世界上的一切，推动着进步，并且是知识进化的源泉。严格地说，想象力是科学研究中的实在因素”①。

（2）直觉是一种未经充分逻辑推理的直观感觉。直觉思维是不依靠逻辑思

---

① 爱因斯坦文集（第1卷）. 北京：商务印书馆，1977：284.

维而直接领悟事物本质的思维方式。它不受逻辑规则和推理格式的束缚，也可以说对思维的“感觉”，这种思维的“感觉”与感官的感觉是完全不同的，人们通过感官的感觉只能认识事物的现象，但通过直觉可以直接认识事物的本质。

直觉亦称顿悟。因为直觉思维往往会产生顿悟，二者难解难分。相对而言，顿悟是对事物做出的一种比较迅速的、直接的综合判断。但这种突然使问题得到解决的思维上的飞跃并不是凭空出现的，也不是神秘莫测的现象，它是在实践基础上从感性经验达到理性飞跃这个认识过程的一种特殊表现形式，它也需要长期的经验的积累和准备，包括以往社会和他人的知识与经验。它是人们经过持久的探索而达到的豁然顿悟，是人们长期观察、实践、勤学和苦思的结晶。直觉、顿悟也有一个从客观到主观的思维过程，从某种意义上讲，在这个思维过程中也要进行逻辑推断，也需要一定的逻辑程序，只不过这个推断是在很短的时间内一下子完成的，“直觉是瞬间的推断，是逻辑程序的高度简缩”①。

直觉在科学探索中也有重要作用。首先，它可以帮助人们在科学研究中做出预见。凭借卓越的直觉能力，人们可以在纷繁复杂的事实材料面前，敏锐地察觉或领悟到某一类现象或过程具有重大的价值，从而预见到在某一方向上会产生重大的科学突破，由此决定或影响科学研究的发展战略，所以，这种直觉能力也称为“战略直觉能力”。其次，直觉是人们进行科学创造的重要手段。科学实验所提供的材料常常包含着多种可能性，要在多种可能性中做出正确的选择有时单靠逻辑思维是无法完成的，还必须依靠直觉，凭借直觉从许多可能方案中选出最佳方案，这已经成为科学家和发明家广泛采用的有效方法。

（3）灵感是指突然产生的富有创造性的思想火花。对于科学研究来说，灵感式的非逻辑思维，是指人们在研究某个问题正苦于百思莫解的时候，由于受到某种偶然因素的激发，突然产生了富有创造性的思路，一下子使问题得到了澄清或顿悟的思维方式。简要地说，灵感是指对问题的一种突如其来的顿悟或理解。它是认识过程中最富于创造性的一种非逻辑的思维方式。灵感的产生完全是随机的、不可预期的，是在瞬间突然实现的。它既不是由逻辑思维推导出来的，也不像想象那样有可能自觉地进行。它的出现完全是由意想不到的偶然原因引发的。如不期而遇的机遇、思路的转换、休息消闲甚至梦幻状态等情况，都能够成为诱发灵感的原因。在这些因素的作用下，人们往往容易进入一种漫无目的的遐想状态之中，任凭想象自由驰骋，这非常有利于冲破原有研究思路或传统观念的束缚，产生灵感，从而找到解决问题的新思路，形成新的设想和新的观念。

---

① 张巨青：科学逻辑．长春：吉林人民出版社，1984：514.

灵感的产生完全是不自觉的，是主体所不能自主控制的。这正如费尔巴哈所指出的那样：热情的灵感是不为意志所左右的，是不由钟点来调节的，是不会依照预定的日子和钟点迸发出来的。如果企图有意识地等待灵感的来临，那就根本不会有灵感。当然，我们不能因为灵感产生的这种不可预料、不能自主控制的特点，就认为它是不可捉摸的神秘莫测的东西。尽管从表面上看，灵感的产生是非常偶然的，但在这种偶然性背后隐藏着必然性。实际上。灵感是人们长期从事科学研究活动的实践经验和知识储备得以集中利用的结果，是科学工作者日积月累地针对所要解决的问题穷思竭虑后，各种思路凝聚于一点时的集中爆发。如果没有长期辛勤的劳动和艰苦的思考，灵感就难以产生。所以，实践和勤奋是灵感产生的基础和根源。

灵感在科学研究中具有特殊的作用。它是一种引起突破的创造性思维活动，它的出现常常使一些长期困扰人们的难题迎刃而解，从而促进了科学的发展。灵感对于冲破传统观念、旧的思维定式具有重要作用，是促进科学发现和技术发明的重要手段。尽管如此，在科学研究中，我们不能把希望全都寄托在灵感的出现上，还必须立足于扎扎实实的科学实践、艰苦缜密的理论研究，这是科学发展的决定性因素。也只有在勇于实践、勤于思考的基础上才有可能产生灵感，也才能发挥它的作用。

值得指出，非逻辑思维具有局限性。主要表现为：由非逻辑思维得到的结论，其可靠性比逻辑方法更小，或者说带有更大的或然性；由非逻辑思维也不能直接提供理论研究或技术研发的成果。这就需要将非逻辑思维与其他思维方法进行有选择地综合运用。

（三）移植、交叉与跨学科研究方法

移植研究方法和学科交叉或跨学科的研究方法，是创造性思维的两种非常有效的研究方法。当代科学研究和技术发明变得越来越复杂，进行移植与交叉，通过多学科或跨学科的研究，常常能够获得单一学科研究无法获得的创新成果。多学科融合或通过跨学科研究问题，也是当代科学和技术解决问题的创造性方法，体现了广泛联系和发展的辩证法。

1. 移植方法

移植是把在其他学科中已经运用的方法或研究方式移到要研究的新领域或新学科中，加以运用或加以改造后的研究方法。移植到新领域的方法对于原来的领域并不新鲜，也许是原领域中成熟和运用熟练的方法，但是对于新领域而言，则可能是新方法。移植来的方法也需要与新的情境进行协调，因此，移植并不是跟在别人后面走老路。移植也是浓缩别处的经验和方法，对新领域的研究进行整合的过程。移植方法的创造性很高。

移植方法有概念移植、对象移植、方法或技术移植等类型。概念移植是把一门学科或理论中的概念移植到另一门学科中，成为该学科的重要概念或概念变形的启发器。对象移植是指某种领域或学科中的对象，移植到一个新的领域或新的学科中。方法或技术移植，是指是某一领域或学科的方法被运用到另一领域或学科中去。

在高度分化与高度综合相统一的现代科学技术发展中，一门学科中的研究向另一门学科的研究借用概念或方法，就是移植。通过移植使得一门学科中的思想、原理或方法运用到另一门学科中去，不仅使该研究方法获得了新应用，而且又促使被移植学科得到新发展。

随着科技发展综合趋势日益明显，科学方法、科学概念、科学原理的移植必将越来越多。如系统论、控制论、信息论的一些方法及概念，向许多学科特别是向社会科学诸学科中的移植正在进行。运用移植方法时，也需要把握移植的适用性和本土化特点，否则很容易出现“南橘北枳”“水土不服”等问题。

2. 学科交叉方法或跨学科方法

当代各门科学之间的交叉性越来越大，通过学科之间的交叉往往可以获得新的认识，带来创新成果。学科交叉已成为一种新的思考方式和研究方法。

学科交叉方法是指两门以上的学科之间在面对同一研究对象时，从不同学科的角度进行对比研究的方法。借鉴其他学科的研究，思考本学科的问题和对象，融合其他学科的研究方法，以达到对研究对象的新认识。学科交叉往往是通过不同科学家或不同的技术研究团队进行的。

学科交叉研究具有重要意义。首先，通过学科交叉可以对研究对象进行多视角的研究，从而在事物研究上发现更多的单一学科发现不了的新问题，并进一步获得新认识、新成果。其次，可以产生新的交叉科学。如化学与物理学的交叉产生了物理化学、哲学与人类学的学科交叉产生了哲学人类学。最后，学科交叉呼唤和推动合作。学科交叉的研究，可以推动不同的科研团队之间的合作，促进不同团队自觉提升看问题、处理对象的多维视角。

跨学科方法是通过多学科的协作共同解决同一问题的研究方法。跨学科也是一种多学科融合的方法，亦称多维融合的方法。跨学科方法不同于学科交叉方法，学科交叉方法注重于两个或两个以上学科的研究方法，在本学科领域的研究与交叉；而跨学科研究方法，则是从研究对象或问题的出发，完全撇开学科之间的壁垒，在更上一级实现综合，通常超越了原的学科的范围与范式。一般较为重大的科学、技术和工程研究以及社会科学的研究课题，常常需要跨学科协同作战。比如，转基因研究和纳米技术研究，可能既需要科学研究，也需要技术攻关；由于其中可能涉及科技伦理问题，因此还需要社会科学和人文学科的研究介入。

三、数学思维方法

数学思维方法是指科学、技术和工程研究中的数学思维的一般方法。数学方法也属于思维方法的范畴。恩格斯指出，“数学：辩证的辅助工具和表现形式”①。数学具有概念的抽象性、逻辑的严密性、结论的明确性、体系的完整性、应用的广泛性等总体特征。现代科学技术特别是电子计算机的发展，使数学及其方法的地位和作用与日俱增。数学方法是一种关注事物的形式和抽象结构的思维方式和科学方法，并通过抽象的方式表达事物的空间关系和数量关系。它可以为科学技术研究提供简明精确的形式化语言，提供数量分析和计算的方法，是科学抽象和逻辑思维的有力工具。数学方法是所有成熟的数理科学的一类基本研究方法。在这里，将特别讨论数学公理化方法、数学模型化方法和数学统计方法。

（一）数学公理化方法

公理化方法是指从尽可能少的基本概念、公理或公设出发，运用演绎推理规则，推导出一系列定理和结论，从而建立整个理论体系的方法。由公理化方法所建立的逻辑演绎体系称为公理化体系。公理化方法常常是人们构建科学理论体系，或将已有的知识进行有效综合创新的一种思维方法。

公理化方法首先产生于数学。欧几里得几何学是第一个古典的公理化体系，其名著《几何原本》提供了公理化方法的范例。20世纪以来，公理化方法对数学的严密化和逻辑基础的建立起了很大作用。德国数学家希尔伯特的《几何基础》一书，把欧几里得几何学整理为从公理出发的纯粹演绎系统，并把注意力转移到公理系统的逻辑结构，成为现代公理化方法的典范。

一个严格的公理化体系，需要满足下列条件。第一，无矛盾性。即要求在公理化体系中逻辑上要首尾一致，不允许出现相互矛盾的命题，这是体系科学性的要求。第二，完备性。即所选择的公理应当是足够的，从它们能推出有关学科的全部定理、定律和结论。若减少其中任何一条公理，有些定理、定律和结论就无法被推导出，这是体系完整性的要求。第三，独立性。即所有公理彼此是独立的，其中任何一个公理都不可能从其他公理中推导出来，这样就可使公理的数目减少到最低限度，这是体系简单性的要求。

公理化方法对于构造科学理论体系具有重要作用，但它也有一定的局限。歌德尔的不完备性定理表明，任何一个公理体系不可能既是完备的又是无矛盾的。运用公理化方法时，要避免把公理化体系看作是绝对严格、绝对完备的。

（二）数学模型化方法

数学模型化方法是理想化方法的重要应用和表现形式。它是研究数学问题

---

① 马克思恩格斯文集（第9卷）. 北京：人民出版社，2009：401.

和实际问题的一类相对独立的数学方法。所谓数学模型化方法，一般是指对特定的数学问题和实际问题，根据有关数学理论和方法通过建立数学模型的途径，并注重利用计算机与数学软件处理问题的过程和方法。运用该方法没有统一的思维形式，既有逻辑思维又有非逻辑思维；既有抽象性思维又有形象思维。数学模型化方法的应用是现代数学思想的体现，是创造性思维的体现，是数学应用于实际的体现，也是数学教学改革的重要任务。

运用数学模型化方法处理数学问题和实际问题，有两大基本途径。其一，利用已有的数学模型求解。这是把已知的数学方程、数学模型作为一种方法，即运用数学方程方法处理问题。其二，根据特定的数学问题和实际问题，通过建立一种特殊的数学模型求解。当今对诸多问题的必然性现象或随机性现象的研究，可以通过建立确定性模型或随机性模型并利用计算机与数学软件处理问题。这一过程，往往是数学建模与数学实验等方法的综合应用过程。

1. 数学方程方法

它是指把事物的关键关系抽象出来，形成了关于某种事物的形式化表征的方法。通常的数学方程有两类：常微分方程和偏微分方程。在数学上，凡含有参数、未知函数和未知函数导数（或微分）的方程，称为微分方程，未知函数是一元函数的微分方程称为常微分方程；未知函数是多元函数的微分方程称为偏微分方程。这些不同的数学方程也都是不同形式的数学模型。

把数学方程作为一种数学方法，通常人们关注的是方程的特性、应用和意义。以往人们把已有的数学方程或数学模型，应用于解决数学问题和其他领域的实际问题获得了日益显著的成效，充分展示了数学方程方法具有解释、判断和预见的强大功能。历史上，数学方程最早就是一些数学家为解决涉及数学积分的物理问题而建立起来的。到 18 世纪中期，微分方程研究已经成为数学的一门独立学科。在这个学科中，方程的求解成为其目标之一，由此推动了方程的研究和发展，找到了一些通解。反过来，一旦知道某些通解的存在，并且把物理问题化为相关的数学问题，也会推动科学其他学科的发展。例如，洛特卡 - 沃尔泰拉方程，抽象地描述了捕食者与被捕食者的关系，解释和预见了在一定条件下特定生态系统的运行机理和演变方向。在 18 ~ 19 世纪，为解决物理学中的弹性问题、水力与波动问题、万有引力问题，一批数学家经过努力建立了这些问题的数学方程，不仅推动了对这些物理学问题的解决，而且推动了数学方程作为解决问题的方法的发展，还进一步推动了数学与其他学科的紧密结合。

现代科学技术的数学化趋势日益突出，运用数学方程解决实际问题前景广阔。许多工程技术问题可以通过数学建模获得方程，并利用计算机技术进一步提高数学方程的应用效果和影响。

2. 数学建模方法

应用数学去解决各类实际问题时，建立数学模型是十分关键的一步，同时也是十分困难的一步。这需要了解和把握解数学模型的内涵、类型、意义、原则、途径、方法和步骤等方面的内容。

(1) 数学模型的内涵和分类。一般认为，数学模型是指根据事物的特征和数量关系，采用数学形式化语言来描述事物的一种数学结构，如数学中的函数、极限、导数、微分、积分、级数、微分方程等。简言之，数学模型就用数学语言描述的事物。

数学模型作为实际事物的一种数学简化，它不同于真实的事物。尽管数学模型是以十分接近实际事物的抽象形式表现出来的，但它和真实的事物则有着本质的区别。正如使用照片、录音、录像等形式反映某人一样。在一些数学实验中，也往往使用已经抽象出来的数学模型，但这种“实验”不在实际客体上做实验，而是以数学模型代替实际事物进行的“实验”；同时，虽然数学实验过程也是实际操作的，但它往往是通过操作计算机与数学软件来进行数值运算和逻辑推理的过程。

建立教学模型的过程，是把错综复杂的实际问题简化、抽象为合理的数学结构的过程。要通过调查、收集数据资料，观察和研究实际对象的固有特征和内在规律，抓住问题的主要矛盾，建立起反映实际问题的数量关系，然后利用数学的理论和方法去分析和解决问题。这是一个化繁为简、化难为易的过程，但简化不是无条件的，合理的简化必须考虑到实际问题所能允许的误差范围，以及所用的数学方法要求的前提条件。对于同一个问题可以建立不同的数学模型，同时在研究过程中需要不断检验、反复比较，才能逐渐筛选出最优化的数学模型，并在应用过程中继续加以检验和修正，使之逐步完善化，达到为解决现实问题提供精确的数据或可靠的指导。从一个特定问题抽象出来的数学模型，往往有着某种程度的普遍性，经过进一步的抽象还可能上升成为具有更大适用性的数学模型。显然，建立教学模型需要有深厚扎实的数学基础，敏锐的洞察力和想象力，以及对实际问题的浓厚兴趣和广博的知识面。

数学模型的分类具有多样性。依据不同的分类标准，可以把数学模型分为不同的类型。按模型是否反映随机性分为确定性模型、随机性模型；按模型反映的状态分为静态模型、动态模型；按建模是否反映离散性分为连续模型、离散模型；按建模方法分为几何模型、微分方程模型、图论模型、规划论模型、马氏链模型；按模型应用领域分为生物数学模型、医学数学模型、地质数学模型、数量经济学模型、数学社会学模型、数学物理学模型；按人们对事物的认识程度分为白箱模型、灰箱模型、黑箱模型。其中，任何一种分类的数学模型都有其相对确定的丰富内容。例如，确定性模型和随机性模型是已经获得广泛应用并卓有成效的两类数学模型。确定性模型是用各种数学方程如代数方程、微分方程、积分方程、差分方程等描述和研究各种必然性现象，在这类模型中事物的变化遵从力学、肯定数学的规律性。而随机性模型是用概率论和数理统计方法描述各种或然性现象，在这类模型中事物的变化表现为随机性过程，并遵从统计规律，而且具有多种可能的结果。

（2）数学建模的意义和原则。数学建模具有非同寻常的重要意义。首先，数学建模是联系数学与实际问题的中介和桥梁。它是数学在各个领域广泛应用的媒介，是数学推动科学技术发展、数学成果向现实生产力转化的主要途径。数学建模的应用越来越受到数学界和工程界的普遍重视，并已成为现代科技工作者必备的重要能力之一。其次，数学模型主要有解释、判断和预见三大基本功能。一个理想的数学模型必然能反映现实系统的全部重要特征，同时在数学上又具有简明性、可靠性和适用性，因此，它对现实系统能够做出合理的解释、判断和预见。其中，预见功能是数学建模的最重要的功能，因为能否成功地构建并根据数学模型所推导的规律性见解去预测未来，是衡量数学模型价值与数学方法效力的最重要的标准。再次，数学建模能够增强人们的四种能力。即理解实际问题的能力、抽象分析能力、运用数学工具能力和通过实践验证的能力。最后，数学建模是数学改革的重要任务。数学建模方法是数学教学本质特征的反映，是数学教学中解决问题的有效形式，是有效提高学生的数学思维能力和创造性思维能力的重要途径，是数学学习和教学改革面临的重要任务。

建立数学模型应遵从的一些重要原则。这主要包括：首先，严密性与确定性原则。即要求数学模型对研究的问题能够做出严密的逻辑推导和理论分析，并能得到具有确定性的结果。其次，最优化与简单性原则。即要求建立最优化的数学模型，对现实原型的描述具有简单性，其使用的数学工具也具有最优化和简单性。最后，系统性与典型性原则。即要求数学模型能够反映原型或系统在多因素、多变量、多层次等各方面的典型特征。

（3）数学建模的基本途径和主要方法。一个相对完整的数学建模过程，既包括数学模型的建立阶段、也包括建模后的检验阶段。建立一个系统的数学模型大致有三个基本途径。首先，经验归纳。对于某些数学问题或实际问题，人们根据自己丰富的实践经验和专门知识，主要通过经验归纳而给出描述研究对象的数学模型。一般来说，这一途径是数学建模前期阶段的基本途径。其次，理论概括。对于某些特定问题，人们根据自己掌握的数学理论和方法，主要通过理论概括的途径也能够给出表征研究对象的数学模型。一般来说，这一途径是数学建模中期阶段的基本途径。最后，结论检验。即对数学模型的求解、分析、检验，其中包括各种测试、数值计算、综合分析以及必要的数学实验等。一般来说，这一途径是数学建模后期阶段的基本途径。

数学建模的主要方法，可区分为以下三类。首先，机理分析法。即根据对客观事物的特征和性质的认识，从有关定律和方程以及系统数量的相依关系来推导出数学模型。如运用比例分析法、代数方法、逻辑方法、常微分方程法、偏微分方程法等。其次，数据分析法。即通过对系统数据的各种定性与定量分析，找出与数据拟合最优的数学模型。如运用回归分析法或数理统计方法、时序分析法或过程统计方法等。最后，仿真和其他方法。对数学模型的检验，可通过改变某些条件或参量值，在各种可能的条件下检验模型或结论的可靠性和适应度。如运用人工现实法、因子试验法、数学模拟实验、计算机仿真或模拟实验等。

目前，数学建模有三大数学软件。Mathematica 是一款科学计算软件，1988 年问世标志着现代科技计算的开始。它很好地结合了数值和符号计算引擎、图形系统、编程语言、文本系统以及与其他应用程序的高级连接，其很多功能在相应领域内处于世界领先地位，是世界上通用计算系统中最强大的系统，也是至今应用最广泛的数学软件之一，并已经对如何在科技和其他领域运用计算机产生了深刻的影响。Mathematica 和 MATLAB、Maple 并称为三大数学软件。

（4）数学建模的主要步骤。数学建模的过程，是模型的建立、求解、分析和检验过程，亦即从现实问题到数学模型的建立，又从数学模型的求解结果回到现实对象的分析和检验过程。这在一过程中，数学建模的主要步骤如下：

第一，模型准备。了解问题的实际背景，明确解决问题的目的和要求，搜集必需的各种信息，尽量弄清对象的特征，判断建立数学模型的类型。

第二，模型假设。根据对象的特征和建模目的，对问题进行必要的、合理的简化，用精确的语言做出假设，这是至关重要的一步。问题或原型是复杂的，不可能考虑到所有因素。不同的简化和假设，有可能得出不同的模型和结果。高超的建模者能充分发挥想象力、洞察力和判断力，善于辨别主次，应尽量使问题线性化、均匀化，数学工具愈简单愈有更大的适应性价值。

第三，模型构成。根据对象的属性和假设前提条件，分析各种量之间的因果关系或相依关系，选择适当的数学工具来刻画和描述各参量之间的数学关系，包括使用数学公式编辑器（如 MathType）与数学建模方法相结合，构建和表达各参量间的数学关系或数学结构。

第四，模型求解。利用已获取的数据资料和选定的数学工具，对模型的所有参数通过计算得出明确的结果。可以采用解方程、画图形、逻辑推断、数值运算等各种传统的和现代的数学方法，特别是计算机与数学软件进行求解。

第五，模型检验。对模型进行分析、检验和修改。"横看成岭侧成峰，远近高低各不同。"对模型结果做出细致精当的数学分析，包括系统性分析、数据误差分析、结果稳定性分析等，可以判断该模型是否达到了建模的目的和要求。同时，需要将模型分析结果与实际情形进行综合比较，以此来验证模型的准确性、合理性和适用性。对于较为复杂的现实问题，可以通过数学实验或计算机仿真（模拟）进行检验，因此编程和熟悉数学软件包能力便举足轻重。根据模型检验的结果做出评价，必要时进行修改调整模型或变换数学方法，通常要经过反复地修改才能成功。如果模型与实际较吻合，则要对计算结果给出其实际含义，并做出系统性解释；如果模型与实际吻合较差，则应该修改模型假设，重新研究相应的建模问题。

第六，模型应用。即根据已建立起来的特定数学模型，去分析、解释相应的数学问题或实际问题等已知现象，并预测未来的发展趋势，以便给有关决策提供参考。数学模型的应用方式，因问题的性质和建模的目的而异。

3. 数学实验方法

这种方法与数学模型化方法也有着内在的密切联系。尤其是对数学乃至各学科领域中数学模型的证明、分析、检验或验证，数学实验方法具有独特的方法论功能和普遍的适应性，其应用成效日益引起人们了的重视和关注。

（1）数学实验方法的含义。数学实验方法有狭义与广义之分。从广义上说，它是指在一定的数学思想和数学理论指导下，经过某种预先的组织设计，借助于一定的仪器和技术手段进行数学化操作，包括对客观事物的数量化特征进行观察、抽样、测试、检验、逼近、仿真等，进而解决数学和实际问题的方法。狭义的数学实验主要是根据有关数学理论，运用计算机与数学软件等先进技术，探索数学规律、检验数学模型、应用数学成果、解决数学和实际问题的方法。目前一般认为，数学实验方法就是把计算机技术和数学方法结合起来，在计算机上用数学方法设计实现某种理想实验的方法。

（2）数学实验与实际实验的关系。数学实验与物理实验、化学实验、生物实验等实际实验相比，一方面，它们有着诸多相同的实验要素，如实验主体、实验对象、实验工具、实验手段等。但另一方面，数学实验与实际实验是本质不同、相互区别的。这主要表现为：首先，从实验对象看，实际实验直接作用于实验对象，使实验对象本身发生实际变化；而数学实验并不实际改变和作用于实验对象或现实原型。其次，从操作行为看，实际实验直接操作的是存在于诸如物理装置、化学仪器、生物样本中的研究对象即客体本身，并在实验中具有实在性；而数学实验则直接操作的主要是在计算机与数学软件中的数学公式、数学模型、数学符号等研究对象或原型的反映形式，且在实验中具有虚拟性。最后，从实验功能看，实际实验注重于认识自然和改造自然；而数学实验注重于数学问题的求解和证明、实际问题的数学建模和检验等，不仅研究自然问题，也探索经济、政治、文化、社会等领域的数学问题。

（3）数学实验方法的类型具有多样性。依据不同的分类标准，可以把数学实验方法相对区分为不同的类型。

依据实验是否利用计算机可分为两类。数学实验方法经历了从传统到现代的发展过程。传统型数学实验是指运用手工的方法，如直接操作实物模型、实物教具等进行的演示性模型实验，或使用纸笔与数学实例相结合的思想化实验等。而现代型数学实验，主要是以操作计算机技术（如数学公式编辑器 Math Type）和数学软件（如 Mathematica 和 MATLAB、Maple）为媒介，以数学理论为实验原理，以图形演示、数值计算、符号变换等为实验内容，以解决数学问题和实际问题为目标的各种数学建模分析、模型检验、模拟仿真等为实验形式。

依据实验的目的性不同大致可分为三类。一是观察型数学实验。即主要是通过观察比较来确定事物的特征和联系，注重于发现数学公理、定理和公式，以及提出数学命题、假说和猜想等。如运用观察比较法、经验归纳法等获得成功的史例是举不胜举的。二是验证型数学实验。即主要是对已有的或最有可能的数学命题、定理、模型或结论，注重于在数学上做出较为严格的证明、推导、检验和验证等。如运用统计抽样检验法、人工数学模拟法、计算机仿真或模拟实验等获得成功的史例，亦俯拾皆是。三是探索型数学实验。通常是以数学问题和实际问题为背景，以计算机与数学软件为技术工具，以各种各领域的探索性研究为主要目的。如确定性和随机性、静态性和动态性、连续性和离散性等探索性数学实验类型。

此外，依据其他分类标准也可分为相应的不同类型。例如，依据数学实验应用领域的不同可分为数学物理学、生物数学、医学数学、地质数学、数量经济学、数学社会学等不同领域的数学实验类型。

（4）数学实验的功能。主要表现在以下几个方面：

——数学方法论功能。数学实验是一种最根本的数学方法，具有极高的数学方法论价值。它有助于人类更加精确地在整体上认识事物内部要素和事物之间的理想关系。数学实验丰富了实验的概念，扩展了实验的内容，是一种理想化的数学实践。

——数学教育功能。数学实验在历史上早已存在，它本身起源于数学教学，现已经形成了数学教育的一门综合的实践性课程，并为一些大数学家所使用。正因为如此，现代数学教育更为强调数学实验，以有效提高学生观察和归纳的能力、加强理论和证明的重要性的理解、通过数学实验学习数学思想方法以及培养创造性思维能力。

——解决数学问题功能。数学实验不仅用于归纳推理，在演绎推理中也有用武之地，许多数学难题是通过数学实验的演绎推理得到解决的。例如，著名的“四色问题”，即1976年美国数学家阿贝尔与哈肯利用计算机，经过1200小时，做了200亿次逻辑判断，成功解决了这一悬世100多年的世界难题，宣告了数学实验的诞生，同时也成为激励数学家利用数学实验来研究数学问题的原动力。又如，我国著名数学家吴文俊院士研究和发展了数学模型机械化思想，提出了著名的“吴文俊方法”，开创了几何学问题实验论证的先河，这是数学实验应用于演绎论证的又一范例。

——应用拓展功能。目前数学实验方法不仅应用于发现数学规律、检验数学命题、解决数学问题、转化数学成果等数学的广泛领域，而且在以数学物理学模型、生物数学模型、医学数学模型、地质数学模型、数量经济学模型、数学社会学模型等为主要标志的数学模型检验或数学模拟实验中获得了更为广泛的应用。数学实验作为一种研究方法和技术手段，在提出猜想、验证定理、解决实际工程问题等领域有着独特的无可替代的作用。随着计算机技术日新月异的发展，尤其是计算速度的不断提升使得以前无法计算的问题将得到解决。

值得指出的是，通常的数学实验是一种理想化实验，而不是现实的物质实验。通过利用计算机技术和数学软件为技术工具的数学实验得到的结论，常表现为计算机中的诸如数学公式、数学模型、数量关系及其综合性评价意见，因此由这种数学实验做出的结论最终还要接受实践的检验。

（三）数学统计方法

当今数学统计方法与数学模型化方法的关系越来越密切，尤其在数理统计研究中已相当广泛地运用随机性模型处理数学问题和实际问题，并取得了日益突出的成效。在这个意义上可以说，数学统计方法具有数学模型化和数学思维的显著特征，但不能由此就把数学统计方法看成是数学模型化方法的一种类型，而事实上概率论、数理统计等数学统计方法还有着更为丰富的研究内容。

数学统计方法是指对大量随机现象进行有限次的观测或试验的结果进行数量研究，并依之对总体的数量规律性做出具有一定可靠性推断的应用数学的方法。这种方法对于认识事物总体状况、分布状态及其相互关系具有重要意义。数学统计方法尤其是在研究如何有效地收集、整理和分析带有随机性的数据基础上，注重对所考察的问题做出推断或预测，并为采取一定的决策和行动提供依据和建议，其重要性与日俱增。

客观世界的必然性现象和或然性现象并不是截然分开的。有些事物主要地表现为必然性现象，但是当随机因素的影响不可忽视时，则有必要在确定性模型中引入随机因素，从而形成随机微分方程这样一类数学模型。20 世纪 70 年代以来，还陆续发现在一些确定性模型中，如某些描述保守系统或耗散结构的非线性方程，并不附加随机因素，但却在一定的参数范围内表现出“内在的随机性”，即出现分岔和混沌的随机行为。这类现象的机制及其数学问题，已引起数学家和科学家的重视，目前这方面的研究方兴未艾。

近些年来，数理统计的广泛应用是非常引人注目的。在社会科学中，选举人对政府意见的调查、民意测验、产品销路的预测等，都有数理统计的功劳。在自然科学、军事科学、工农业生产、医疗卫生等领域，数理统计都有应用的显著成效。事实上，概率论、数理统计的理论和方法，与人类活动的各个领域在不同程度上都有关联。因为在各个领域内，人们都得在不同程度上与采集到的各种数据打交道，都有如何收集和分析大量数据的问题，因此也就有数理统计理论和方法的广阔研究领域。

现代数学本身的不断发展，对各种量及其相互关系的认识也在不断深化。新的数学概念、新的数学分支在不断出现，新的数学方法也在相应地孕育和萌生。随着数学日益广泛地向各门科学渗透，以及它与各种对象和各种问题的交叉与跨学科研究的不断深入，新的数学方法、数学模型和数学工具将应运而生，尤其是随着计算机与数学软件的广泛应用使数学统计方法的应用也必将获得新的生机。

四、系统思维方法

在本书中，系统思维方法是指科学、技术和工程研究的一般方法。它是20世纪40～90年代出现的系统科学所采用的一系列方法，即包括诸多系统方法和复杂性思维方法。这些方法对于从横断方面抽象认识对象的物质结构、能量流动和信息传递有重要的作用。

（一）系统方法及其作用

系统方法主要包括系统分析与综合方法、软系统方法、反馈与控制方法和信息方法等。

1. 系统分析与综合方法

系统是一群有相互作用的元素的综合体。系统有多种类型，如按照系统与环境的关系分类，有孤立系统、封闭系统和开放系统；按照系统的复杂程度，有简单系统、复杂系统和复杂巨系统。

（1）系统分析。它是把系统进行分解，对其要素进行分析，找出解决问题的可行方案的思维与思考方法。系统分析的方法，是由美国兰德咨询公司首先使用的一种为解决复杂问题而发展出来的方法和步骤。《美国大百科全书》中认为，系统分析的意义就是用科学和数学方法对系统进行研究和运用。《美国麦氏科学技术大百科全书》中指出，系统分析是运用数学手段研究系统的一种方法，系统分析的概念是指对研究对象建立一种数学模型，按照这种模型进行数学分析，然后将分析的结果运用于原来的系统。

（2）系统综合。它是把研究、创造和发明对象看作是系统综合整体，并对这一系统综合整体及其要素、层次、结构、功能、联系方式、发展趋势等进行辩证综合的考察，以取得创造性成果的一种思维方法。系统综合方法与系统分析方法不同，它不是一个方法，而是多种方法的集成运用。因此，人们常常把系统综合方法称为系统的综合集成方法。

系统综合是与系统分析相反的逆向思维方法。系统综合强调从系统整体出发，强调从部分与整体的相互依赖、相互结合、相互制约的关系中揭示系统的特征和规律。

（3）系统分析与综合的统一。系统分析如果被视为系统工程的一个逻辑步骤，那么就有必要与系统综合结合起来，把定量研究与定性研究结合起来，把局部研究与整体研究结合起来，把静态系统分析与动态系统变化的研究结合起来，把系统的结构分析与系统的历史研究结合起来，把系统的阶段性目标与系统的最终演化结果预测研究结合起来，把整体论的系统思维与还原论的思维结合起来。既"远观取其势"，又"近观取其质"，达到系统全面并且深入的认识事物的目标。

2. 软系统方法

按照人们对系统的问题情境的了解、掌握的程度，系统可以分为硬系统与软系统。所谓硬系统是指问题情境比较清晰，问题属于确定性的问题，可以通过系统分析或系统工程的方式加以处理。所谓软系统，是指问题情境不明确、不清晰，无法运用系统工程或系统分析的方式加以直接处理的系统。

软系统方法是英国系统学家切克兰德创造的一种系统认识的方法和方法论。软系统方法是基于处理软问题而提出来的。软问题是指在现实世界中的人类活动所表现出来的、不能精确定义、无法确切说明的问题及其情境。软系统方法是指采取从问题所处的情境认识出发，对于其情境做出数学描述，然后与相应的方法论对应，在相应的系统模型中寻求与之相关的系统说明方式和模型，再与现实情境和问题进行多次试错性实践，最终建立起较好的系统解决模型来解决问题的方法。

软系统与硬系统方法的辩证统一。硬系统方法把研究对象视为系统加以处理和干预，硬系统方法比较适用于确定的问题和工程研究。软系统方法着重于分析研究对象的环境，侧重于以系统的思想和方法研究不确定的问题。问题的确定与不确定也是随着研究者的研究而变化的。如果遇到的是不确定的对象或问题，可以采取软系统方法加以研究；一旦对象的某些方面变得确定起来，则这个部分就可以采取硬系统方法加以处理。硬系统方法论把现实世界本身视为系统，并且以系统分析和系统综合的方式处理问题；软系统方法论不再把问题所处的现实世界全部看作是系统，它可能是系统，也可能一部分是系统，也可能不是系统，但认为系统是人们看待世界和处理世界的一种认识方式。因此，软系统方法论是一种关于人们看待世界的系统观、认识论和方法论。

3. 反馈与控制方法

控制论中的反馈、负反馈、正反馈、控制等科学概念蕴涵的思维方法，对于人们认识事物和处理问题具有普遍的方法论意义。

（1）反馈方法。反馈是控制论的基本概念，是指将系统的输出返回到输入端并以某种方式改变输入，进而影响系统功能的过程。反馈大量地存在于自然界和社会过程中。反馈作为一种调节机制特别存在于生物过程中。反馈可分为负反馈和正反馈。

负反馈是指系统的信号返回方式是减弱系统功能作用的一种反馈。对于控制系统，负反馈带来的输出与系统原有的输出在极性上相反，两者相加的输出总量上变小。负反馈是自动控制中广泛采用的基本控制方式。合理地运用负反馈，有利于提高系统的稳定性。

正反馈指系统的信号返回方式是增强系统功能作用的一种反馈。对于控制系统，正反馈带来的输出与系统原有的输出在极性上相同，两者相加的输出总量上变大。正反馈不是自动控制中广泛采用的基本控制方式。正反馈能够提高系统的增益，用于产生周期性振荡信号，但不利于系统的稳定性。合理地运用正反馈，有利于激励系统，并且使得系统处于一定的振荡频率和波段上。

总体上看，反馈方法是要求运用反馈概念去分析和处理问题的方法，是一种以结果反过来影响进一步产生事物或原因的思维方法。

（2）控制方法。控制是指对事物起因、发展及结果的全过程的一种把握，是能预测和了解并决定事物的结果。在科学上，控制主要指为改善系统的性能或达到特定的目的，通过信息采集和加工而选择出来的、施加于系统的一种作用。

控制有多种具体形态，可以采取多种方式方法。使系统保持稳定有稳定控制、负反馈控制；使系统状态按照预定方式随时间变化的控制是程序控制；使系统跟踪未知外来信号而变化的控制是随动控制；使系统在满足某种约束条件下的某一目标值达到最小（大）值的控制是最优控制；使系统在内外环境变化中保持性能的控制是适应控制。

控制方法的核心是一种在系统视野中如何处理好控制主体与控制客体的辩证关系。运用控制方法对复杂对象进行研究时，是对其控制流程加以综合性的考察，是以事物的系统要素、结构和功能关系的立场观察事物。

4. 信息方法

信息是与物质、能量相并立的第三类对象。正如控制论创始人维纳指出的，信息就是信息，它既不是物质也不是能量。其实可以在本体论、认识论和方法论三个层面对信息有所认识。事物运动及其变化的状态与方式，即本体论意义上的信息；认识主体所能够感知到事物状态变化及其变化的方式，即认识论意义的信息；消除人的认识中的随机性的信号及其意义，即方法论意义的信息。

信息方法是运用信息的观点，把系统的运动过程看作信息传递和信息转换的过程，通过对信息流程前后变化状态的分析和处理，获得对某一复杂系统运动过程所透露出来的状态形式、含义和效用认识的一种研究方法。运用信息方法要求充分体现其优点：不割断系统的联系，通过流经系统结构的信息考察系统的结构和功能，以及变化发展，用联系的、全面的、功能化的观点去综合分析系统运动过程。

信息方法有两大特点。其一，以信息而不是物质和能量为基础，把系统的运动状态变化看作是信息转换的过程，从流经系统的信息接收与转换过程的角度研究系统的特性、功能等。其二，信息方法的哲学基础是整体思维，有联系转化的立场，是一种基于信息的综合研究方法。

（二）复杂性思维及其方法

至今还没有一个普遍认可的关于复杂性的定义。国内有学者通过对复杂性从本体论和认识论、质和量的相互关系、绝对性和相对性、事物的存在与演化、空间和时间等角度的探讨，并从表现上和本质上加以概括为：复杂性是事物的能够体现其演化进化、内在随机、自主自生、广域关联、丰富行为、柔性策略、多层纹理、隐蔽机制的整体综合的属性和关系。并试用“多、非、超、不、变、自、难、深、杂”九个字概括。①

1. 复杂性思维

它是20世纪90年代以后伴随复杂性科学兴起而与简单性思维相对的思维方式。复杂性思维把事物本身的复杂性特征凸现出来，使人们更加认识到事物发展的状态和性质，考虑问题的多样性。复杂性思维在更高的层次上体现了当代马克思主义的辩证思维。

复杂性思维是与简单性思维相对的。让我们比较一下复杂性思维与简单性思维对同一事物的看法。假定有某一事物，用简单性思维去看，只看到事物的一点、一个方面或一个侧面，这种思维往往“只见树木，不见森林”；简单性思维指导下的科学研究可能在其一点上很深入，但是在全局对事物的认识上却常常以偏概全，一叶障目不见泰山。针对这个事物，如果用复杂性思维去看，那么首先看到的是事物的全貌，它也会看到事物的各个点、各个面，并把这些被看到的点、方面和侧面放置在该事物与其环境的关系中、与其他事物的关系中去看。不仅如此，复杂性思维和简单性思维对于同一事物关注的特性也不相同。例如，复杂性思维是一种注重演化的思维，而简单性思维常常把事物静止化，割取其一个断面来代表事物全部和演化历程。

复杂性思维先从事物整体性出发，在对事物整体复杂性有一定程度认识的基础上，进而深入了解事物复杂性中各因素之间的差异性。例如，在上述对复杂性概括为“九个字”的作者自称为“平庸”的解释中，也从一个侧面反映了

---

① 周守仁．现代科学下的复杂性概念．大自然探索，1997（4）．

事物复杂性因素的差异性：多——多层次、多级、多维、多路线、多方向、多变量、多元素、多样化、多重性、多规律等；非——非线性、非平衡、非局域性、非单一性、非逻辑性、非划归性等；超——超关系、超状态、超集合、超组织、超网络、超循环、超非线性、超不可能性、超协调逻辑性等；不——不可解性、不可判定性、不可分解性、不规则性、不可逆性、不确定性、不可能性等；变——变异、变性、变策略、变模式、变形态、变坐标、变概率、变换的不变性等；自——自组织、自适应、自生成、自随机、自避免、自纠正、自我更新、自我复制、自我修复等；难——难分析、难理解、难处理、难控制等；深——深层次、深机制等；杂——杂化状态、杂错行为等。[①] 进而，复杂性思维又从整体上思考事物复杂性各因素之间相互制约、作用和影响的统一性，即事物复杂性整体的统一性，其中也包括事物与环境的统一性。

复杂性思维注重考察事物的如下特点。

（1）自组织性。复杂性思维强调事物的自组织演化特性，在对研究对象进行认识与控制时，注意事物的自我发展演化的特性，既不过分和直接干预对象的演化，也不完全坐视不管事物的演化方向，而是有目的地引导事物变化朝向某一特定方向发展。

（2）多样性。复杂性思维特别注意从多个侧面认识和把握对象；注意对象的多样性关系；注意事物多样性联系，并且对这种多样性持一种欣赏和维护的态度与立场。

（3）融贯性。复杂性思维会把对事物的历史考察和逻辑认知统一起来，把多样性与统一性联系起来，把整体与部分统一起来，以连贯、系统的方式关注对象。

（4）整体性。复杂性思维首先把事物作为整体考察，力图超越还原论，从事物的整体出发，认识事物的存在、演化的复杂规律与特性。

（5）涌现性。复杂性思维特别关注事物演化中涌现特性和现象。所谓涌现，即一个整体有涌现的性质，该性质不能还原为其部分的性质之和。涌现概念不仅强调了事物整体大于部分，而且注意其中超出部分之和的新性质、新联系和新特征，还特别注意到整体中部分通过其相互作用而使得原有的独立性与联系性在整体联系过程中产生出新质的特性。从而发现事物新发展、新演化和部分之所以不等于整体的方面。

2. 复杂性科学方法

复杂性科学是各种以复杂系统、复杂事物为研究对象的学科组成的一簇学科群。

---

① 周守仁．现代科学下的复杂性概念．大自然探索，1997（4）．

按照研究复杂性某种特性或方式分类，复杂性研究可以有很多学科分支。如混沌理论研究、分形理论研究、遗传算法、人工生命、元胞自动机研究以及涌现研究等。其中，遗传算法、进化算法已经成为人工生命和生物科学领域中最为重要的复杂性研究的新方法。

复杂性研究领域，也可以依据研究对象分类。如算法复杂性研究、物理复杂性研究、生命复杂性研究、生态复杂性研究、哲学复杂性研究、经济复杂性研究、文化复杂性研究和社会复杂性研究等。可以说，在那些传统学科或领域都会出现新的复杂性研究。

由于有不同学科和不同对象研究，因此，复杂性科学的方法没有确定的、适合于所有学科的方法。目前，复杂性科学方法主要是在借鉴传统科学的方法基础上，初步形成了以辩证法为理论取向的一类方法，即注重实现把定性判断与定量计算、微观分析与宏观分析、还原论与整体论、科学推理与哲学思辨等理论相结合的方法论。

第二节　科学方法论

科学方法论是马克思主义科学技术方法论的重要组成部分。它主要是以自然科学研究中的一般方法为研究对象，是关于获得和发展自然科学的一般研究方法的规律性理论。根据科学研究的一般程序，将讨论科学研究的选题方法，获取科学事实的科学观察和科学实验方法，加工整理材料的科学抽象和理想化方法，建立科学假说和发展科学理论的一般方法，以及这些方法之间的基本相互关系。

一、科学研究的选题方法

根据科学研究的一般程序，第一步就是选择科研课题。对科学问题的界定是科研选题的认识前提。在科研选题阶段，需要做必要的资料准备与调研工作，需要遵循科研选题的基本原则等。

（一）选题的内涵

选题应当解决两个问题：一是课题要正确；二是选题要恰当或最佳。为解决好这些问题，就需要对选题有一些较为深入的认识。

选题是确定科研的主攻方向，寻找科研目标的一种战略性的决策方法。选题是科学研究的首要环节，在整个科研过程中具有重要的战略意义。选题的一般程序包括看准问题、提出备选课题、筛选课题、课题论证和选定课题。选题的调研方式包括：走直接的道路，即向有关人员、客观实际进行调查研究；走间接的道路，即查阅文献资料。

选题准备是必要性与相对性的辩证统一。选题准备是必要的，但又是相对的。强调选题准备的必要性，并非意味着准备的时间越长越好，而应是既慎重又能尽快地找一个课题成果价值较大的课题去研究。

按照科研选题的一般程序，在每一环节上既要做一定的准备工作，又要遵循选题的一些基本原则。

（二）选题的基本原则

科研选题，通常要求遵循以下四个基本原则：

（1）必要性原则。即选定课题必须着眼于社会实践的需要和科学本身发展的需要。科学研究的最终目的，就是为了满足日益发展的社会实践、经济发展和科学发展的需要，选题的必要性原则正是这种内在联系的反映，因此，选题中遵循这条原则是头等重要的。科学原则体现了科研选题的必要性。选题遵循这一原则应特别注意：要从社会急需出发，考虑课题有无实用价值、经济价值或科学价值以及价值的大小；要注意现实需要和长远需要相结合；重视基础理论向应用技术的转化；要积极承担和主动选择协作研究课题；从培养人才的需要出发，选择科普写作课题。

（2）科学性原则。即选定课题必要有科学事实根据或科学理论根据。选题要有根据，这是实事求是的思想路线在选题中的贯彻。否则，研究课题就是不科学的，甚至是伪科学的了，无法保证科研的成功。科学性原则体现了科研的根据。选题遵循这一原则应特别注意：基础理论科研课题的确立，一般应有科学事实根据；高度抽象理论科研课题的确立，要有可靠的逻辑推理根据；应用技术研究课题的确定，必须有科学原理根据；验证假说的科研课题的确立，一般以假说指出的检验方法作根据；科研选题不能同实践证实过的有效范围内的科学定律相违背。

（3）创造性原则。即所定课题应是前人所没有解决或没有完全解决的问题，并预期可能获得具有一定学术意义或实用价值的新成果。新成果可以是理论上的新发现、新结论、新见解、新公式，也可以是技术上的新创造、新发明、新工艺等。创造性原则是选题的一条重要原则，它体现了科研的价值。研究人员从开始选题时，就要考虑课题的创造性问题。科学研究中发生的剽窃事件，既是科学道德问题，也是违背科学性原则的。贯彻选题的创造性原则应特别注意：从理论内部逻辑推理不严密的地方去选题；从理论和事实发生矛盾的地方去选题；从某一领域的概念、理论和方法向其他领域移植的地方去选题；从科学发展的交叉点或空白区去选题；从学科发展的前沿阵地去选题。

（4）可行性原则。即选题时必须考虑课题有可能预期完成的主、客观条件，要从实际具备和努力可得的条件定题。选题遵循可行性原则是十分重要的，它体现了科研的条件性。选题的可行性原则需要从以下几个方面来把握：选题要从现实的主观条件出发。主观条件是指科研人员的知识结构（如基础知识、专业知识、外语水平）、技术水平研究能力（如设计能力、观察能力、实验能力、思维能力、表达能力）、个人兴趣以及对课题研究途径的认识等。选题要从现实的客观条件出发。客观条件主要是指文献资料、实物资料、设备、物资、经费、时间、协作条件、导师特长、相关学科的发展程度。要扬长克短，创造条件。我们是唯物论者，强调选题必须从现实的主、客观条件出发；但又是辩证法者即认为主、客观条件是可变的，应充分发挥人的主观能动性，争取和创造有利条件，改变不利条件。选题不仅要考虑扬长避短、发挥优势、量力而行，而且要考虑扬长克短、创造条件、尽力而行。

上述选题的四个原则之间是一个系统的整体，并集中体现了选题的目的、根据、价值和条件。从选题的定性评价标准来看，所谓课题正确是指选题符合必要性、科学性和创造性原则；选题恰当或最优是指还必须符合选题的可行性原则。选题时遵循这些原则，要以系统的观点，从整体出发，对课题仔细分析、综合研究，才可能从中获得选题的自由。

二、科学观察和科学实验

科学观察和科学实验是科学技术研究获取科学事实的基本途径和研究方法，是科学技术活动中最基本的和最基础的实践活动。

（一）科学观察方法

1. 科学观察及其特点

科学观察是人们为了认识事物的本质和规律，通过感觉器官或科学仪器，有目的、有计划地对自然现象在自然发生的条件下进行考察的一种方法。通过科学观察，获取科学事实，从而进行科学研究。

科学观察具有以下三个特点：科学观察具有明确的目的性和计划性；科学观察不干预自然状态下的研究对象；科学观察渗透着科学理论。科学发展过程中，独立于科学理论之外的纯粹观察并不存在。这是因为：其一，科学观察不仅接收来自于外界的信息而且还要对这些信息进行加工、挑选和翻译，这就与观察者的理论知识背景有关。对同一客观现象，不同的人由于知识经验不同，观察角度不同，结果也会不同，甚至可能完全相反。医生和普通人看同一张病人的肺部X光照片，结果将大不相同。贝弗里奇曾指出，“观察不仅在于看见事物，还包括思维过程在内。”① 即观察离不开理性思维。其二，科学观察中有科学陈述。科学陈述是用科学语言来表达的，而科学语言总与特定的科学理论联系着。如当用“波长为7000埃”这个术语来表示红光时，就暗含着光谱、波

① 贝弗里奇．科学研究的艺术．北京：科学出版社，1984：105.

长、光学测量仪、实数集等一系列概念所构成的理论框架。观察者就是带着这个理论框架进行观察的。正如爱因斯坦所讲，“是理论决定我们能够观察的东西”，“只有理论，即只有关于规律的知识，才能使我们从感觉印象推论出基本现象”①。

2. 科学观察的基本原则

在科学实验活动中也应遵循科学观察的一些基本原则，因为没有人只做试验而不看结果。

（1）客观性原则。在观察的时候，要采取实事求是的态度，如实地反映观察的对象，不能人为地扩大、缩小、变更观察结果，更不允许臆造一些虚假情节。在列宁关于辩证法十六要素中，其中一条就是“观察的客观性”。违背观察的客观性，就会阻碍对事物真相的观察，或导致“未观察”或“误观察”。要坚持观察的客观性，必须排除主客观因素的干扰。从客观上讲，科学研究的任务在于把握事物的本质和规律，而事物的本质又往往通过各种各样的现象表现出来，有些现象又是假象，容易使人产生错觉。从主观上讲，一方面人的感觉器官的生理局限性易造成错觉，另一方面观察者的知识结构、职业习惯、阅历等往往使观察者按照一定的固定思路去考察对象，这样也容易产生主观偏见。主、客观因素的干扰都会影响到观察者按照客观事物的未来面目去进行观察，因而必须排除主客观因素的干扰。

（2）全面性原则。列宁说过：“要真正地认识事物，就必须把握、研究它的一切方面，一切联系和‘中介’。我们决不会完全地做到这一点，但是，全面性的要求可以使我们防止错误和防止僵化。”② 这里的全面性包括了时空、纵横的全部关系。在进行观察时，必须注意与观察对象有关的各种关系，如实客观地反映事物的全貌，防止片面性。坚持观察的全面性，往往要付出巨大的代价，甚至要克服许多常人难以想象的困难，对此要有为科学献身的精神。

（3）典型性原则。在科学研究工作中，由于研究对象的性质千差万别，范围和数量极其广泛，我们只能考查其中极为有限的东西，可是又希望做到尽可能的全面，在主要问题上不犯片面性错误。这就必须选择有代表性的典型进行观察。在科学史上，孟德尔选择豌豆作为实验材料，发现了遗传规律；摩尔根选择果蝇作为观察的研究对象，创造了遗传的基因学说。日食观日，南极测量则是典型天文现象的观察。选择简明、有代表性的典型对象进行观察，由个别到一般，可以提高研究的效率。

3. 科学观察的类型

观察方法经历了从古到今的历史发展过程，其基本类型具有多样性。

---

① 爱因斯坦文集（第1卷）. 北京：商务印书馆，1976：211.

② 列宁全集（第4卷）. 北京：人民出版社，1976：105.

（1）根据观察手段和方式的不同，可分为直接观察和间接观察。首先，直接观察。它是最古老的观察方法，是直接通过人的感官对自然现象进行考察和描述而不借助于仪器，因而这种观察亦称肉眼直接观察。古代自然科学就是建立在这种直接观察的基础之上的。现代虽然出现了许多新的观察仪器和手段，但许多学科仍大量采用这种方法。它具有直接现实性，研究者随时都可以运用。但是由于感官自身的生理局限性，它只能接受一定范围的自然信息；它的感觉灵敏度不固定，不能进行精确的测量；而且反应速度有限，特别是对大尺度宇宙空间和微观高速运动的自然现象，直接观察的局限性就更充分地表现出来。因此随着生产和科技的进步，间接观察应运而生。其次，间接观察，亦称仪器观察。即借助于科学仪器间接地从外界获取感性材料，考察和描述自然现象的一种观察方法。仪器观察是在近代自然科学发展过程中产生的。从直接观察发展到间接观察，这是观察方式的巨大变革。并且随着现代科技的进步，观察仪器越来越精密，不断地扩大了观察的可能性。借助电子显微镜，使生物学的研究进入到亚分子水平。脉象仪的研制，在克服感官的错觉和主观因素干扰方面具有明显的作用。但是，也应看到各种仪器的精密程度都是有限的，所以应把两种观察结合起来使用，以弥补各自的局限性。

（2）根据观察性质和内容的不同，可分为质的观察和量的观察，亦称定性观察和定量观察。任何事物都是质与量的统一，对事物的观察也应是定性观察和定量观察的统一。首先，定性观察。即重点考察观察对象的性质、特征以及它与其他事物之间的定性联系，是深入研究的起点和基础。要认识一个事物，总是从观察这个事物的全貌，从整体上把握这个事物的性质开始，然后才能深入研究和分析事物各个量的方面，进一步揭示事物的内在本质和规律。恩格斯指出，“必须先研究事物，而后才能研究过程。必须先知道一个事物是什么，而后才能觉察这个事物中所发生的变化。”① 然而，不充分揭示事物的量，也就不能深刻地认识事物的质，因而还必须进行定量观察。其次，定量观察，也叫观测或测量。它主要是确定观察对象的数量关系，如速度、强度、程度、时间、空间等，是定性观察的精确化。随着科学向精确化、数学化方向发展，定量观察越来越受到普遍重视，它所用的测量工具和计算方法的精确性也越来越高，特别是电子计算机的应用，提供了更有力的观察手段，成为现代化观察技术的重要标志。

4. 科学观察的作用

科学观察是科学研究的实践基础和重要环节，在科学研究中具有重要的地位和作用。

---

① 马克思恩格斯选集（第4卷）. 北京：人民出版社，1972：240.

（1）科学观察是科学认识的来源。对自然界进行长期的周密的观察，能够收集到大量的新材料，发现新事实，从而建立新理论。特罗特说：“知识来源于对周围事件中相似处和重现情况的注意。”① 马克思说：“研究必须充分地占有材料，分析它的各种发展形式，探寻这些形式的内在联系。只有这项工作完成之后，现实的运动才能适当地叙述出来。”② 正是观察为充分地占有材料提供了最基本的手段。特尔门、西尔斯等之所以能提出早期智力测量并不能正确地预测晚年工作成就的见解，是他们进行了长达半个世纪观察的结果。

（2）科学观察是检验科学理论、科学假说的重要实现形式。爱因斯坦指出，“理论所以能够成立，其根据就在于它同大量的单个观察关联着，而理论的‘真理性’也正在于此。”③ 20世纪初，爱因斯坦广义相对论著名的三大验证——水星近日点的进动、光线在引力场中的弯曲和光谱线在引力场中的红移，都是天文观测的结果。可见，科学观察作为一种独立的实践活动，它是检验自然科学真理性的重要标准之一。

（3）科学观察可以导致科学发现，为科学开辟新的研究方向。许多重大的科学发现和技术发明都是在长期反复的科学观察实践中取得的。较早产生的天文学、医学、几何学、动植物学、地理学等都是长期观察的结果。例如，我国明朝李时珍写的《本草纲目》，就是他亲自考察各地特产的药物，获得了大量的标本，进行比较分析的结果。20世纪60年天文学的四大发现，即类星体、脉冲星、宇宙背景辐射、空间有机分子的发现，都是长期系统地进行天文观测的结果。此外，科学观察在某些研究领域具有无可替代的作用，如在天文学、气象学和心理学等领域。

科学观察也有一定的局限性。它只能在有限的范围中发挥作用，在复杂的对象和环境下使用观察不易取得成功。正如恩格斯所说：“单凭观察所得的经验，是决不能充分证明必然性的。”④ 因而，需要其他方法如实验方法作为补充。

（二）科学实验方法

科学实验作为一项独立的社会实践活动，是自然科学发展的重要实践基础，也是科学发现、技术发明与创造的基本途径和研究方法。

1. 科学实验及其特点

科学实验是人们根据一定的研究目的，运用科学仪器、设备等物质手段，在人为地控制或模拟客观对象的条件下考察对象，从而获取科学事实的一种基本方法。科学实验与科学观察都是科学研究活动中必不可少的认识方法。在现

---

① 贝弗里奇．科学研究的艺术．北京：科学出版社，1984：100.

② 马克思恩格斯选集（第2卷）．北京：人民出版社，1972：217.

③ 爱因斯坦文集（第1卷）．北京：商务印书馆，1976：115.

④ 恩格斯．自然辩证法．北京：人民出版社，1971：207

代科学实验室中，观察是实验中的观察，实验是观察中的实验，即观察和实验是合二为一的过程。但通常相对而言，科学实验具有不同于单纯观察的一些特点和优点如下：

（1）纯化和简化自然现象。自然界的现象复杂多样，各种现象往往错综复杂地交织在一起，人们很难发现现象之间的关系。而科学实验可以运用特制的仪器设备，根据研究的目的，突出某些主要因素，排除其他非主要因素的干扰，使我们所需要的研究对象的某些关系或属性在简化的纯粹的状态下暴露出来，从而达到准确地研究和认识。马克思指出，“物理学家是在自然过程表现得最确实、最少受干扰的地方考察自然过程的，或者，如有可能，是在保证过程以其纯粹形态进行的条件下从事实验的。”① 1956 年美籍华人物理学家吴健雄检验弱相互作用下宇称不守恒假说的著名实验，就是在纯化研究对象的条件下获得成功的。

（2）再现或重演自然过程。自然界的现象有的瞬间即逝，有的又缓慢持续达千万年；有的大到百亿光年，有的小到 $10^{-6} \sim 10^{-13}$ cm，科学家可以借助仪器、设备，把自然现象加以缩小、扩大或再现。同时，由于科学实验具有规模小、周期短、花钱少等优点，因而，可以多次重复进行，以获得可靠的实验材料。例如，1953 年米勒用 CH_4、NH_3、H_2 和水蒸气混合成与原始地球大气基本相同的气体，装进真空玻璃仪器中，连续进行火花放电，模拟原始地球上的闪电雷鸣，生成了 5 种构成蛋白质的氨基酸。这个实验用一星期的时间重演了大自然中的数以亿年计的漫长过程，为生命起源的研究提供了佐证。

（3）强化和激化研究对象。客观事物的某些属性只有在超常的极端情况下才能表现出来，在一般情况下不易捕捉和考察。科学实验可以造成自然界中无法直接控制而在生产过程中又难以实现的特殊条件，如静态气压高达 200 万 ~ 300 万大气压，动态气压高达 1000 万大气压的超高压，接近绝对零度的超低温，气压仅有几十亿分之一大气压的超高真空，以及能量高达几千亿电子伏特的高能加速器等，使要考察的特殊属性表现出来。

2. 科学实验的常见类型

根据不同的研究目的和要求，可以把科学实验划分为不同的类型。其中，科学实验的一些常见类型如下：

（1）定性实验。即为了发现实验对象的某种属性而进行的实验。在科学史上，有许多定性实验的事例。如电磁学中富兰克林的风筝实验；物理学中赫兹证明电磁波存在的实验；化学中测定元素、离子和功能团等的定性分析实验。定性实验是发现科学事实，确定研究对象性质的重要方法。它是定量实验的基

---

① 马克思恩格斯选集（第 2 卷）. 北京：人民出版社，1972：206.

础，在科学研究中具有重要作用。

(2) 定量实验。即用以测定研究对象的某些数值，确定某些因素之间数量关系的实验，这些数量关系常以公式、定律的形式表述出来。定量实验是定性实验的精确化。从定性到定量，标志着人类认识的深化。科学史上有许多著名的定量实验。例如：物理学中卡文迪许测定引力常数的实验；焦耳测定热功当量的实验；密立根测定普朗克常数的实验；等等。

(3) 结构分析实验。结构分析实验是探索和认识实验对象所具有的内在结构的实验。这种实验方法在化学、生物学等学科应用较普遍。如20世纪50年代初期，美国生物化学家华生和英国物理学家克里克根据X光衍射分析，阐明了脱氧核糖核酸（DNA）分子的基本空间结构是双链的螺旋结构，以及它的四种核苷酸中所含碱基的配对规律，从而揭示了生物遗传的内部机制。

(4) 析因实验。析因实验是由已知结果去寻找产生这种结果的原因的实验。进行这种实验，要尽可能全面掌握影响结果的诸因素，不放过任何可疑线索。19世纪80年代，惰性气体氩的发现就是一例。英国物理学家瑞利通过化学捕集器，使空气中的碳酸气、氧气、水蒸气分别吸收，从而得到的氮，每升重1.2572克；从分解氨里得来的氮，每升却重1.256克。英国的物理学家拉姆塞进一步对大气中获取的氮进行研究。他设计了一个实验，把从空气中收集的氮通过赤热的镁屑，把氮气吸收后，剩下的气体测出其密度是氢气的20倍（普通氮的密度是氢的14倍）。经过光谱分析确证它是新的惰性气体氩。

(5) 对照实验。对照实验是通过“对照组”与“试验组”的对比来揭示研究对象的某种性质的实验。这种实验要求实验对象有两个或两个以上的相似组群——对照组（比较的标准）和试验组，通过某种实验步骤，使对照组与试验组进行对比，从而判定试验组是否具有某种性质。这种方法常使用“随机抽样”的方法编组，排除人为因素的干扰。达尔文为确定光线作用于生长链而使植物产生向光生长的现象运用的就是对照实验，他将一组植物不作任何处理，将一组植物的生长锥套上用锡箔做成的不透光的小帽子，让这两组植物放在侧光下生长，结果发现，没有处理的表现出向光生长现象，经过处理的则没有这种现象。

(6) 模拟实验。在科学研究中，由于受客观条件的限制不能对某些自然现象进行直接实验（如对地球上生命起源及其进化过程等），就可以采取间接实验的方法来进行。模拟实验就是一种间接实验的方法。

模拟实验是指人们根据研究对象（原型）的本质特性，人为地建立一种与原型相似的模型，然后通过模型来间接地研究原型的规律性。如科学研究中，运用高压放电装置来模拟自然雷电现象，航空工业中的“风洞”实验，也是采用模型代替原型的模拟实验。由于模拟实验可以对时过境迁的自然现象进行研究，也可将研究对象放大或缩小，或在短时间内随机重复多次，还能具有节约资金、摆脱实验中某些危险因素等优点，因而模拟实验得到了广泛应用，具有突出的科研价值和经济价值。

根据模型和原型相似的特点，可以把模拟实验分为物理模拟和数学模拟。物理模拟是以模型和原型之间的物理相似或几何相似为基础的。物理相似是指模型和原型中所发生的物理过程都相似。生命世界中选择某种动物的有关机制来模拟人的某些生理或病理过程是物理模拟。数学模拟是以模型和原型的数学形式相似为基础的。列宁指出，"自然界的统一性显示在关于各种现象领域的微分方程式的'惊人的类似'中。"① 自然界的这种统一性为数学模型提供了客观基础。任何两种本质上不相同的物理过程，只要它们遵循的规律具有相同的数学方程式，就可以用数学模拟的方法来研究。

20 世纪中叶以后，随着现代系统科学的发展，把传统的模拟方法发展到了功能模拟的新阶段。

必须指出，任何实验都具有各自不同的适用范围。而科学研究则是一项复杂的实践活动，某些课题往往不是某种单一的实验方法能够解决的。因而在科学研究过程中，要根据实际需要，恰当地选用或综合运用各种科学实验方法，才能取得良好的实验效果。

3. 科学实验的作用

法国血统的美国微生物学家和病理学家雷内·杜博斯说过："实验有两个目的，彼此往往互不相干：观察迄今未知或未加释明的新事物；以及判断为某一理论提出的假说是否符合大量可观察到的事实。"② 可见，科学实验在科学研究中具有重要的作用。

（1）科学实验是创立科学理论的基础。任何科学理论都是科学家通过对科学事实和感性材料进行科学抽象取得的。没有充分占有科学事实和实验材料，就无法进行科学抽象，当然就无法揭示隐藏于事物内部的本质和规律。而科学实验则是获取科学事实和感性材料的主要手段。正如著名生物学家巴斯德所说，实验室和发明是两个相关的名词。如果没有实验室，自然科学就渐渐枯萎，渐渐消灭，没有发展的希望了。正是在这个意义上，我们说科学实验是科学理论的基础。

（2）科学实验是检验科学理论的基本手段。毛泽东说过："通过实践而发现真理，又通过实践而证实真理和发展真理。"③ 在科学研究活动中，科学假说是一种特别复杂的形式，它既有一定的科学依据，又有一定的猜测性，必须经过

---

① 列宁选集（第2卷）. 北京：人民出版社，1972：295.

② 贝弗贝奇．科学研究的艺术．北京：科学出版社，1984：14，26.

③ 毛泽东选集（第1卷）. 北京：人民出版社，1968：273.

实践的检验，而科学实验则是检验科学假说是否是科学理论的最基本手段。如天文观察时根据天王星轨道摄动而提出的未知海王星假说的证实，对根据火星近日点的进动而提出的未知“火神星”假说的否证等等都是通过科学实验来完成的。

（三）双重验证与反向思维

19世纪70年代，恩格斯在写作《自然辩证法》过程中，提出了双重验证思想。从方法论角度看，恩格斯的双重验证思想是一种辩证的思维方法，对科学实验活动具有重要的指导意义和启示作用。

1. 双重验证的含义

恩格斯双重验证思想的原意为：对于枪膛发射与不发射弹丸这两种情况，从正面来说，如果引信、火药等都是有效的，扣动枪机就会发生弹丸的发射。这一原因引起的相应结果，是实践验证了因果性的存在；从反面来说，如果引信的化学分解，火药的失效等发生了相反的变化，就是扣动枪机也不能将弹丸发射出去。这后一种原因产生的后一种结果，同样是实践验证了因果性的存在。对此恩格斯说：“在这里可以说是对因果性做出了双重的验证。”①

可以认为，科学实验中的双重验证，是通过相反条件下的实验，对某种预期的现象或事实从正面、正向和反面、反向进行实验检验和探讨。什么是正面、正向和反面、反向？不同的研究对象有着不同的内容和表现，需要具体问题具体分析。双重验证在科学实验中有着不同的表现形式，并发挥着重要作用。

2. 双重验证具有去伪存真的鉴别作用

科学研究是一种探索性的认识活动。在试探摸索的过程中，难免要遇到假象，难免发生错误和曲折。正确地进行双重验证是一个值得重视的途径。

这里不妨通过实例加以解释。在科学史上，1895年伦琴发现X射线之后，彭加勒大胆地提出假说，认为X射线与荧光有联系。1896年贝克勒尔对此进行实验检验。他将经太阳照射能够激发荧光的含铀物质，同黑纸包装的照相胶卷放在一起，准备拿到太阳下照射。他想如果含铀物质硫酸双氧铀钾经太阳照射发出的荧光中含有X射线，这种射线将会穿透黑纸使胶卷感光。不巧，当时正好遇上了阴雨天，贝克勒尔只好将实验材料一并放进抽屉里等候天晴。几天后，小贝克勒尔抱着好奇的心理冲洗了抽屉里的胶卷，结果发现胶卷感光了，据说当时小贝克勒尔高兴得手舞足蹈；然而，大贝克勒尔却恍然大悟，由此他明白了X射线与荧光毫无联系。因为没有荧光也照样有X射线穿过胶卷。以此为研究线索，人们打开了放射性的科学大门。

对于这段历史，可以作两点假设分析：其一，假设贝克勒尔没有遇上阴雨

---

① 马克思恩格斯选集（第3卷）. 北京：人民出版社，1972：550－551.

天，那么，彭加勒关于X射线与荧光有联系的错误假设，不知还要流行多少年，也不会及时地打开天然放射行的科学大门；其二，假设贝克勒尔有一个双重验证的思想，不仅设计一个有阳光照射的实验，而且设计一个与此相反的“黑箱实验”，这样，推翻彭加勒的错误假设、及时地揭开X射线之继，则是一件轻而易举的事情。因而有些科学史作者指出，贝克勒尔走了运，是阴雨天帮助他做出了重要发现。事实上，是阴雨天促使贝克勒尔不自觉地进行了双重验证。显然，双重验证不仅有利于识破假象、避免错误，而且能够起到去伪存真的鉴别作用，同时还有助于发现新线索、引出新成果。

3. 双重验证启发人们在实验活动中进行辩证思考

双重验证的基本精神，是要求在实验的指导思想上，要注意正面和反面、正向和反向或逆向，要重视相反条件的对照和比较以及互为逆向的事物研究。这种基本精神同辩证法要求全面性、防止片面性以及主张灵活性、反对教条主义等观点是一致的。上面分析了一个不自觉的例子，下面引一个自觉的实例作一简析。

19世纪80年代，英国科学家瑞利曾对氮气的密度进行实验测定。按照当时的科学认识，从空气中排除氧气、二氧化碳气和水蒸气之后，剩下的气体就是纯氮气。经实验表明，从空中测得氮气的密度为1.2572克/升。对此，应当说在当时的技术条件下，瑞利测出的这个数值是相当精确的，由此可发表一个实验报告。但瑞利没有这样做，他要求进行反证。即第二种实验是从空气之外的氨的化合物中提取氮气。结果从这种实验中制取的氮气的密度为1.2560克/升。由此瑞利发现，上述两种实验方法测定的氮气密度的差值太大了，已超出了正常的误差范围。起初他怀疑是实验本身出了毛病，经进一步的检查发现实验本身并无问题。接着瑞利又做了第三种实验，即从空气和氨化合物之外的含氮化合物中提取氮气，结果表明空气中氮气的密度值，比氨化合物和其他含氮化合物中制取的氮气的密度值要大一些。此后引起了英国化学家拉姆塞的重视和研究，又导致了氩元素的发现，从而打开了惰性气体的科学大门。

回顾这段历史，瑞利的一系列实验表明，前两种实验相对而言起着反证的作用；第三种实验与前两种实验相对来说，又起着反证的作用。他正是通过前一个反证发现了矛盾，又通过后一个反证确认了矛盾的存在，即氮气的密度值不具有单一性；此后又导致了氩元素等惰性气体的发现。

4. 双重验证思想是一种辩证的思维方法

双重验证所体现的反证，就是要求从反面、反向或逆向提出问题和解决问题，是以悖逆常规的思维方式来解决问题的辩证思维过程。爱因斯坦在总结和论述其科学活动的时候，曾多次提到“反过来加以考虑”“采取相反路线”等方法问题。他所取得的科学成就，在很大程度上取决于采取了与传统和习惯相反的思考方式，采取了反向思维解决问题的方法和手段。数学历来以严谨、精确为特征，但20世纪60年代模糊数学的产生，同反向思维是分不开的。

双重验证、反向思维和逆向思维不仅在基础学科，而且在工程技术领域也得到了广泛应用。过去建造烟囱是越高越好，以至世界上最高的烟囱高达380米。对此，国外有专家想到研制一种“吐烟圈烟囱”，即利用一种间断的脉冲装置，使烟囱高度降低了3/4。许多发明也是从反面思考、反向思维的产物。自动圆珠笔的发明就是如此。1938年匈牙利人拜罗发明了圆珠笔，但因有漏油的毛病仅风行了几年。1945年美国人雷诺发明了一种新型圆珠笔，也因漏油问题而未获广泛应用。对此，许多人都循着常规思路去思考，从分析圆珠笔的漏油原因入手来寻找解决办法。漏油的原因是当笔珠写2万多字后因磨损而蹦出，油墨也就随之流出。因此，人们首先想到的是提高笔芯滚珠的耐磨性。于是，许多国家的圆珠笔商投入大量经费进行研究，甚至试用不锈钢和宝石做成笔珠；即使如此仍未解决漏油问题，因为笔芯头部内侧与滚珠接触的外壳被磨损后也会漏油。正当人们对此一筹莫展的时候，1950年日本的中田藤三郎一反大多数人的做法，他不再考虑提高笔头与滚珠的耐磨性，而是设法控制笔中的油量，使它在写到1.5万字左右时油墨刚好用完，由此终于解决了漏油问题，重新为圆珠笔赢得了信誉。日本发明学会会长丰泽丰雄称赞说：这真是一个绝妙的逆向思维方法。这表明，当大多数人都按照某一原理或沿某一方向进行思考还没有获得成功时，不妨改变思路方向，即从反面、反向或逆向进行思考，这样或许会使问题获得圆满解决。

5. 双重验证体现的反证思维和反向思维，具有反常规、反传统、反定势和逆向性等思维特征

这种反证、反向思维根源于事物内部的矛盾性以及事物之间的矛盾性。自然界是矛盾的统一体，任何事物内部都存在着互为对立的方面、互为相反的方向以及与此事物互为逆向的事物。如果把认识事物的某一特定的方面、方向为参照或坐标的思维过程称之为正面思维和正向思维，那么，与此相反的思维过程就是反面思维、反向思维或逆向思维，即以认识事物的另一个对立方面、相反方向以及与此事物互为逆向的事物为目标。一般认为，正向思维是指符合常规的、常识的、公认的想法与做法，是人们顺着传统性、习惯性的思维定式去思考的过程；而反向思维则是对常规、常识、公认的反叛，是对传统、惯例的挑战，是悖逆以往的思维定式去思考，是从一个方面或方向想到与之对立的另一方面或方向的逆向思维过程。显然，反向思维具有反常规、反传统、反定势和逆向性等思维特征。通常人们认识和解决问题，习惯于按照熟悉的常规的模式或路径去思考，即进行正向思维，也大多取得了满意的效果。然而，实践也表明，对某些问题遵循正向思维路径却不易达到预期目标，而一旦进行反证、

反向或逆向思维，则往往能出奇制胜、令人耳目一新。例如，美国阿拉斯加涅利钦自然保护区的工作人员为使鹿群健壮起来，不是恢复植被给鹿加强营养，而是把狼作为医生引入自然保护区，因为一些狼的到来使鹿群跑地更勤更快而健壮了。又如，20 世纪 90 年代，在俄罗斯空军中服役的可向后发射空空导弹的苏 – 35 战机，曾颠覆了“战机都是朝前发射导弹”的常规，使以往的天方夜谭变成了现实，连美国当时性能最好的 F – 15E 战机都难以抵挡。再如，上海宝山港区采纳“倒航进出港池”的建议和做法，一举解决了超大型船体掉头难的问题。此外，德国西部地区一些农场由白天耕地改为黑夜耕地、破冰船将“由上向下压”改为“从下往上顶”、由吹尘器到发明吸尘器等，都得益于反证、反向、逆向思维。

双重验证体现的反证、反向思维作为辩证的思维方法，对实验活动至少还有两点启发。一是对否定性实验应当从反面、反向去寻找出路：既然要寻找的自然事实在这种实验条件下其结果是否定的，那么，反过来从它的反面、反向思考又如何呢？预期目标很可能就存在于相对反面、反向的实验中。黑格尔说：“和某物相对立的无，任何某物的无是某个特定的无。”[①] 这句话是耐人寻味的。二是即使从某个方面或方向上取得了某种肯定的实验结果，也应当再从它的反面、反向或逆向加以思考，这可能在它的对立方面、相反方向等视域中获得新的收获；同时，当对某一事物本身的研究获得成效时，就应该及时地思考与这一事物相反相对的是什么事物，即通过一个事物的存在去预见尚未发现的、与之相反相对的事物的存在，历史上有不少发现就是经过这样的假设、验证后获得的成果，如诸多反粒子的发现等。辩证法的灵活性，要求在科学研究中要善于变换方法，恩格斯双重验证思想所体现的反证思维、反向思维或逆向思维，是摆脱常规思维羁绊的一种创造性的辩证思维方式。

（四）科学机遇

在科学观察和科学实验中，由于偶然的机会，出乎人们意料地发现了新现象，得到了新结果，由此导致科学理论上的新突破，这种意外的机会就是科学机遇。在科学发展史上，与机遇相关的科学发现比比皆是，如何正确认识科学机遇，正确捕捉机遇，也是掌握和运用科学观察、科学实验的一些重要问题。

1. 科学机遇的特点和作用

意外性是科学机遇的主要特点。按科学机遇的意外程度不同，可以把它分成部分意外的科学机遇和完全意外的科学机遇。部分意外的机遇是指观察实验的结果虽然是意料之中，但发现这一现象的方式或场合却是意料之外的。这种机遇为问题的解决提供了有希望的线索，“踏破铁鞋无觅处，得来全不费功夫”

① 黑格尔. 逻辑学（第 1 卷）. 贺麟译. 北京：商务印书馆，1966：74.

就是这种机遇的最好写照。完全意外的机遇是指观察实验中发现了与预定目的完全不同的新现象。为了发现A现象，却意外地发现了B现象。“有意栽花花不发，无心插柳柳成荫”是这种机遇的最好形容。可见，无论是部分意外还是完全意外都不是自觉的、有目的的研究对象，而是出人意料的意外收获，是在一种偶然的机会中产生的。

虽然科学机遇的出现是偶然的，但科学机遇对科学发展有着重要作用。

(1) 机遇在某种程度上可以加速或延缓自然科学的发展。有些意外发现是旧理论体系所不能说明的，从而成为科学研究的新起点，科学理论发展的导火线。如法国化学家和细菌学家巴斯德偶然地发明免疫法，导致了医学免疫学理论的产生和发展；丹麦物理学家奥斯特意外地发现了电和磁之间的关系，为法拉第发明电磁感应发电机开辟了道路。自然科学发展的加速和延缓在很大程度上取决于这些偶然性的发现。

(2) 机遇可以为科学发现的技术发明提供线索。例如1800年，英国天文学家和恒星天文学的创始人赫舍尔用棱镜把太阳光谱分开，用温度计测量太阳光谱中各色光的温度效应，以便找出观察太阳时保护人眼睛的方法。当他把温度计依次从太阳的可见光谱的短波长区向红光区移动后继续向前移动时，意外地发现，在红光区以外没有可见的光线，但温度计却有更加明显的温度上升。赫舍尔就此断定，太阳辐射中，除了可见光以外，一定还有不可见光，并且这种光具有更强烈的温度效应。这就是所谓的红外线，现在已发展成为红外物理学和红外技术新领域。

2. 科学机遇产生的根源

科学机遇虽然是意外的现象，但它并不是神妙莫测、不可捉摸的，它产生于各种矛盾统一性中。

(1) 机遇产生于必然性和偶然性的矛盾统一。必然性和偶然性是事物发展的两种不同的趋势。必然性是事物发展过程中不可避免的趋势，它决定着事物发展的方向，在事物发展中居于支配地位；偶然性则是事物发展过程中不确定的趋势，在事物发展中居于非支配地位，对事物的发展只起加速或延缓作用。必然性和偶然性不仅相互区别，而且相互联系：没有脱离必然性的纯粹偶然性，偶然性背后总是隐藏着必然性；也没有脱离偶然性的必然性，必然性通过大量的偶然性表现出来。任何事物的出现都是必然性和偶然性的统一。在必然性支配下事物发展的总趋势迟早要表现出来，但怎样表现则是有偶然性支配的。机遇就是事物联系和发展过程中的一种偶然性，但其本身又包含着必然性。当偶然现象出现的时候，如果能捕捉住它，并进一步揭示出其背后的必然性就能做出科学发展。例如在伦琴发现X射线之前，1879年英国物理学家克鲁克斯、1892年德国勒纳德等都曾先后观察到克鲁克斯管附近的封密照片被感光，但却没有引起对它的重视。与此相反，当伦琴碰到这一偶然现象时，它立即抓住了这一现象并追踪不放，从而发现了 X 射线。

（2）机遇产生于主观与客观的矛盾统一。机遇是一种主观上没有料到的意外。在认识过程中始终存在着主、客观的矛盾。主观要真实地反映客观，必然受内因支配和外因制约。科学家在探索自然界规律时，虽然以一定的科学材料和科学事实为依据，有目的有计划地进行研究，但必定带有主观愿望和设想；而客观对象又不是孤立存在的，它与其他事物彼此联系。因而科学家在探求某一未知现象时，往往会因为某种意外因素的影响而导致发现新现象，这种意外发现是正常现象。只要主观和客观的矛盾存在，就有可能产生机遇。相反，料事如神、百发百中的科学家却为数极少。

3. 机遇的产生与社会的实际需要和科学家的素养有关

如果社会上没有这种实际需要、科学家也没有相应的水平和素养抓住机遇，机遇就会白白溜走，在科学史上不乏其例。例如，在摆动规律发现之前，好多人都可见教堂的吊灯有时摆动，但谁也没有发现什么奥秘，唯有伽利略从吊灯的偶然摆动中总结出等时性定律；是爱因斯坦创立了相对论，而不是普朗克和洛仑兹创立了相对论，不能不说它与科学家的素养有关。机遇出现虽有可能，但要抓住机遇，不是任何人都能做到的。正如生物学家尼科尔所说："机遇只垂青那些懂得怎样追求它的人。"① 巴斯德也说："在观察的领域中，机遇只偏爱那种有准备的头脑。"② 他们的名言道出了事情的真谛：机遇只起提供机会的作用，真正起作用的是对机遇观察的解释，是科学家能从偶然现象中看到必然的规律，这是机遇产生的直接条件。

4. 捕捉科学机遇的主观条件

社会实际需要、科学发展水平、观察实验的仪器设备等，尤其是自然界本身的属性，是机遇出现的客观条件，没有这些客观条件，机遇不会凭空产生。试想：没有真空放电管和荧光物质，伦琴就不可能得到发现 X 射线的机遇；没有 19 世纪末 20 世纪初物理学的三大发现，爱因斯坦就不能得到创立相对论的机遇。当然，在科学史上，不乏具有相同的实验条件、碰到机遇而抓不住的人。因此，在客观条件相同的情况下，能否抓住机遇，则取决于科学家本人的主观条件。捕捉机遇的主观条件包括：

（1）丰富的知识和经验。现代科学呈现出综合发展的趋势，学科间互相联系。而学科间的边缘地带则成为新学科的生长点，那里机遇较多。许多有建树的学者正是看准了科学发展的这一趋势，以广博的知识取得的主动。现代科学

---

① 贝弗里奇．科学研究的艺术．北京：科学出版社，1984：28.

② 贝弗里奇．科学研究的艺术．北京：科学出版社，1984：35.

发展需要通才、博学的科学家，有志于科学研究的人应在这方面塑造自己的知识结构，切莫把自己的知识和视野局限在某一个狭小的领域中。正因为巴斯德有广博的知识，总能及时抓住迎面而来的各种机遇，所以他在解决啤酒变酸，以及治疗和预防蚕斑病、炭疽病、霍乱、狂犬病等方面，为人类做出了巨大贡献。

（2）高度的洞察力。“留心意外之事”是研究工作者的座右铭。由于机遇的出现是意外的，因而研究者必须保持对意外事物的警觉性和敏锐性，在别人不注意的地方发现新问题，否则就会错过机会。达尔文非常留心意外之事，他的儿子在回忆时写道：“当一种例外情况非常引人注目并屡次出现时，人人都会注意到它。但是，他却具有一种捕捉意外情况的特殊天性。很多人在遇到表面上微不足道又与当前的研究没有关系的情况时，几乎不自觉地，以一件未经认真考虑的解释将它忽略过去，这种解释其实算不上什么解释。正是这些事情，他抓住了，并以此作为起点”。[①] 敏锐的洞察力是达尔文发现生物进化论的重要原因之一。

（3）敏锐的识别力。在科学研究中，只有具有敏锐的识别力，才能抓住机遇中有重要意义的线索，这是研究艺术的精华所在。例如，1928年，弗莱明在进行葡萄球菌平皿培养的时候，由于实验过程中需要多次启开，从而培养物受到污染，他注意到用霉菌抑制葡萄球菌菌落现象。许多细菌学家都注意到过霉菌抑制葡萄球菌菌落现象，比如斯科特，但他仅感到讨厌而已。他认为弗莱明的发现不是得益于机遇，而主要是由于弗莱明具有敏锐的识别力，能够抓住别人放走的机会。

总之，由于科学机遇在科学发现和技术发明过程中有着重要作用，它可以加速或延缓科学发展的进程。因此在科学研究过程中，科学家必须重视机遇，认真地抓住机遇，充分地利用机遇。但不能依赖机遇，更不能等待机遇，因为科学发现不都是偶然的结果，必须付出艰苦的劳动，进行耐心细致的研究工作，“守株待兔”的思想在科学研究中是要不得的。在科学研究中，对待科学机遇的正确态度应该是：既要坚持明确的目的性，又要重视意外性；既不夸大机遇的作用，也不忽视机遇的作用；既不能依赖机遇，又不放过机遇。

（五）科学仪器及其作用

科学仪器是科学研究的认识手段和探索工具。“近代科学的主要特征之一在于使用科学仪器。”[②] 如在17世纪创造和使用的重要科学仪器包含望远镜、显微镜、温度计、气压计、空气泵和摆钟等。科学仪器尤其是望远镜的发明和使用

---

① 转引贝弗里奇．科学研究的艺术．北京：科学出版社，1984：35.

② 沃尔夫．十六、十七世纪科学、技术和哲学史．北京：商务印书馆，1997：14.

对近代科学革命起到了最直接的推动作用。

1. 科学仪器及其特点

20 世纪中叶以前的传统科学仪器是非智能化的。20 世纪 70 年代以来，计算机技术与检测技术的结合产生了智能仪器。它是计算机技术与测量技术相结合的产物，是含有微计算机或微处理器的测量仪器，拥有对数据的存储、运算、逻辑判断及自动化操作等功能，具有一定智能的作用。科学仪器的智能化程度进一步提高，孕育了“虚拟仪器”和“网络化仪器”。[①] 虚拟仪器是在通用计算机上添加一些专用软件和必要的仪器硬件模块，使用户操作这台通用计算机就像操作一台自己专门设计的传统电子仪器一样。[②] 网络化仪器是对传统测量仪器概念的突破，是虚拟仪器与网络技术相结合的产物。基于 Internet 的测控系统这一类网络化仪器利用嵌入式系统作为现场平台，实现对需测数据的采集、传输和控制，并以 Internet 作为数据信息的传输载体，且可在远端 PC 机上观测、分析和存储测控数据与信息。网络化仪器是电工电子、计算机硬件软件以及网络、通信等多方面技术的有机组合体，以智能化、网络化、交互性为特征，结构比较复杂，多采用体系结构来表示其总体框架和系统特点。[③]

科学仪器具有物质性、透明性、黑箱化和标准化的特点。在科学技术活动中，科学仪器有助于在认识主体之间达成科学知识的客观性。它的物质性和透明性使得人们信赖科学仪器，其黑箱化、标准化、可操作性使得人们不必理解仪器的工作原理就能够“傻瓜式”地进行使用。但是，在科学实践中仪器会出错或出现新的需求，因而人们又需要不断改进和发明新的科学仪器。

当今科学仪器在科学、技术与工程研究中起到的作用越来越大。它把科学与发现联系起来，把技术与发明联系起来，把工程与建造联系起来。科学仪器在科学、技术与工程三者之间的交界面，如图 3–1 所示。

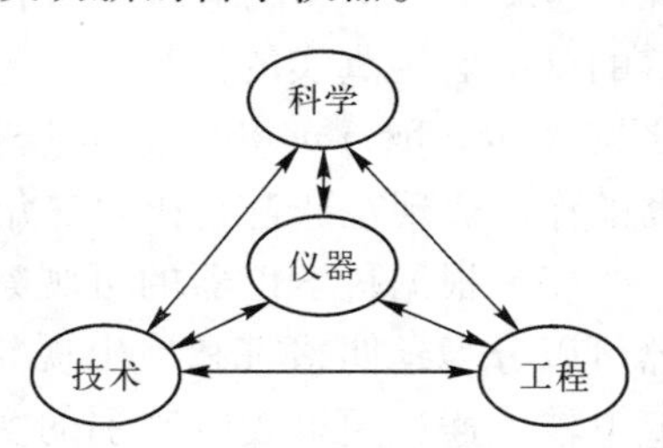

图 3–1　科学仪器在科学、技术与工程之间的交界面

2. 科学仪器的作用

科学仪器可以辅助科学共同体取得科学知识，是科学认识获得科学知识客观性的工具和桥梁，是科学知识客观性的重要保障。但是，在西方一些学者中，用科学仪器来保证科学知识的客观性曾遭到了质疑，并由此引发了争论。那么，如何理解用科学仪器来保证科学知识的客观性呢？

---

① 杨欣荣．智能仪器原理、设计与发展．长沙：中南大学出版社，2003：3.

② 杨欣荣．智能仪器原理、设计与发展．长沙：中南大学出版社，2003：342.

③ 杨欣荣．智能仪器原理、设计与发展．长沙：中南大学出版社，2003：364.

（1）由实验的可复制性来判断知识的客观性。新实验主义者拉德将实验的可复制性分为三类：一是对实验中物质性实现的重复，即通过一种操作化的过程使得科学的理论层面和概念层面可以在物质层面上获得实现；二是在固定理论解释下对实验的重复，即按照同一理论重复一类实验；三是对实验结果的重复，即通过不同的实验过程获得同样的实验结果。① 新实验主义者认为，实验的可复制性既不像实证主义认为的那么理想化，也不像社会建构主义认为的那么完全由社会因素决定。新实验主义者意识到了实验复制可能面临一些困难，如实验的复制涉及默会知识的限制以及实验具有地方性、易错性和不断修正的特点等，但实验的可复制性可以通过非地方性规范的形式发挥作用。非地方性规范可以理解为：虽然实验的可复制性最初都是地方性的，它起源于特定具体的情境中，但在科学实践中人们可以通过标准化、去情境化而产生稳定的实验过程，包括物质性实现、理论设计、实验结果的稳定性，从而将地方性的知识拓展到实验室之外的领域中。②

（2）由观察实验来消除规定性和虚无性，找出存在的客观真实性。客观性远非是镜像表征，人们不能作为旁观者来被动地认识自然，而需要主动地干预和操纵自然。培根早就指出，人们需要用实验抖开自然的皱褶、认清扭动的狮子尾巴。马克思也指出，"被抽象地孤立地理解的、被固定为与人分离的自然界，对人说来也是无。"③ 列宁进一步认为，"人给自己构成世界的客观图画：他的活动改变外部现实，消灭它的规定性（＝变更它的这些或那些方面、质），这样，也就去掉了它的假象、外在性和虚无性的特点，使它成为自在自为地存在着的（＝客观真实的）现实。"④ 诚然，追求没有认识主体的客观知识或者无源之见（view from nowhere）是一种美梦，因为客观性不会自动呈现出来。科学仪器的作用表现在通过它作为中介的干预，可以在实践中将客观性创造出来。

（3）根据科学仪器的可观察性和因果效应来鉴别客观实在。哈瑞认为，仪器可以分为延伸感官和检出现象的仪器，前者的代表是显微镜，后者的代表是验电器。通过因果效应鉴别的实在是潜在的，而通过可观察性标准鉴别的实在是显在的。潜在的存在是通过显在——仪器呈象的相关特征来说明的。仪器呈象的存在是相对独立的、客观的和真实的。⑤其相对独立性体现为：在相同的物质条件下，仪器产生的现象可以由不同的实验者进行重复；实验者运用仪器呈现的现象可以由其他仪器得以呈现；在实验者不再操作仪器时，仪器呈象仍然

① 何华青，吴彤．实验的可重复性研究．自然辩证法通讯，2008（4）：45.
② 何华青，吴彤．实验的可重复性研究．自然辩证法通讯，2008（4）：46.
③ 马克思．马克思1844年经济学哲学手稿．北京：人民出版社，1985：135.
④ 列宁．列宁哲学笔记．北京：人民出版社，1974：235.
⑤ 肖显静，郭贵春．仪器实在论．自然辩证法研究，1995（10）：23－24.

保持稳定。仪器呈象的存在的客观性体现在：仪器不属于主体，保证了认识具有客观性的支点；由宏观领域进入微观领域，仪器呈象的客观性不是没有主体性的纯粹客观性，而是包含了仪器作用的客观性。仪器呈象的存在的真实性体现在：可以通过一些认识经验来判断仪器呈象不是仪器制造出的假象而是真实现象，如通过干预仪器作用的试样、使用根据不同原理设计的仪器进行对照实验以及校准仪器；还可以通过一些美学经验来判定，因为仪器制造出高度规则且具有最优结构形态的假象的概率是很小的。

（4）用科学仪器来保证科学知识的客观性具有层次性和复杂性。在宏观领域，人们容易忽视测量对象与科学仪器的相互作用。例如使用温度计测量时，温度计自身的温度显然会对测量结果造成影响，但有时这种影响可以忽略不计。到了微观领域，科学仪器与测量对象之间的相互作用就不是轻易可以忽视的。测不准关系指出了仪器与观测对象之间存在相互作用。国内有学者认为，没有"纯的"量子系统，能为人所感知的量子系统必然包含作为人的感官和量子客体中介的仪器；量子力学中的测量是量子客体与仪器间的相互作用，其作用痕迹同时依赖于量子客体的状态和仪器的选择。①"每一个科学仪器及其使用都不是一个纯粹的客观过程，而是一个有着主体与客体交织在一起的复杂过程。"②有时候主体的作用相对较大，这表现在仪器的设计、选择和操作以及对于仪器及其结果的解释都涉及主体；有时候主体的作用相对较小，随着仪器标准化和黑箱化的趋势，许多仪器达到了单靠按钮或者读数就能操作和解释的程度，这种"傻瓜式"仪器的运用使将主体的作用在逐步降低。

（5）尽管科学仪器及其使用有其局限性，但由此并不否定科学仪器对科学认识的可靠性和客观性。"当全面地、具体的、深入地分析科学仪器在科学认识活动中的地位和作用时，就会发现，将科学仪器看作科学认识的工具和桥梁是……有局限性的，科学仪器及其使用是具体的、可错的、不充分的、开放的、与客体有着复杂关联性。"③"无论是伽利略机智的反驳，要求别人用望远镜在没有星星的地方'创造'出星星来，或是波尔的晦涩的诉诸'仪器的明白无误的记录和不可逆的过程'，都最多只能说明这种客观性而不能证明它。"④但是，不能由此就否定科学仪器对科学认识的可靠性和客观性，因为人们可以通过消除妨碍仪器可靠性的因素来达到客观性。"任何仪器都有其自身特有的缺陷，这种缺陷能使仪器的符号输出产生随机的或系统性的误差；但是这样的缺陷可以通

---

① 袁运开．自然科学方法研究．上海：华东师范大学出版社，1988：63.
② 郭贵春．走向21世纪的科学哲学．太原：山西科学技术出版社，2000：424.
③ 肖显静．作为客体的科学仪器．自然辩证法通讯，1998（1）：16.
④ 袁运开．自然科学方法研究．上海：华东师范大学出版社，1988：80.

过对仪器进行精心的再设计而减小到微不足道的程度。”① 仪器还可能出错或不能运行，它需要在一定的条件下才能正常工作；但人们可以通过一些认识经验来保证仪器可以制造出客观性。例如，通过干预仪器作用的客体来预测结果使得人们相信仪器；通过选取不同种类的仪器来进行实验；通过仪器的校准让仪器重现某种公认的效应；通过试样的选取和对照实验来消除系统误差，或通过多次重复实验来消除偶然误差等。

三、科学抽象和理想化方法

人们通过科学观察和科学实验等基本途径，在获得关于研究对象的大量科学事实材料的基础上，还需要运用一些理性方法对感性材料进行整理加工和总结概括，由此揭示和反映研究对象的本质和规律。在自然科学研究中，整理加工感性材料的理性研究方法是十分丰富的。对此，在以上讨论辩证思维方法、创新思维方法、数学思维方法、系统思维方法等基础上，这里仅对科学抽象和理想化方法加以简述。

（一）科学抽象

1. 科学抽象的含义

科学抽象就是透过现象、深入里层、抽取出本质的过程和方法。通过科学抽象，我们才能就事物的内部联系对现象做出统一的、科学的说明，“物质的抽象，自然规律的抽象，价值的抽象等等，一句话，那一切科学的（正确的、郑重的、不是荒唐的）抽象，都更深刻、更正确、更完全地反映着自然”②。

科学抽象是理性认识的基本形式，它以实践作为自己的前提和基础。要进行科学抽象必须占有十分丰富的、全面的、合乎实际的经验材料，只有从事物的全部现象的总和出发，才能充分地暴露出事物的本质，从而正确地加以抽象。

2. 科学抽象的过程

科学抽象的过程包括从“感性的具体”到“抽象的规定”，再由“抽象的规定”到“思维中的具体”两个阶段。

从感性的具体上升到抽象的规定。感性的具体是指人们通过感性认识而获得的关于事物整体的、混沌的表象，是对客观事物的直接反映，是整个认识的基础。但它还不是完全的认识，它只是反映了客观事物的外部特征及其相互联系，而没有揭示出事物的本质和规律。因此，要把握事物的本质和规律，必须由感性的具体上升到抽象的规定。抽象的规定是运用思维的抽象力，把事物分解为各个部分、方面，逐一考察其不同的发展形态，在这个基础上形成的各种

---

① 齐曼．元科学导论．长沙：湖南人民出版社，1988：32.

② 列宁．哲学笔记．北京：人民出版社，1974：181.

简单的概念和判断。抽象的规定比感性具体更进了一步，它已深入到事物的内部，从不同的方面反映出了事物的本质和规律性，但每个抽象的规定只反映事物本质和规律性的某个方面或某种联系，如果只停留在这一阶段，就会使事物在我们的思维中处于肢解状态，不能达到对事物全面的、具体的认识。因此，还必须研究这些规定性之间的复杂关系，达到思维中的具体。

从抽象的规定上升到思维中的具体。思维中的具体是关于事物的各种抽象规定性的有机综合和多样性的统一。即把已经获得的各种抽象的规定，结合具体条件，作系统而周密的综合考察，找出事物内部各方面之间的内在联系，并按照这种本质联系把事物在思维中完整地再现出来，这样就形成了对事物完整的科学的认识，即思维中的具体。

3. 科学抽象的作用

（1）区分事物的真相和假象，让事物内部的本质联系和过程暴露出来。事物的本质和现象是有矛盾的，事物的本质要通过现象表现出来，但有一类现象不仅掩盖着事物的本质，而且歪曲地反映着事物的本质，这类现象叫作假象。有时，两类不同的事物之间存在着某些表面上相似的现象，常常使人产生错误的联想，把外在的、非本质的联系误认为是内在的、本质的联系。而科学抽象能够对现象进行分析和鉴别，撇开或排除那种外在的、非本质的联系，让本质联系暴露出来，从而达到对事物本质的认识。

（2）撇开次要的过程和干扰因素，从纯粹的形态上考察事物的运动过程。为了在纯粹的形态上考察事物，人们不仅在实验室里创造各种人工条件，利用实验手段将自然过程简化、纯化，而且可以在观察实验的基础上运用科学抽象，把对象的主要矛盾或主要特征以纯粹的理想化形式呈现出来，从而深刻地揭示自然过程的客观规律性。

（3）区分基础的东西和派生的东西，把决定事物性质的隐蔽的基础抽象出来。客观事物具有多种属性和关系，但它们在事物内部所处的地位并不相同，有些属于基础的东西，有些则是由这些基础派生出来的东西。一般地说，派生的东西在感性上可以把握或者是比较容易把握的那些定性和关系。基础的东西则比较隐蔽，往往不能从感性上直接把握它，只有借助科学抽象，从大量的经验材料中，才能把基础的东西发掘出来，从而对事物做出统一的科学说明。

（4）将客观事物的各种属性和关系加以综合，从而把事物的本质作为一个整体完整地体现出来。在由感性具体上升到抽象规定的过程中。舍去了事物的一些次要的、无关的因素，抓住了事物各方面的本质。为了在思维中完整地把握事物，还必须借助科学抽象，把事物的各种规定依次地按照其内在联系综合上去，把原先撇开的次要的、无关的因素加以说明，形成思维中的具体。离开了科学抽象，就不可能对有关事物的多种多样的属性和表现做出统一的说明。

（二）科学概念

科学概念是科学抽象的一种结果和表现形式。概念是反映事物的本质和内部联系的思维形式。人的认识是从感觉、知觉和表象开始的。感性认识是生动的、具体的，但又是片面的表面的。所以要深入地认识事物，就必须从感性认识上升到理性认识，形成概念。科学概念也是科学实践的产物，是科学抽象的结晶。

科学概念的形成是科学抽象的过程。人们通过对科学事实和经验材料加以总结和概括，由此可以形成各种科学概念。思维在反映客观事物的时候，经过科学抽象，撇开次要的或非本质的属性，从而形成关于某类事物的普遍概念。科学概念的抽象程度越高，它的适用范围就越广，就越带有普遍性。科学概念是理性认识的基本单位，是科学思维的“细胞”，人的思维过程就是运用概念进行判断和推理的过程。科学概念是在科学实践中逐步形成和发展起来的，从感性认识到概念的形成也是在实践的基础上完成的。概念的内涵是否正确，外延是否恰当，都要由科学实践来检验。

科学概念具有重要作用。主要表现为：将长期混淆不清的概念区分开，用正确的概念取代错误的概念，从而推动科学的深入发展；在新的事实面前引入新概念，从而获得理论上的重大进展；将一门科学的新概念移植并渗透到其他学科中去，成为促进科学发展的有力杠杆；新的科学概念一旦产生，能够指导人们的科学实践，并往往导致科学技术上的新突破。总之，科学概念的提出对于科学技术发展，特别是对科学理论的建立具有十分重要的意义。

（三）理想化方法

理想化方法是科学抽象的重要应用和表现形式，运用理想化方法的过程是科学抽象的过程。所谓理想化方法，是指人们通过科学抽象把用理想化客体或数学模型代替实际客体或现实原型进行研究，以反映客观事物的本质和规律的一类研究方法。为了在纯粹的形态上研究事物，人们可以通过科学抽象排除次要因素和外来干扰，运用理想模型、理想实验、数学模型和数学实验等理想化方法，对客观事物的状态和过程进行简化和纯化，使事物的本质特性和数量关系在理想化状态下呈现出来，已达到科学研究研究的预期目标。对此，在以上已经讨论数学模型、数学实验等数学理想化方法的基础上，这里就物理意义上的“理想模型”“理想实验”简述如下。

在自然科学研究中，建立“理想模型”和设计“理想实验”，也都是理想化方法的重要应用。

1. 理想模型及其作用

理想模型是指为了便于研究而建立的一种高度抽象的理想客体。这种通过建立模型来揭示原型的形态、特征和本质的方法称为理想模型法。对复杂客体的研究，可以先研究其理想模型，然后再对理想模型的结果加以修正，使之逐步逼近现实客体。在现实世界中有许多客体与理想模型十分接近，在一定条件下可以把现实客体抽象为理想模型来处理，进而将研究结果直接地应用于现实客体，这样就可以使问题的处理大为简化。在建立理想模型的抽象过程中，需要充分发挥逻辑思维的力量，使理想模型的研究成果能够超越现有的条件，指示研究的方向，形成科学的预见。

2. 理想实验及其作用

理想实验又称思想实验，它是人们在思想中塑造的一种理想过程，是进行科学理论研究的一种重要方法。主要作用表现为：反驳某种理论时可以运用理想实验，如伽利略证明亚里士多德的两个力学论断的错误时，就成功地应用了理想实验的方法；为了揭示某种理论的局限性可以设计理想实验，如爱因斯坦证明经典力学速度相加定理不适用于光速的理想实验；论证科学理论也可设计理想实验，如爱因斯坦对同时性的相对性、尺缩钟慢效应、等效性原理、光线弯曲效应等提出和论证，就运用了理想实验的方法。

值得指出，理想实验方法也具有局限性。即它作为一种思想实验而不是现实的物质实验，因此由理想实验做出的结论还必须接受实践的检验。

四、科学假说和科学理论

自然科学研究是以认识自然和解释自然为宗旨的。为解释观察实验中发现的科学事实，就需要提出科学假说、通过实践检验假说并推动理论发展，由此不断深化对自然现象和自然规律的认识。

（一）科学假说

1. 科学假说的特点和作用

科学假说是根据已知的科学事实和科学原理，对未知的自然现象及其规律所作出的一种推测性的解释或说明，是自然科学理论思维的一种形式。

(1) 科学假说的主要特点。首先，假说具有一定的科学性。科学假说是建立在一定的实验材料和经验事实的基础之上的，而且要以一定的科学理论为依据，经过一系列的科学论证才能提出，它与毫无事实根据的主观臆测或缺乏科学论证的简单猜测有着根本的区别。其次，假说具有一定的猜测性。科学假说虽然有一定的科学依据，但它还不是科学真理，它所依据的事实材料是有限的，它的基本思想和主要部分是推想出来的，是未经过实践检验的，因此，它与确实可靠的科学理论不同，它是否真实还有待于实践的检验。最后，假说具有一定的易变性。对同一对象，由于人们占有的材料、研究问题的角度和方法、知识背景等存在着差别，可以提出多种不同的假说，而同一假说也会随着实践过程中的新发现而变化，随着争论的发展而修改。

（2）科学假说的主要作用。首先，科学假说是建立和发展科学理论的桥梁。科学研究的重要任务就是揭示客观事物的本质和规律性。但是，由于受到主客观条件的限制，人们不可能一下子达到对客观事物的本质及其规律的真理性的认识，而往往需要借助假说的方法，运用已知的科学知识和经验事实去探索未知的客观规律。其次，科学假说为科学研究提供指导思想。假说既是一种认识形式，又是一种认识活动和研究方法，是对事物的本质及其规律性的一种推测，研究者可以根据这些推测确定自己的研究方向，进行有目的、有计划的观测和实验，以避免盲目性，使科学研究带有自觉性。

2. 科学假说的形成

（1）形成科学假说的客观基础。首先，在实践开辟的新的研究领域中，人们的知识十分有限，在这种情况下必须通过创立假说才能对新的研究领域的现象和规律加以解释。其次，当旧理论无法解释新事实时，也要通过创立假说去加以说明。再次，如果原有的理论体系存在着某方面的缺陷，也有必要通过创立假说去完善它。

（2）形成科学假说的前提条件。第一，科学假说应符合科学的世界观。辩证唯物主义世界观是选择科学假说，淘汰不科学的假说的准则。它虽然不保证被选择的假说的真理性，但却无条件地从科学中排除毫无根据的迷信和虚妄的观念，诸如“宇宙第一推动力”、热质说、燃素说等，是与辩证唯物主义原理根本矛盾的，因而是不可能成立的。第二，科学假说以事实为基础，但又要辩证地对待事实，善于超越事实。事实是科学假说形成的基础，只有从事实出发，才可能形成对客观现象的正确解释和判断。但若等到事实材料完备后才提出假说，“这就是在此以前要把运用思维的研究停下来，而定律也就永远不会出现”①。第三，科学假说应当符合对应原则。科学假说要能够包容和解释原有理论无法解释的事实，同时又把原有理论作为自己的一个特例包含于其中。第四，科学假说应当符合简单性原则。提出的假说应当具有逻辑上的简单性，即所包含的彼此独立的初始假定或公理尽可能少，又尽可能好地符合客观现象，并且以此为前提的演绎推理要尽可能地系统化、简单化和精确化，各相关部分要自洽。爱因斯坦曾指出，科学的伟大目标，就是“要从尽可能少的假说或者公理出发，通过逻辑的演绎，概括尽可能多的经验事实”②。当然，简单性原则是相对的，重要的是它应当和知识的真理性相一致，过分追求简单性和谐的美学原则，就会牺牲假说的真理性颗粒。第五，科学假说应当是可检验的。假说不仅在原则上是可检验的，而且在技术上也是可检验的。例如，关于月球物质构成

---

① 恩格斯．自然辩证法．北京：人民出版社，1971：218.

② 爱因斯坦文集（第1卷）．北京：商务印书馆，1977：262.

的假说，原则上总是可以检验的，登月飞行在技术上进行直接检验。而关于速度为每秒40万千米的火箭行为的推测，原则上是不可能被检验的，因为它超越了物理学的最基本原理，与物体运动的极限速度——光速相矛盾。

（二）科学假说的实践检验

实践检验是宣判科学假说能否转化为科学理论的实践活动。

1. 科学假说的实践检验方式

一种是直接验证法。即通过科学观察和科学实验直接对科学假说进行检验，依据观察和实验的结果与假说是否符合，对假说进行肯定、否定或修正。另一种是间接验证法。有一些科学假说由于当时科技水平的限制，往往无法通过科学观察和实验进行直接的验证，而只能在科学观察和实验的基础上进行间接验证。即用观察和实验检验由假说的基本观念所推演出来的一些推论或预言的正确性，从而达到验证科学假说本身的实质内容的目的。在大多数情况下对科学假说的检验采用的是间接检验，卡尔纳普甚至说："在所有的情况下，规律是做出预言然后看这些预言是否成立来进行检验的。"[①] 假说的实践检验是一个复杂的动态过程，是确定性和不确定性辩证统一，既要重视观察实验对判别假说合理性的必要性，又不能把已有的观察实验绝对化，观察实验本身也具有一定的相对性。

2. 科学假说的发展形式

假说形成以后，与新发现的科学事实产生根本性质的矛盾，导致原有的假说被推翻，代之以新的假说。新的实验事实与原有假说在基本原则上相一致，但在某些具体观点上产生了矛盾，需要对原有的假说进行某些修正，修正后的假说继续接受实践检验。科学假说完全被科学实验所证实，即可转化为科学理论。

3. 科学假说向科学理论转化的必备条件

新假说要能够说明旧理论已经解释过的事实和现象，并在科学实践中得到了证实，且没有发现反例。新假说要能够说明旧理论解释不了的新的事实和现象，并且在科学实践中得到了证实。把假说应用于实践，如果有愈来愈多的新事实与这个假说相符合，并且没有任何已知事实与之相矛盾。由假说做出的推论和预见在实践中得到了证实，这表明科学假说已经具备了转化为科学理论的第三个充分条件。至此，可以认为科学假说就已经转化为科学理论了。

在科学假说发展过程中，应该充分认识不同假说争论的作用。客观事物是极其复杂的，在对同一事物的探索过程中往往存在几种不同的假说，它们从不同的方面去探索客观事物的规律性，它们之间的争论可以相互启发、相互补充、切磋琢磨、集思广益，从而更全面、更深刻地揭示事物的本质。对于被实践证

---

① 卡尔纳普．科学哲学导论．张华夏，等译．广州：中山大学出版社，1987：21.

明是错误的假说，我们也要进行历史的辩证的分析。在科学探索中，出现一些错误的假说是难免的。虽然它们的基本观点是错误的，但也包含有或多或少的合理成分，因而在一定时期或一定程度上对科学实践和科学理论的发展有一定的价值。但错误的假说毕竟是错误的，必须在实践的基础上，建立新的学说和理论，进而推动科学理论的发展。

（三）科学理论

经实践检验是正确的科学假说，就标志着实现了由科学假说向科学理论的转化。然而，科学理论是关于客观事物的本质和规律性的认识，是由概念、原理和论证方式所构成的知识体系。科学理论及其体系的建立和完善，是科学认识系统化发展的重要标志。科学假说经过严格的检验转化为规范的科学理论，还需要形成一定范围的知识体系，这是科学认识发展的重要途径，也是科学理论的内在要求。

1. 科学理论的主要特征

（1）客观真理性。科学理论是正确反映客观事物及其规律的知识体系，因此，它必然具有客观真理性。科学理论的真理性是经过实践检验所证实了的，它不依赖于人们的主观信仰或个人好恶，是客观真理。

（2）全面性。在科学理论的适用范围内，必须能够说明有关领域的全部现象，包括假象，而不应该有反例，也不允许同一适用范围内有两种对立的理论存在。当然，全面性的要求也是相对的，科学理论将随着实践和认识的发展而不断地接近全面性。

（3）逻辑性。科学理论是一个具有严密逻辑联系的概念、判断和推理所组成的知识体系，它的基本命题和原理之间存在着依次推导和前后一贯的内在联系，从基本命题和原理出发，可以推导出各种具体命题和结论。各种具体命题和结论的合理性都可以从逻辑规则推演和证明，具有严密的逻辑性。

（4）系统性。科学理论也应该是一个有机联系的统一体，必须具有系统性。它的各个组成部分，各个规定、范畴和原理之间，不应是彼此隔绝的，更不是事实和原理的简单堆砌，而应是按照客观事物的实际联系和转化关系组成的一个有着内在联系的知识体系。

2. 科学理论的逻辑结构和构建方法

科学理论由作为一种较完整的知识体系，常常表现为由科学概念、与这些概念相关的科学判断，以及按照一定的逻辑关系导出的科学推论所构成的演绎结构。这种结构是通过建立科学概念与可观察量之间的对应关系，而与经验事实相联系的，① 概念、判断、推理是逻辑思维的三种形式。概念是构造科学理论

---

① 孙小礼．自然辩证法通论（第2卷）．北京：高等教育出版社，1993：72.

的细胞，科学理论的建立往往以某些基本概念作为逻辑出发点，而新理论的产生又需要以某些新概念的建立作为其先导。基本概念之间的关系（判断）常常表现为定律、定理和公式等。而定律又可以分为不同的等级，其中基本定律的地位更为重要，它能够把科学理论的主要内容完整地表达出来，能够揭示概念之间的本质联系。基本定律、基本原理确立之后，科学理论的主干就已初步形成；从基本定律、基本原理出发进行演绎推理，进而推出一系列的关系、公式和结论，使科学理论的内容得到丰富和完善。

科学理论的构建方法是多样的。通常包括：从“感性的具体”到形成“抽象的规定”，再到“思维中的具体”（即从具体到抽象）的方法[①]；历史与逻辑相统一的方法[②]；数学公理化方法[③]；理想化方法[④]；数学模型化方法[⑤]等。这些方法在本书的有关部分中已有阐述，对此这里不再赘述。

3. 科学理论的功能

科学理论具有解释、预见、规范和启发等重要功能。

（1）解释功能。科学理论能够对客观现象的各种本质的联系进行全面的分析，并在分析的基础上综合地再现所解释的客体。科学理论的解释依据客观事物本质联系的不同内容，有多种形式，如因果解释、概率解释、结构解释、功能解释、起源解释等。

（2）预见功能。科学预见是从逻辑上推导出关于未知事实的结论，这些事实或者已经存在但不为人们所知，或者暂不存在但应当和能够在将来发生。科学预见提供了认识事物发展进程、预见最近和未来发展前景的可能性，是科学理论能动作用最显著的表现之一。爱因斯坦曾指出，科学理论能“显示出一些预料不到的关系，远远超出这些原理所依据的实在范围”[⑥]。预见是科学理论最令人向往的功能之一，它有力地说明了科学对于人类认识自然的巨大作用。其中，运用数学模型所作出的科学预见，在预测事物的未来发展趋势方面，具有较高的准确性和精确性。

（3）规范功能。科学理论的规范功能可分为正反两个方面：从肯定的方面说，规范就是导向。科学理论的导向作用，主要表现为它能够为人们沿着某种有希望的方向进行研究提供线索。例如，达尔文生物进化论的建立为生物的自然分类指引了方向，门捷列夫化学元素周期律的建立为元素分类以及新元素的

---

① 参见本书科学方法论中的“科学抽象的一般进程”部分。
② 参见本书思维方法论中的“历史与逻辑”部分。
③ 参见本书思维方法论中的“数学公理化方法”部分。
④ 参见本书科学方法论中的“理想化方法”部分。
⑤ 参见本书数学思维方法中的“数学模型化方法”部分。
⑥ 爱因斯坦文集（第1卷）. 北京：商务印书馆，1976：76.

发现开辟了道路。从否定的方面说，规范就是约束。科学理论中的许多科学定律，都可以从否定的角度加以表述，这些表述从反面体现了科学理论的规范功能即约束功能。例如，热力学第一、第二定律对永动机研制设想的约束，第三定律对绝对零度的否认等。

（4）启发功能。科学理论在方法论上的一个重要作用，就是启发研究思路、建立工作假说。已有的科学理论可以为新的科学发现以及新的科学理论的诞生，提供某些类比的途径。例如，1923 年，法国物理学家德布罗意将光学中的费马原理与经典力学中的莫泊图原理作了类比，建立了物质波理论。此后，奥地利物理学家薛定谔另辟蹊径，将经典力学与集合光学作了类比，进一步建立了波动力学。德布罗意和薛定谔分别在对原有物理学理论的类比中受到启发，从而为建立新理论提供了契机。

4. 科学理论的评价和发展

科学理论的评价具有重要意义：评价是科学理论创立和发展之间的桥梁，促进着科学理论的形成和完善；评价是科学自我保护的重要机制，对于坚持科学内部的严格标准和统一规范、维护科学的纯洁性，有重要的作用；评价是科学理论从科学家个人手中走向社会的必要途径，促进新的科学理论进入整个现有的社会文化系统。

（1）科学理论的评价。它是科学家即科研主体参与的研究活动，即研究科学假说、科学事实和科学家三者之间的关系。这实质上是对科学理论的再认识过程，其对象是作为科学认识成果的科学理论，主体是担任评价工作的本专业或相关专业有较高科学素质的专家，手段是主体自觉或不自觉地运用某些一般公认的评价标准或原则，成果是专家评价或鉴定的结论。科学理论评价的标准具有一定的主观性，会受到评价主体和外部因素的诸多影响，但在历史中也形成了一些公认的标准，以保证评价的客观性。这些标准主要有：一是可检验性，即要求新理论与实践的结果具有一致性；二是逻辑自洽性，即要求新理论内部无矛盾性，理论自身能自圆其说，不允许在同一理论内部存在自相矛盾的命题；三是相容性，即要求被评价的新理论与其他公认的现有理论的真理性不相矛盾，或从新理论中推不出与公认理论相矛盾的结论；四是逻辑简单性，即要求新理论中作为逻辑出发点的、彼此相互独立的基本概念和基本原理的数量要尽可能少，推理过程以更简明、更直接、更简单为佳；五是可预见性，即要求新理论能预言未知的或在理论建立时未被解释的现象，能超出最初所解释的那些经验事实产生大量新的研究成果。

（2）科学理论的确认。即经过实践检验和严格评价的科学理论，会得到社会的广泛认可，并融入整个社会的文化成果系统，并确立自己在社会文化系统中的地位。科学理论的确认具有重要的意义。首先，确认是科学理论发挥自身功能的必要条件，再好的理论，如果得不到社会确认，就不会对社会实践有影响而成为认识自然、改造自然的强大力量；其次，确认是科学理论存在和发展的社会根据，科学认识的理论超过只有得到社会承认和被社会接受，才能在社会中继续存在和发展；最后，确认是科学理论社会文化意义实现的途径，是作为人类社会文化成果的科学理论的归宿。

（3）科学理论的发展。科学理论形成以后并不是凝固不变的，而是随着实践的发展而不断发展的，这是由科学理论的内在矛盾所决定的。一方面，根据全面性的要求，一种科学理论要能够解释和说明有关事物的全部现象。另一方面，任何理论都只是相对完成的体系，这就决定了科学理论不是一成不变的。当实践中发现的新现象暴露出原有理论有不够完善时，就需要对原有理论做出相应的修正，使之不断得到丰富、充实、深化和提升。当原有理论在发展了的实践面前无能为力，无法概括科学实验的新事实和新经验时，它就会被新的理论所取代。

人类对自然界的认识是不断深化的，这个过程永远不会完结。因此，新理论取代旧理论的过程也就永远不会停止。任何科学理论都只是相对完成的体系，随着实践的发展需要根据新的事实材料和实验结果不断地进行理论概括、形成新的科学理论，以更好地说明自然现象和指导科学实践。

第三节　技术方法论

技术方法论也是马克思主义科学技术方法论的重要组成部分。技术方法论主要是以技术科学领域研究中的一般方法为研究对象，是关于技术研究与开发的一般方法的规律性理论。根据技术研究与开发的主要过程，将注重探讨技术预测、技术构思、技术发明、技术试验、技术实施和技术评估等一般技术方法的应用。这些方法贯穿于技术研究与开发的全过程，它们相互之间有着内在的密切联系和统一性。

一、技术预测和技术构思

当今的技术研发活动是以技术预测为基础和根据的，技术预测为技术研发指出发展方向。

（一）技术预测方法

1. 技术预测及其特点

预测是根据事物过去和现在的发展规律，对事物在未来发展的状态、趋势、方向和结果的一种预见和推测。科学的准确的预测，不仅是各国政府、经济管理部门和科技管理部门规划决策的依据和重要内容，也是企业和科研机构内的管理人员和专业科技人员从事管理活动和科技活动的依据。预测的重要作用和巨大效益，使它在近30年来得到了被普遍采用。

所谓技术预测，是指根据科学技术发展的一般规律对技术在未来发展的状态、趋势、动向和成果，以及对科学、教育、生产、经济、社会、生态环境等影响的预见和推测。技术预测的范围包括：对社会各个领域技术需求的发展趋势预测；对各个专业领域技术研发的发展趋向、可能性成果及其效益和影响的预测；对某一技术领域的发展趋势、可能性突破的预测；对总体技术的发展趋势、带头技术的预测等。

技术预测具有如下显著特点。

（1）概率推断性。在技术研发活动中，由于受到制约和影响的因素很多，预测目标的发展过程具有很大随机性。通过对随机过程的概率预测，既给出可能出现的结果状态，还需要给出该结果出现的某种概率。这种概率是处于严格决定性和完全偶然性两端之间的某种概率，预测所获得的结果实际上是一种概率推断。

（2）结论误差性。任何预测的结果必定存在误差，要使存在误差的预测结果能够使用，就需要提供关于结果准确程度和应用范围的偏差数值。预测的时间越短误差就可能越小，对预测精确度要求越高，预测结果的正确率也会越低。实际预测中，如果能够综合地进行多项预测，其结果误差有可能减少，因为在综合过程中，各单项的不定性会得到一定程度的抵消。

（3）可检验性。包括两层含义：一是预测的结果不应是模棱两可的，预测不是算命和巫术，预测得出的结论必须是明确的，能够被检验（包括验证和否证）；二是预测所用的方法也必须经得起检验，这样就在预测和幻想之间划出了明确的界限。因为幻想也会猜测未来发生的某种事物，但它往往经不起检验。

2. 技术预测的基本方法

据美国斯坦福研究所的不完全统计，预测方法已达150种，这些预测方法可分为以下几种基本类型。

（1）直观型预测方法。它是指那些主要靠经验、知识、直觉和综合分析能力进行预测的方法。这类方法带有风险性，依靠主观思辨和直觉等非逻辑因素，适用于不确定因素较多、历史数据不便利用的复杂情况。德尔菲预测法是这种类方法的典型代表。德尔菲法是针对所预测的对象，采用函询调查，向有关专家分别提出问题，而后将他们的回答意见综合、归纳、整理，匿名反馈给各个专家，再次征求意见，如此反复多次地进行，最后得出一个比较一致的意见。德尔菲法具有三个主要特点：一是各位专家发表意见的独立性；二是预测过程中的迭代反馈性；三是预测结果描述的统计性。在直觉型的预测方法中，还有诸如专家个人预测法、专家会议预测法和头脑风暴法等。

（2）探索型预测方法。即假定未来仍按过去的趋向发展，可由现在推定未来的方法。其任务是获得关于未来的新信息，模拟方案实施后的各种结果。趋势外推预测方法是一种比较典型的、常用的方法。它是利用过去和现在的资料，推断未来的状态，找出影响要素之间的统计关系的方法。在技术预测中，趋势外推方法简便易行，应用广泛。但是，趋势外推预测法也有其缺陷，这就是它的机械性。因此，在做出预测结论以后，预测人员还应当从科学理论的规定性和技术能力（或水平）的可能性等方面进行分析和论证。在探索型的预测方法中，还有类推（或类比）预测法、回归分析预测法、综合预测法等。

（3）规范型预测方法。即根据未来需要，从未来回溯到现在，用以获得新信息、模拟各级目标和估计事件实现的时间、条件、途径的方法。一般认为，规范型技术预测方法的典型代表是相关树法。它把预测对象看作是一个复杂的整体系统，运用系统分析的方法，将预测对象按其内在结构次序、因果关系或从属关系分解成若干层次和等级，建立预测对象的多层次、多级别的树状结构，即目标树或相关树。根据这种树状结构从预测对象的整体系统出发，可以科学地预测实现这一整体系统或总体目标的各种可能途径、可行方案、相关条件和必经环节等。因此，相关树法既是进行技术预测的一种有效方法。各种基于运筹学和系统分析的方法，多属此类，如矩阵分析法、网络法、模型法和形态分析法等。

（4）反馈型预测方法。它是将探索型和规范型等多类方法的要素结合起来，形成包含许多不同类型方法、不断反馈修正结果的方法系统。目前，这类方法尚处在起步的探索阶段。

总之，上述技术预测方法各有其优点与缺陷，也各有其一定的适用范围和预测效果。在进行技术预测时，为了提高技术预测结论的准确性和可靠性，就应当根据不同的预测对象和具体要求，使用适宜的技术预测方法。同时，又要根据预测对象的复杂程度和预测要求的多面性程度，采用不同的方法对同一对象进行预测，使之相互补充，以得到更准确、可靠的预测结果。与此相联，充分的信息资料是进行技术预测的重要基础，为提高预测结论的准确性和可靠性，要求大力加强科技信息工作，努力实现科技信息工作的现代化。

3. 技术预测的主要步骤

（1）提出课题和任务。根据社会要求、一般情报和创造性思维，提出预测的课题，规定目标和任务、对象、基本假设，确定研究方法、结构和组织工作等。

（2）调查、收集和整理资料。把与预测对象有关的过去的、现在的资料尽量收集齐全。同时，还要大量收集预测的背景材料并收集国内外同类预测研究的成果。

（3）建立预测模型。对于计量经济模式分析，建立表示因果关系的模型；

对于时间系列分析，则抓住主要变动的成分找出数学模型。

（4）确定预测方法。可采取几种预测方法进行，以互相验证。

（5）评定预测结果。对预测结果再次征询专家意见，以检验预测结果，并进一步检验预测模型。

（6）将预测结果交付决策。在预测的实施步骤中，搜集情报、建立物理模型和数学模型是最为关键的。情报资料是预测的前提。情报中的观念、观点性资料主要用于建立物理模型，数据资料则主要用于定量化预测。

（二）技术构思方法

一般来说，根据技术预测指出的发展取向和既定方向，进而是为技术发明创造进行技术构思。技术构思是指在技术研究与开发中，寻找技术目标和设计对象并对其进行结构、功能和工艺的构思过程。通常技术构思的关键是技术原理的构思，也是技术发明的前期阶段。技术原理构思是要寻找在既定方向，提出技术原理和解决问题的技术路线。这要求充分发挥人们的创造性思维能力，以最大限度地完成既定的技术目的。技术构思的一般过程，可分为提出技术目的、构思技术原理、物化技术构思等环节。在这一过程中，技术构思方法的主要类型如下。

（1）原理推演法。这是从科学发现的普遍规律和基本原理出发，推演技术科学和工程科学的特殊规律，实现科学原理向技术原理的转化。所运用的科学原理，既包括新提出的自然科学规律和科学发现，也包括原有各种科学原理的新组合，还包括采取一些新条件后发生了新变化的原有科学理论。在有些情况下，并非是一种科学原理，而是采取多种科学原理的新组合，从而形成技术原理的。例如，发电机、电动机技术原理是在电磁理论的指导下而产生的。从科学原理和科学发现出发，要经过一系列实验研究和构思，才能最终完成到技术原理的转化。例如，物理学的受激辐射原理提出后，要经过微波波谱学更为具体的原理阶段，最后才形成微波放大器的技术原理。从科学原理和科学发现中推论或提炼出技术原理，是当今技术发明创造的重要途径和方法。

（2）实验提升法。直接通过科学观察和实验所发现的自然现象，做出理性思维的加工与提升，产生具体的概念或原理，也是技术原理构思的重要方法，科学实验常常由此成为新兴技术的生长点。例如，电磁感应的实验，产生了发电机、电动机技术的基本原理；爱迪生效应的发现，成了电子管技术原理的先兆。从实验中提升技术原理，关键是对实验现象的挖掘和提炼，因为实验本身所蕴含的技术原理，大多数情况下是以经验形态表现出来的，没有理论的洞察力和敏锐的创新意识，难以搞清经验现象背后的机理，也无法获得新的技术原理。经验性的发明从成果水平和创新性上虽然不如原理性发明高，但它应用广泛、构思奇特、运用巧妙、易出成果。

（3）自然模拟法。这是指以自然界的某种事物作为原型，通过对其形态、结构、功能或过程的认识来构思技术原理，以模拟和建构能够满足社会某种需要的人工系统的方法。它不仅是基础科学研究的一种重要方法，而且是技术发明的有效途径。人工系统的技术原理可以通过模拟自然过程而构思出来，如大气环流模拟实验室、物理模拟实验室、飞机风洞实验室的发明等。仿生法是以生物为原型的模拟方法，并已成为技术发明的一种重要方法。随着人们对于生物体认识的不断深化和细化，仿生法也分化出了更为具体的多种方法，如生物信息仿生法、控制仿生法、力学仿生法、化学仿生法、医学仿生法等。向生物索取技术原理和设计蓝图，这是当代乃至未来技术发明的重要源泉。在自然界的演化过程中，某些特定事物的自然过程，对技术发明应有启示。总之，自然界本身就是一个蕴含着丰富的技术发明的“信息库”，只要善于研究开发和利用，一定会找到技术发明创造的自然原型。

（4）要素置换法。当技术的基本功能及基本结构保持不变时，对系统中的某个要素进行置换以提高系统的性能或降低消耗，是技术发明中经常遇到的。一般置换过程中先要明确系统中被置换要素的功能属性，确定该要素与其他要素之间相互关系，然后列出与欲被置换的要素具有同样属性的装置。例如，时钟系统中有周期摆动器、连接装置、示数装置几个部分，而摆动器这一部分（要素）就有平衡摆轮、石英晶体、音叉、磁控摆动器等多种形式，虽然依据的原理迥然不同，但功能相似可以置换，最终新的要素与时钟系统组合，出现了不同技术原理的新颖钟表产品。

（5）技术转移法。这是把其他领域的技术研究成果，借鉴、移植到自己所从事的技术领域，由此提出新的技术原理的途径和方法。这种技术发明实现了跨专业、跨学科、跨行业、跨领域的技术性转移。例如：电子计算机技术和现代信息技术已渗透到人类生活的各个角落；核技术在军事、航运、发电、医学等领域得到应用；激光技术向军工、医疗、机械加工等行业的移植；生物工程技术被广泛应用于工业、农业、医药卫生和食品工业等领域。同时，这些现代高技术群也不断向交通运输业、纺织业、冶炼业、机械加工业等传统产业进行转移。借鉴或移植其他领域的技术成果，关键是要选好技术的切入点，即所借鉴或移植的技术与自己所研究的领域是否具有相关性及其相关性的大小。因此，这就需要在进行技术原理的构思与设计时，对所选择技术的可行性进行评价、论证和筛选，并经过多次的模型和样机的设计、试验、修改，才可能达到技术借鉴、移植的预期效果。

（6）技术综合法。这是指把若干技术成果综合在一起，通过技术构思、技术设计、技术试验等，从而做出技术发明的途径和方法。在当代科学技术高度发展的今天，要想做出一项原始性的技术发明成果是非常困难的。然而，通过综合已有各家或各种技术之所长为我所用，进而研究开发出新产品，由此成功的实例是举不胜举的。正如美国阿波罗登月计划总指挥韦伯所说的那样，即阿波罗登月计划中没有一项新发明，都是现成技术的运用，关键在于综合。又如，20世纪50年代后日本提出了“综合就是创造”的技术发明策略，并研究开发出了许多新产品，使其在很短的时间内技术上取得了优势，经济上取得了繁荣。例如，日本本田公司是靠摩托车起家的，1952年本田组成考察小组，走遍主要工业发达国家，花费了几百万美元，引进了几十种最新摩托车发动机样机，回国后进行解剖和综合研究，博采各家技术之优势，成功设计出本田发动机，经过上百次试验，终于研制成了世界上一流的摩托车发动机，仅用了3年时间，就占领了国际摩托车市场。技术综合已有相关技术成果进行技术发明和创造，已成为当代技术发展的主要特点和趋势。

（7）智力激励法。这是指根据某种技术需求，设立一个特定的技术论题，聘请10人左右对所设定的技术议题有独特见解的专家进行讨论，由此进行技术构思的途径和方法。期间他们可畅所欲言，各抒已见，相互启发，取长补短，不断引起创造性思维的连锁反应，进而产生许多新设想、新见解、新思路等思想火花，最后由决策者进行综合而找到了发明创造的技术路线。这种方法，是由美国学者、创造工程的奠基人奥斯本在20世纪30年代创立的，后经过一些科学技术学家的丰富和发展，形成了一种具有一定规则的方法。其主要规则有：在思想形成阶段不允许批评别人提出的设想，以防止节外生枝，转换论题；提倡无拘束的自由思考，无论多么富于幻想的怪诞意见都须记录在案；尽量多提设想，多多益善，会上不做任何结论；鼓励把各种设想结合起来，并加以引申和拓展。由于这种方法创造了健康的自由探讨气氛，与会者思维自由奔放，相互激励，往往一次会议就能提出上很多个方案。因而，这种方法亦称智囊团法或头脑风暴法。

二、技术发明和技术试验

技术发明是技术研究与开发过程中极为重要的一个环节。它既是技术构思的具体化和结果，又是进行技术试验的基础和依据，具有承上启下的重要作用。

（一）技术发明方法

技术发明是创造人工自然物的方法。技术发明的最终成果是人们在自然客体的基础上，利用自然物质、能量和信息，创造出来的原本自然界没有的人工创造物。历史上的重大技术发明，对人类社会的文明发展产生了深刻影响，如蒸汽机、发电机和电子计算机等。

1. 技术发明及其特点

一般认为，技术发明是指在科学发现的基础上，把已有的对于自然界的认识成果，应用于解决特定的技术问题，而提出的新原理、新工艺、新设计，或创造出的实物模型、样机和样品等技术成果。如新的技术原理、新的技术方法（新设计、新工艺、新程序、新方案等）、新的技术物品（新材料、新设备、新产品等）等。技术发明作为人类从无到有的一种技术创造活动，有着其自身的显著特点：

（1）新颖性。这是指某项发明是前所未有的。一项创造发明成果是否具有新颖性，只有通过与前人已经做出的现有技术加以比较才能被确认。如果某项发明成果与现有同一领域或技术体系中的某项成果在属性、功能、特征或形态上具有相同性，则该项发明就不具有新颖性；反之，它的新颖性成立。鉴别一项新发明的技术是否与已有技术具有相同性或差异性，主要从技术原理、技术构成以及技术效果方面进行。值得指出，如果某项技术发明成果在属性、功能、特征或形态上与已有技术具有相同性，但二者不属于同一领域或技术体系中，则前者仍不失其新颖性。例如，人们把已有的激光技术应用于医学领域，发明了内窥镜技术，其成果就具有新颖性。

（2）先进性。这是指某项发明要比目前现有的技术水平先进。它是反映发明创造的技术价值大小和技术水平高低的标志。发明的先进性，主要体现为技术原理先进、技术构成先进和技术效果先进。而这三个方面又具体表现为新的技术功能的增加、原有技术功能的提高和劳动生产率的提高，以及劳动强度的减轻和工作生活环境的改善等方面。从本质上讲，先进性主要是指某项新发明的技术成果较原有技术具有更高的科技含量。

（3）科学性。这是指某项发明必须建立在一定的科学技术背景之下，根据当时的科学技术发展状况而进行技术原理的构思和开发研究。一方面，所发明的技术原理要符合科学规律，任何违背自然规律、凭空想象、宗教迷信的发明项目切不可选；另一方面，技术发明的实现应适合于当时的科学技术发展水平，否则就难以实现。

（4）经济性。这是指任何一项发明既要有某种社会需求，又要有良好的经济效益。如果一项技术发明即使具备新颖性、先进性和科学性条件，但由于其应用的各种成本过高或经济效益差，也是难以实现的。因此，技术发明也具有比较成本低、经济收益高等经济性特点。

（5）社会性。这是指任何技术发明不仅具有自然属性（即科学性），而且具有社会属性。就社会属性而言，主要表现为：技术发明创造应符合社会发展需要，没有社会需要的技术发明则是徒劳的；同时，技术发明创造不能与所在地区、国家或国际性的法律和道德相冲突，一切不利于人类生存、社会进步和生态环境保护的技术发明，必将受到社会的唾弃。

2. 技术发明方法

按照技术发明的阶段性可分为两种基本类型，即技术发明的构思方法和技术发明的设计方法。通常认为，技术发明创造的主要过程可区分为两个基本阶段。第一阶段为构思阶段，主要任务是提出技术原理和解决问题的技术路线；其成果形式是新的技术原理、原理性模型等；主要方法是技术构思方法，亦即技术发明的构思方法。第二阶段为研制阶段，主要任务是把技术构思中的人工自然物通过造型设计等形成一个技术方案；其成果形成是设计方案（如图纸、技术文件、试验报告、说明书等）、实物样品、生产性样机等；主要方法是技术发明的设计方法。有关这部分内容，将在以下加以讨论。从技术发明各阶段综合来看，目前比较流行的技术发明创造的方法，主要有TRIZ方法。这是由俄罗斯发明家阿里特舒列尔等人，通过对10万份专利研究归纳总结出1200多种技术措施，并提炼出了包括40种基本措施、53种较有成效的成对措施和成组措施的方法体系。

技术发明的设计方法是按照技术原理的构思要求，运用科学知识和技术经验知识，形成技术方案的具体化过程和方法。技术设计是把技术原理转变为技术实体的桥梁，其主要结果形式表现为包含有技术系统和总体结构的各个组成部分的实体结构，以及实施工艺过程的具体细节的技术文件、图纸和说明书等，并以此作为产品造型、技术试验、实现人工自然物的依据。随着社会的进步和人们生活水平的提高，技术原理与人文知识的融合已成为现代技术设计的一个重要特征。

据此，这里仅就技术发明的第二阶段的方法，即技术发明设计的几种典型方法简述如下：

（1）常规设计法，也称形式设计法，是从现有的技术规范、技术手段和技术信息中寻找技术发明的设计方案，即把技术发明变成人工自然物的一种设计方法。大量的相关设计手册、零部件目录和专利说明书，都是常规设计的重要工具。常规设计的主要途径包括从已有的设计规范中寻求设计方案、从已知此项发明的要素与结构的融合中寻求设计方案、从前沿技术信息和情报资料中寻找设计方案。

（2）系统设计法，即运用系统的概念和原理，着眼技术系统中整体和要素、要素和要素之间的相互作用关系，以求得整体优化的设计方案。系统设计不同于传统设计，它把发明成果的功能研究作为设计的重要内容，从整体功能出发，辩证地协调结构与功能的关系，从而为设计方案的优化提供了基本保证。系统设计对于复杂的发明设计特别适用，是现代设计中极为重要的方法。

（3）功能设计法，也称功能-成本设计法。它着眼于技术发明的功能，并从本质功能的角度考虑经济因素，使功能与经济效益达到平衡统一。这就要求所设计的人工自然物具有较高的技术含量和经济价值。功能设计法要求认真分析功能与成本之间的关系，强调系统整体功能优化，通过适当简化产品的结构、加工方法、减少原材料消耗等途径，提高技术发明成果的产品价值。

（4）工效学设计法。这是最近几十年来发展起来并得到公认的新方法。技术发明成果的实际应用，不论是用于生产的机器设备系统，还是工业生产中所产生的生活消费品，绝大多数是直接为人服务的。因此，技术发明成果的造型设计必须考虑人的因素，协调人－机关系，即考虑人在生理上和精神上的特性，使成果应用能够安全地、高效地操作而不致引起过度疲劳，使设计出来的生活用品能够安全有效地发挥作用，而且给人以方便和舒适。

（5）可靠性设计法，也称概率设计法，是以20世纪50年代产生的可靠性技术为基础的设计方法。传统的设计中对载荷、材料特性、零部件尺寸等数据的离散性和不确切因素，靠设计者的经验确定安全系数来处理。而采用可靠性设计，是运用数理统计方法处理含有不确定因素的设计数据，能使所设计的产品在满足给定可靠性指标前提下，做到结构合理、尺寸适宜，避免凭经验选定安全系数的过于保守或过于冒险的偏颇。可靠性设计是一门复杂的综合性技术，它建立在数学统计理论基础上。可靠性指标具有或然性，需要借助试验、调研、总结经验等方式获得。可靠性设计离不开系统的观点，需要统筹兼顾，整体思考。

（6）最优化设计法。最优化设计是近几十年来随着电子计算机的发展而得到越来越广泛应用的现代设计方法之一。它以数学最优化理论为基础，在满足各种给定的约束条件下，合理地选择设计变量数值，以获得一定意义上的最佳设计方案。最优化设计可以按最优化计算方法对较多的参数进行不受次数限制的反复调整；它以理论分析为主，辅之以实际试验，可以大大缩短设计模型、样机或产品的研制周期，减少资源消耗。通常的最优化设计是在运用计算机对设计方案进行反复优选后，只对最佳方案进行试验验证。同时，最优化设计在数学上表现为求极大值或极小值问题，运用日益先进的电子计算机技术，可以解决复杂系统设计问题。

技术发明方法尽管多种多样，但其精髓仍离不开辩证思维和生活实践，需要在不同方法之间保持思维张力，才能产生有效和优化的技术发明，建构与天然自然和谐的、合理的人工自然。

（二）技术试验方法

技术试验是在应用研究或技术开发中，对技术思想、技术设计、技术成果进行探索、考察和检验实践活动。技术试验是由技术方案设计到技术方案实施的中介和桥梁。亦即把技术原理构思方案转化为相应技术产品或人工自然物的一个中间环节，因此技术试验也称中间试验。技术设计是技术试验的先导，技术试验是技术设计的物化途径和检验手段。

1. 技术试验的特点

技术试验和科学实验相比，有许多共同点，也有不少不同点。它们之间的共同之处在于，二者都不是在自然发生条件下进行的，而是利用科学的仪器、设备等物质手段作用于研究对象，对研究对象进行简化、纯化、强化或模拟各种环境条件的处理，从而获取反映事物特性和规律的经验事实。

但从认识论和方法论的角度看，技术试验又有着不同于科学实验的自身特点。

（1）从认识关系看，科学实验重在获得关于自然规律的知识，主要反映了从客观到主观的认识过程；而技术试验则主要反映了技术原理构思的物化过程，即由主观到客观的外化、再现和创建过程。

（2）从活动目的看，科学实验不考虑直接为生产服务；而试验则直接服务于技术研发的生产需要，探索和检验技术方案设计的可操作性，并寻求最佳的技术路线和实现途径。

（3）从对象范围看，科学实验的研究对象极为广泛，几乎包括了自然界的一切事物；而技术试验的对象范围则主要是人工自然，并以发明创造新的人工自然物为研发目标。

（4）从成功概率看，科学实验的探索性较强，成功的概率较低；而技术试验大多有科学知识和技术原理的指导，其困难不在于如何寻找合理的试验方式，而在于以较少的试验次数和人、财、物消耗达到预期效果，它有较强的技术验证性，其科学探索性较弱、成功的把握相对较高。

2. 技术试验的主要方法

（1）析因试验法。它是根据技术发明中已经出现的结果，通过试验来分析和确定产生这一结果的原因。在许多场合，原因找到了，问题就会迎刃而解。由于技术发明是一个涉及众多因素的动态过程，某一结果的产生往往是若干因素综合作用所致，因而析因试验中能否抓住主要原因是能否成功的关键。

（2）对比试验法。它有两种基本形式，其一是在相同条件下比较不同技术的性能优劣，其二是在不同条件下比较同一技术性能异同。确认技术的优劣、材料的好坏、工艺的效果、适用的范围，都可通过对比试验进行。要提高对比试验结论的可靠性，必须严格控制比较的条件。

（3）中间试验法，也称试生产试验、半工业试验，是把实验室技术成果推向工业性生产的中间环节。实验室的成果是在条件控制严格、操作比较精细的环境下产生的，一旦扩大规模，条件变化大，会出现新的情况。通过中试，以接近或相当生产的规模进行，就能掌握可能出现的技术问题，为正式投产提供完备的技术资料。中间试验具有验证性和探索性双重的作用。

（4）性能试验法。技术研究中的性能试验目的，主要是检验研究对象是否具有所要求的性能以及如何运用技术措施去提高性能。性能概念的外延广大，材料的强度、韧性、塑性、抗腐蚀性，机械装置的抗振性，电视机的清晰度、灵敏度，汽车的能耗、速度、舒适度等一切工程技术的功能特性都属于性能范围，因而性能试验是技术研究中最基本的试验类型。

（5）模型试验法。这是一种间接性的技术试验，它首先在与原型相似模型上试验，再把模型试验结果适当地应用于原型。模型试验有物理模型和数学模型两种主要形式，前者以模型与原型之间的物理相似为基础，如水坝模型、飞机模型；后者以模型与原型之间的数学形式相似为基础，运用的模型是电路或模拟计算机。由于电子计算机技术的高度发展，模型试验得到越来越多的应用。

3. 技术试验的程序

（1）明确试验目的。技术试验的任务和目标要通过围绕研究对象的调查研究和理论分析予以明确，抓住主要矛盾和主要因素，以避免试验的盲目性。

（2）拟订试验大纲。根据试验目的，对试验所要解决的主要问题的具体环境和相关条件加以分析，据以确定试验内容、类型、方法、仪器设备，提出试验实施的具体技术路线。

（3）准备试验器材。各种技术试验的目的任务不同，对试验结果的准确性和精确度要求也不同，因此对所用的仪器、仪表、设备及各种试验材料就有不同的选配。熟悉所用仪器的基本原理、结构、性能，考虑试验的实际需要与现实可能，是选配器材的基本要求。

（4）进行试验操作。试验操作要求遵循试验大纲和操作规程，密切注视试验进程，系统详细记录试验数据，并注意记载反映试验条件变化的资料。对于试验进程中出现的意外变化也必须随时记录。试验操作根据研究对象的不同要求多数需要重复进行，特别是有意外变化出现的时候。重复操作的条件如有变化，则结论就会有异，需要格外注意。试验结果的可重复性是试验结论可靠性的基本保证。

（5）处理试验数据。数据处理的数学下具在试验大纲拟定时就应选妥，获得的数据不允许随意取舍和更改，对数据的处理要采取实事求是的科学态度，如果用主观臆想的方法处理数据，用得出的错误结论指导实践，可能会造成有害的后果，那就违背了科技工作的基本准则。

（6）撰写试验报告。完成试验过程后，需要对所得结果是否达到或在多大程度上达到了试验目的进行分析总结。试验报告要求实事求是，有依据，有分析，有结论，不回避存在的问题。

三、技术实施和技术评估

只有经过技术试验检验、补充或完善后的技术发明设计方案，才能进入技术实施的实际应用过程。同时，对技术发明成果及其应用情况也需要进行技术评估，进而促进技术与自然、经济、社会的和谐发展。

(一) 技术实施方法

技术实施是指技术方案的实施过程。技术方案的实施阶段是技术方案经试验确证后，根据设计阶段提供的生产或施工图纸试制新产品或建造技术系统，以获取技术研究与开发成果的应用过程。这涉及技术实施的目标、意义、主要方法和一般程序等。

1. 技术方案实施的目标和意义

合理地运用技术实施的方法，旨在使技术的研究开发和工程建设项目达到五个目标（简称“5R”），即合格的产品（Right Product）、优良的质量（Right Quality）、需求的数量（Right Quantity）、合适的工期（Right Time）和合理的价格（Right Price）。

技术的实施具有如下重要作用。

(1) 只有在实施阶段通过各种实施方法，在技术方案的设计阶段所设计出的图纸才能成为现实的存在物，才能检验设计意图和要求（如经济性、可靠性等）的合理程度。

(2) 只有通过实施阶段运用各种实施方法，才能协调技术开发所必需的五大要素（简称“5M”），即人（Men）、方法（Method）、材料（Materia1）、机械（Machines）和资金（Money）之间的关系，以发挥它们的最佳效果。

(3) 通过新的技术方案的实施过程，可以向应对企业的规章制度、生产流程等进一步优化，达到“以建促改”的目的。在实施新的技术开发方案的过程中，往往需要对以往的制度做出合理的调整和修改，使它能够对项目的实施起到推动作用。

2. 技术方案实施的方法和程序

技术方案实施方法有两类，即按照特殊与一般的关系可分为特殊实施方法与一般实施方法。特殊实施方法主要是指用于解决研发或施工过程中的某些特定技术问题的方法，仅适用于某个技术领域的实施阶段，其普适性小。一般实施方法可解决各技术领域实施阶段的共性问题，它包括在判定实施计划、样机研制、小批量试制、鉴定、试销、正式投产及质量管理等实施阶段中所采用的一般方法，其普适性大。

技术方案实施的一般程序如下。

(1) 设计者与生产制造和管理人员进行交流与协作，修改设计，完成小批量试制工作。技术人员既负责设计又负责实施制造，这是最理想的情况，可是实际上，设计工程师与制造、管理工程师往往是分开的。为确保方案的顺利实施，三者必须进行软成果（主要是图纸）和情报系统的交流，使设计符合生产条件。

(2) 进行生产设计。设计师完成施工图设计后，制造工程师要结合本企业制造条件，对方案细节作必要的改进和变动，以便加工制造简易可行和节省生产费用。

（3）制定生产作业计划。这个阶段的任务包括确定每个零部件的详细制造阶段和工序、规定合适的机器、估算每个制造阶段和工序所用的时间、完成每个制造阶段详细生产图纸的制备等，其核心是选择加工工艺、设备和拟定制造程序。

（4）进行生产控制和质量管理。为了保证生产作业计划的顺利实施，还必须加强生产过程的控制和管理，掌握生产进度，协调好各项工作之间关系，合理地调整人力、物资和设备。目前，国内企业越来越多地采用国际流行的产品数据管理（PDM）技术和企业资源计划系统（ERP）技术对企业进行管理。

技术方案的实施是个复杂的过程，需要各方面因素的协调统一，选择适当的技术支持，需要对技术实施方案进行空间上、时间上、逻辑上的细化，要经过方案实施、运行与评价、方案改进、再实施的循环提升过程，逐步实施，不断改进。

（二）技术评估方法

1. 技术评估及其特点

技术评估是对技术系统、技术活动、技术环境，包括技术计划、项目、机构、人员、政策等可能产生的作用、效果和影响进行测算与评价的行为，是从总体上把握利益得失，将被评估的系列技术活动的负面影响降至最低，使其活动的正面影响达到极大，从而引导技术活动向着有利于自然、社会和技术的和谐发展的方向前进。

技术评估产生于20世纪60至70年代，与当时西方社会高技术带来的负面效应密切相关。自1972年起，美国、欧洲许多国家和日本都相继设立了技术评估的机构，建立了技术评估协会，开始了技术评估的建制化。我国于1997年成立了国家科技评估中心，为推进科技评估理论与实践在我国的深化发展开拓了道路。

技术评估具有以下主要特点：评估内容的系统性、评估主体的多学科性、评估对象的广泛性、评估方案的可操作性、评估过程的动态持续性、评估视野的开阔性。这就要求技术评估采用科学的方法，预先从各个方面系统地对相关技术的利弊得失进行综合评价。它以社会总体利益最佳化为目标，着眼于人与技术的关系，着眼于长期的、重大的、全局性的问题。技术评估的主要目的在于系统地确定技术在开发、引进、扩散、转移、改造和社会应用等一系列过程中可能对社会的各个方面所产生的影响，并对这些影响及后果进行客观、公正的评价，为决策部门提供咨询和建议，以引导技术朝着趋利避害的方向发展。

2. 技术评估的主要方法

（1）矩阵技术法。这种方法从系统的整体观念出发，站在事物普遍联系的高度，对事物进行全面认识和合理评价，分析事物与各种因素之间的相互关联性。矩阵技术法可以分为两种：一是不考虑时间变量的相关矩阵法，它把评估对象与各评估因子之间的相互联系和相关程度以矩阵形式表示出来，进而获得各评估值以做出评判；二是考虑时间变量的交叉影响矩阵法，它从技术之间的相关性出发，考察新技术开发对其他技术促进或抑制的情况，通过多轮的模拟统计获得各技术发生的最终概率估计，做出新技术开发的评估。后者兼有定性与定量结合的优点，相对比较全面。

（2）效果分析法。这类方法评估重点是对象的未来效果即间接效果而不是直接的第一次效果，常用的方法如效果费用分析法与模糊综合评价法。前者根据技术特性和寿命，分析研究开发、投资和实用各阶段所需费用的关联性，做出效果评价。后者是运用模糊数学的方法，借鉴模糊综合审计的成功经验，力图对模糊性事物的评价达到精确化。

（3）多目标评估法。这种方法是指多目标系统的评价方法。技术通常是一个多目标的复杂系统，与社会系统相互影响和制约，因而评价中必然存在着价值观的对立，各种因素如质量好、成本低、产量高、污染少都可以成为技术目标，这些目标又互相矛盾，从而给评估工作带来难题。折中评价法、化多目标为单目标法、功效系数法等多目标评估法的出现为此提供了一些较为合理的参考方法。

（4）环境评估法。评估对象是生态学、审美学以及人类利益等涉及面非常广的问题，比如在大城市近郊建立大型钢铁企业将产生的环境效应问题。这种评估发生在技术开发和应用的实施之前，具体按照权重和评估分数分级排序的方法进行。

（5）技术再评估法。这是在技术开发之后进行再评价的一种方法，评估对象为已开发的或需要推广的技术。技术再评估立足于长期、综合、根本的利益，从人的适应力、自然的吸收力、资源的有限性出发，重视价值观变化，重视技术的副作用和负面效果，把技术本身和社会效应两个最基本方面综合起来做出评估。美国政府以法律的形式把诸如农药、高层建筑、核能炼铁、基因重组等技术都列为技术再评估对象。

诚然，由于每种方法都各有长短，在实际运用中也会发生变化，因而常用方法也有相对性，使用的关键在于从评估对象实际出发，方能取得较好的效果。

3. 技术评估的一般程序

按评估对象的范围，技术评估可分为技术项目评估、一般技术评估、全球性技术评估等；按评估的重点或导向，可分为后果评估、问题评估、政策评估等。各种技术评估的一般过程可分为四个阶段：

（1）资料准备阶段。这一阶段的任务是为评估做好必要的准备。首先，要掌握关于评估对象的资料，诸如该技术研究与开发项目的目的、性质和内容等。其次，要掌握有关的背景资料，诸如可以与该项技术相比较的技术资料，与该项技术发展有关的技术资料，与该项技术突破后的应用后果或影响的社会、经济、环境、资源方面的资料，等等。最后，要确定评估的要求、范围和重点。这项工作越深入、细致，资料越丰富、可靠，后继的评估工作就越容易进行，其结论也越可信。

（2）影响分析阶段。这是评估的关键阶段。在这一阶段，首先要全面、深入地找出被评估对象可能造成的种种影响；其次，要分析这些影响的性质、内容、程度和大小。分析这些影响与该项技术的因果联系及其相关程度，分析这些影响间的相互关系、综合作用，等等；最后，也是最重要的，要从各种消极影响中找出不可逆的负面影响，即非容忍性影响，并对这种非容忍性影响的程度、范围、发生的概率和频率、发生的条件以及其与该项技术的相关程度做出确切的判断。

（3）对策研究阶段。依据影响分析阶段的结果，研究选择消除或降低非容忍性影响对策。如果非容忍性影响与该项技术的联系不是必然的、直接的，或相关程序较弱，则只需对该项技术的目标作适当调整。反之，则需对技术目标作较大的修改或重新设定。

（4）综合评价阶段。在以上各个阶段的基础上，需对该项技术的全部影响作系统分析，以权衡利弊。并与其他技术作对比分析。最后给出关于该项技术研究与开发的综合评价。

上述技术评估程序，可以在技术目标设定后进行，也可在技术方案设计后进行。如果在技术方案设计后进行，就转变为对技术方案的评价。

第四节 工程方法论

工程方法论是马克思主义科学技术方法论的重要组成部分之一。它主要是以工程技术领域研究中的一般方法为研究对象，探讨工程技术研究中的一般方法的规律性理论。目前我们认为，工程方法论的主要内容包括系统工程方法和综合集成方法。

一、系统工程及其方法

系统工程产生于20世纪40年代的美国，经历了个别研究和简单应用的萌芽阶段，自觉应用理论和方法的发展阶段，到了70年代基本成熟并广泛应用。一般认为，系统工程是用系统科学的观点，合理地结合控制论、信息论、经济管理科学、现代数学的最优化方法、计算机技术和其他工程技术，按照系统开发的程序和方法，研究和处理复杂系统并实现优化管理的一门综合性工程技术。钱学森曾指出，“系统工程就是从系统的认识出发，设计和实施一个整体，以求达到我们所希望得到的效果。”①

（一）系统工程的分类和应用

1. 系统工程的分类

系统工程是一个庞大的工程技术门类，包括许多专业的系统工程，目前常见的一种专业分类，见表3-1。这种划分，也不是唯一的、不变的，随着社会需要的发展，更多的系统工程专业还将不断涌现出来。

表3-1　专业的系统工程一览表

系统工程专业	专业特点的学科基础
工程系统工程	工程设计、工程管理
科研系统工程	科学学、科技政策学
企业系统工程	生产力经济学、企业管理
信息系统工程	信息学、情报学
军事系统工程	军事科学
经济系统工程	经济学
环境系统工程	环境科学
教育系统工程	教育学、教育经济管理
社会系统工程	社会学、未来学
计量系统工程	计量学
标准系统工程	标准学
农业系统工程	农学、农业经济管理
行政系统工程	行政学、公共行政管理
法治系统工程	法学

事实上，每一个专业系统也都包含着广泛的内容，需要运用相关学科知识进行综合研究。

2. 企业系统工程

企业系统工程是应用较早和较为广泛的一个系统工程分支。它是在企业经营管理过程中运用系统工程方法，提出最优计划安排、选择最优经营方案、争取最佳经济效益的组织管理技术。生产性的企业系统最重要的功能是从外部获得生产要素，经过企业内部的变换，生产出产品并将其作为商品投放市场，它

① 钱学森，等．论系统工程．长沙：湖南科学技术出版社，1982：201.

包括采购、生产、销售的整个链条，基本活动过程和系统结构，如图 3-2 所示。

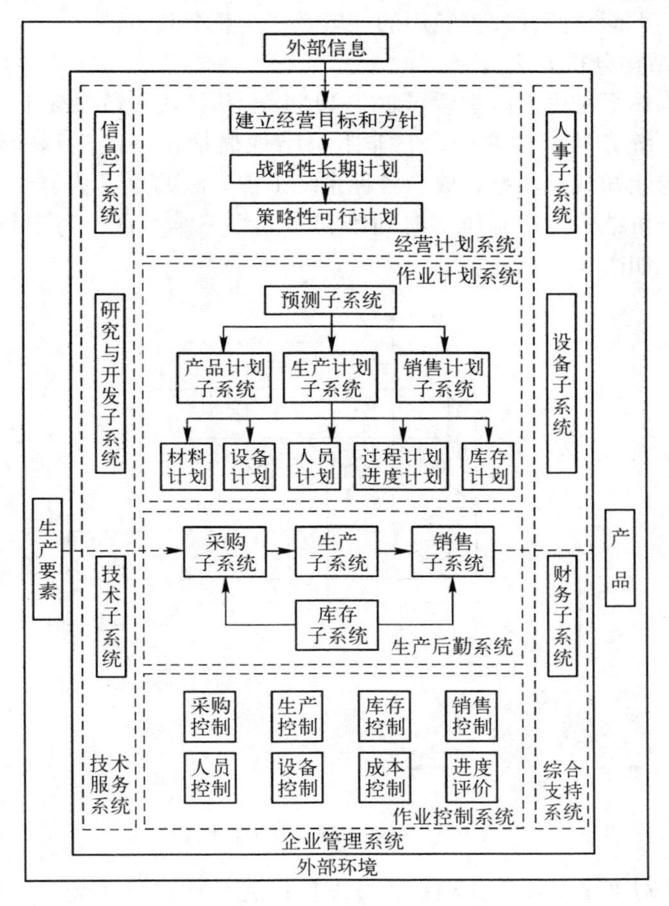

图 3-2　企业系统工程结构

企业工程系统包括企业活动的六大系统：经营计划系统（含经营目标、战略计划、策略计划等子系统）、作业计划系统（含产品计划、生产计划、销售计划等子系统）、作业控制系统（含各个过程的进度评价、控制等）、技术服务系统（含研发、技术、信息等子系统）、生产后勤系统（含采购、生产、销售等子系统）、综合支持系统（含人事、设备、财务等子系统）。这些系统的划分并不是绝对的，可根据企业生产规模、产品特点和经营条件，因地制宜进行归并或细分调整，关键在于要把企业工程系统作为一个整体加以设计，使各个子系统的相关功能充分体现企业的根本战略目标，通过子系统之间特定的联系方式和有效安排，形成系统的新质。

（二）系统工程的分析方法

随着现代科学技术和工程的发展，系统工程得到了快速发展和越来越广泛的应用，各种系统工程的方法也层出不穷，已经成为现代管理科学与工程的重要研究领域。下面是两种较为通用的一般系统工程分析方法。

1. 三维结构分析方法

三维结构体系是由美国学者霍尔在20世纪60年代末最先提出的，是世界上影响最大的系统方法结构之一，它非常清晰地概括出系统工程的步骤和阶段，并与相应的专业知识相联系，成为各种系统工程方法的重要基础。

霍尔的分析结构由逻辑维、时间维和专业维三维组成，每一维又分别对应几个坐标点，如图3-3所示。

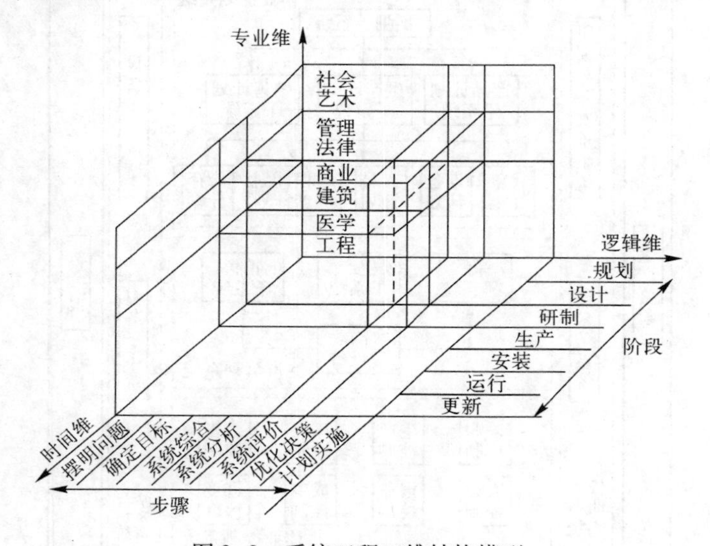

图3-3 系统工程三维结构模型

逻辑维针对某个具体工程项目，按发生的先后次序分为规划、设计、研制、生产、安装、运行、更新七个阶段；时间维按照每个时间阶段必须完成的任务列出了摆明问题、确定目标、系统综合、系统分析、系统评价、优化决策、计划实施七个步骤；专业维则根据定量化的难易程度作纵坐标，按照从下至上的顺序，列出八方面的内容，分别是工程、医学、建筑、商业、法律、管理、艺术、社会。霍尔三维结构是以包含逻辑、时间和专业三方面内容的空间向量来表示系统工程研究的方法和步骤，充分体现了系统思维的整体性、层次性、动态性的本质特征。

2. 网络分析方法

网络分析是系统工程方法的重要组成部分。一个大系统乃至巨系统，要素众多，结构复杂，物质流、能量流、信息流纵横交错，网络分析方法以图论的有关概念和方法为依据，以系统的各个要素和元素为结点，以结点间的连线作为路径，对各种流量进行描述，做出相应的网络图，揭示出复杂系统要素间相互联系的网络状态，给系统分析和管理带来了极大的便利。

网络分析的技术基础是网络图，典型的网络分析结构模型图如图 3–4 所示。

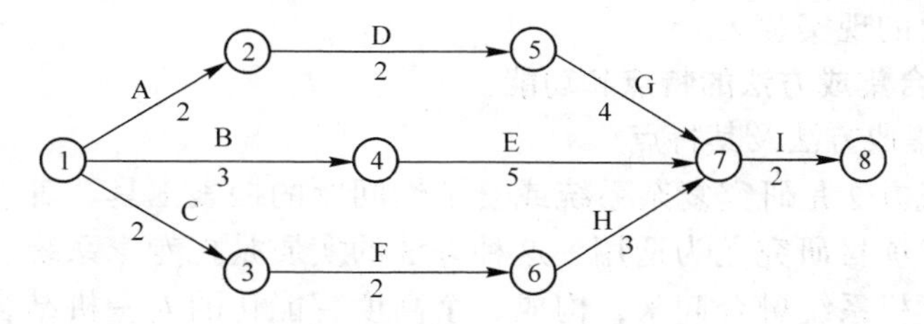

图 3–4　网络分析结构模型

网络图的基本要素是作业、事项和线路。作业是网络图对每项工作在人力、物力参与下经过一定时间完成的活动，用箭头“→”表示。箭头所指的方向为作业前进的方向，水平箭杆上部标记作业的名称，水平箭杆下部标记完成该作业所需的时间。事项是两个作业之间的衔接点，网络图中以“○”表示。

在图 3–4 中，①~⑧都是事项，①是作业的总开工事项，⑧是作业的总完工事项，其他既是开工事项，又是完工事项。线路是网络图中从起点开始顺着箭头方向连续不断达到终点的通道，从起点①到终点⑧的线路有三条，即①→②→⑤→⑦→⑧；①→④→⑦→⑧；①→③→⑥→⑦→⑧。

通过网络分析，可以清晰把握整个工程的全貌，明确对全局有决定性影响的关键路线，及时对工程计划各部分进行实施、协作、平衡、优化，能够统筹兼顾，保证工程项目又好又快又省地完成。1958 年，美国海军在研制北极星导弹潜艇过程中，以数理统计为基础，以网络分析为主要内容，以计算机技术为手段提出了一种称作“计划评审法”（Program Evaluation and Review Technique，PERT）的新型计划管理方法，使北极星计划提前两年完成。这一方法后来被广为使用。据统计，它可以在同样的人、财、物投入条件下，使工程进度加快 15%~20%，节约成本 10%~15%。20 世纪 60 年代，美国人在制定“阿波罗登月计划”时，把网络分析与概率论、模拟技术结合起来，提出了“图解评审法”（Graphical Evaluation and Review Technique，GERT），克服了 PERT 法主要处理确定性问题的局限，把网络分析的技术推广到了处理随机性问题的领域。

二、综合集成方法

20 世纪 80 年代末至 90 年代初，钱学森先后提出“从定性到定量综合集成方法”和“从定性到定量综合集成研讨厅体系”（简称综合集成方法）以来，[①]

① 钱学森，于景元，戴汝为．一个科学新领域——开放的复杂巨系统及其方法论．自然杂志，1990(1).

国内学者对综合集成方法及其应用研究不断取得新进展。对综合集成方法及其特点、功能和运用等问题的探索，为探讨和发展工程技术方法论在理论和实践上都具有重要的现实意义。

（一）综合集成方法的特点和功能

1. 综合集成方法及其特点

综合集成方法是研究复杂系统或复杂性问题的探索工具。对于现代复杂的大型工程技术项目研究尤为适用。这种方法的实质是把专家系统、数据与信息系统以及计算机系统融合起来，构成一个高度智能化的人－机结合系统，以适合于研究复杂系统和复杂性问题。它的理论基础是思维科学，方法论基础是系统科学与数学科学，技术基础是以计算机为主的现代信息技术，哲学基础是马克思主义的实践论和认识论。①

综合集成方法吸收了还原论方法和整体论方法的长处。还原论方法采取了从上而下、由整体到部分的研究途径；整体论方法缺少分解环节，只是从整体到整体。而综合集成方法是系统论方法的应用，它既有从上而下由整体到部分，又有自下而上由部分到整体。正是研究路线上的不同，使它们研究和认识客观事物的效果亦各不相同，即还原论方法 $1+1<2$；整体论方法 $1+0=1$；系统论方法 $1+1>2$。②

钱学森在提出综合集成方法论的过程中，特别关注社会系统、地理系统、军事系统、人体系统中一些成功的研究。如在社会系统中，由几百个至几千个变量描述的系统工程方法对社会经济系统的研究；在地理系统中，用生态学、环境保护以及区域规划等综合探讨地理系统的研究；在人体系统中，把生物学、生理学、心理学、西医学、中医学和传统医学等综合起来的研究；在军事系统中，军事对抗系统和现代作战模拟的研究。这些研究，也是钱学森提出综合集成方法论的实践基础。③

这种方法具有系统的综合优势、整体优势和智能优势。它比单纯的专家系统有优势，比机器系统更有优势。它能够把人的思维及其成果、人的经验、知识、智慧以及各种情报、数据和信息综合集成起来，从多方面的定性认识上升到定量认识，再上升到定性定量相统一的全面认识。

从综合集成方法在实践中的成功应用来看，它具有以下一些显著特点：一是注重把多种科学结合起来，真正实现多学科交叉研究。二是着力把科学理论和经验知识结合起来，形成一个系统的整体结构。三是力求实现经验性判断与严谨求证的统一。它由定性综合集成提出创新性的经验性判断，然后通过定量

---

① 于景元，涂元季．从定性到定量综合集成方法—案例研究．系统工程理论与实践，2002（5）．

② 杨水旸．综合集成方法的特点、功能和运用．国际学术论坛，2005（7）．

③ 赵亚男，刘淼宇，张国伍．开放的复杂巨系统方法论研究．科技进步与对策，2001（2）．

综合集成的严谨求证，最后达到定性定量相统一的综合集成。四是以数据和信息系统为支撑，以人（专家系统）为主导，实现人－机结合。

钱学森提出的“从定性到定量综合集成研讨厅体系”，就具有这些特点。它是一个人－机结合、人－网结合的信息加工系统、知识生产系统和智慧集成系统，是知识生产力和精神生产力的实践形式。按照我国的传统说法，把一个复杂事物的各个方面综合起来，达到对整体的认识，称为集大成。钱老进一步发展了古人这一集大成思想，提出“集大成得智慧”，并把这套方法论称为大成智慧工程（Meta－synthetic Engineering），还把由此产生的理论称为大成智慧学。[1][2][3]

2. 综合集成方法的基本功能

综合集成方法是实现人－机结合、获得知识和智慧的有效途径。它具有以下一些基本功能：

（1）为探索复杂系统和复杂性问题提供了研究思路。综合集成方法采取了从上而下（即从整体到部分）和由下而上（即再由部分到整体）的研究思路，把宏观和微观研究统一起来，最终是从整体上研究和解决问题。如在研究大型复杂课题时，从总体出发，可将课题分解成几个子课题，在对每个子课题研究的基础上，再综合集成到系统整体。

（2）为研究复杂系统和复杂性问题明确了技术路线。实现人－机结合，这是综合集成方法明确采取的技术路线。思维科学的研究表明，人脑和计算机虽然都能有效地处理信息，但两者具有本质差别。人脑思维具有创造性，人的创造性思维是逻辑思维和形象思维的结合；而目前的计算机只能进行有效的逻辑思维，在形象思维方面还不能给人类以任何帮助，它不具有创造性思维特质。在这个意义上讲，期望完全依靠机器来解决复杂性问题，至少目前是行不通的。[4] 然而，综合集成方法把人脑和机器结合起来、以人为主，这就产生了新的综合优势。在人－机结合的系统中，人和计算机各有所长、相辅相成、形成“人帮机、机帮人”的协同研究方式，系统就具有了更强的创造性和认识复杂性问题的能力。

（3）实现信息、知识和智慧的综合集成。实现信息、知识和智慧的综合集成，这也是综合集成方法的一个显著功能。信息、知识和智慧处于不同的层次。有了信息未必有知识，有了信息和知识也未必就有智慧。信息的综合集成可以获得知识，信息、知识的综合集成可以获得智慧。人类有史以来，是通过人脑获得知识和智慧的。现在由于计算机科学技术的发展，我们可以通过人－机结

---

① 于景元，周晓纪．从定性到定量综合集成方法的实现和应用．系统工程理论与实践，2002（10）．

② 王丹力，戴汝为．综合集成研讨厅体系中专家群体行为的规范．管理科学学报，2001（5）．

③ 王丹力，戴汝为．群体一致性及其在研讨厅中的应用．系统工程与电子技术，2001（23）．

④ 杨水旸．论综合集成方法，复杂性方法国际学术会议（长沙）．2005. 3.

合、人-网结合的信息技术途径来获得知识和智慧，这在人类发展史上是具有重大意义的进步。

（二）综合集成方法的程序和应用

综合集成方法是实现人-机结合、获得知识和智慧的复杂性研究方法。它在现代技术研发和工程实践中的应用过程，其一般程序区分为以下三个基本阶段：

1. 定性综合集成

这是运用综合集成方法的第一阶段。这一阶段的研究是面向问题的，通常是在已有科学理论、经验知识和专家智慧相结合的前提下，为解决问题提出和形成定性的经验性假设与判断，如猜想、命题、思路、对策、方案等。这往往不是一个专家或一个领域的专家群体所能做到的，它需要不同学科、不同领域的专家系统通过深入研究、反复研讨，才可能逐步形成共识；专家系统中的每个成员都有自己掌握的科学理论和经验知识，都能从一个方面或一个角度去研究复杂系统问题。这些专家的科学理论、经验知识和各自的智慧，通过研讨相互激发、激活和融合，由此取得对同一问题的定性描述，形成研究系统的整体框架。由这种定性综合集成所形成的经验性假设与判断的正确与否，还有待做出定量研究和精密论证。

2. 定量综合集成

这是运用综合集成方法的第二阶段。在自然科学和数学研究中，对上述经验性假设必须用"精密科学"——严密的逻辑推理和各种实验手段加以证明与检验，这就要求进入以定量描述为主的综合集成阶段。在这一阶段，通过人-机结合、人-网结合，以人为主，努力实现信息、知识和智慧的综合集成。定量描述可以用指标体系，如描述性指标包括系统状态变量、观测变量、环境变量、调控变量等，也可以用有关数量关系等，[①] 并通过建模、仿真和实验等方式来完成这一步。

用模型描述系统是定量研究的有效方式，并在自然科学、系统科学中被广泛使用。在系统科学中，对简单系统、大系统、简单巨系统等研究，几乎完全是基于数学模型的。但对复杂系统特别是复杂巨系统研究，期望完全依靠数学模型来描述，目前还有相当大的困难，其原因在于建模方法和数学理论不完善。近些年来，计算机技术、知识工程、软件技术、算法语言等发展，使基于规则的计算机建模得到了迅速应用。这类计算机模型所能描述的系统更为广泛，也更为逼真。把数学模型和计算机模型结合起来的系统模型，其逼近实际系统的程度取决于所要研究问题的精度要求。如果满足了所研究问题的精度要求，如

① 于景元．一个正在发展中的新领域——开放的复杂巨系统．控制理论与应用，1999（16）．

人口系统的精度要求在1‰、经济系统为3%左右等,[①] 那么这个系统模型就是可以信赖的，并可以应用这个模型来处理所要研究的问题。

对复杂系统特别是复杂巨系统的建模，要求紧密结合实际对象，深化对系统的真实理解。为此，甚至借助于经验知识的帮助，而不是追求数学上的完美性，这是一个经验与科学相结合的过程。因为数学上的完美并不一定代表系统的真实性。

以指标体系、数据与信息体系、模型体系为依托，对专家系统提出的经验性判断进行系统仿真和实验。从系统环境、系统结构、系统功能之间的输入输出关系，进行系统分析与综合。这相当于用系统实验来检验经验性假说的正确与否，这种实验是在计算机上进行的仿真实验。这样的仿真实验往往比其他实验更具优越性，如对于系统未来的演化趋势，其他实验是难以定量预测的，但在计算机仿真实验中却是可行的。[②]

通过系统仿真和实验，运用评价指标体系对经验性假设正确与否给出定量描述，这就增加了新的信息。这个过程通常要反复进行多次，不断把专家们的经验和他们所发现的影响要素都能反映到仿真实验中，以适时提高定量描述的水平和质量。

3. 系统综合集成

这是运用综合集成方法的第三阶段。由定性综合集成形成经验性假设与判断的定性描述，经过定量综合集成获得了定量描述，在此基础上，专家系统仍需进一步进行系统综合集成，亦即以定性为主导的综合集成。在这一阶段，专家系统将对定性描述与定量描述、经验性假设与定量信息等实质性内容，从多层面、多角度做出全方位的比较研究，对定性与定量的具体关系、影响要素以及逻辑一致性进行系统分析，并在整体上从定量描述中获得证明或验证经验性假设与判断真伪性的结论。至此，标志着这一阶段的结束。这时的结论已从定量上升到了定性，但不再是经验性假设与判断，而是经过定量化严格论证的科学结论。正如钱学森所说："当你定量解决了很多很多问题，譬如说关于国民经济中的许多问题以后，你有一个概括的提高的认识了，这又是从定量上升到定性了。自然，这个定性应该是更高层次的定性认识了。"[③]

事实上，这个过程通常不是一次就能完成的，往往要反复多次。如果定量描述还不足以支持证明和验证经验性假设与判断的真伪性，专家们会提出新的修正意见和实验方案，并把各自的经验、知识和智慧融入新的建议和方案中。通过人－机交互、反复比较、逐次提升，直到专家们能够从定量描述中证明和验证了经验性假设与判断的正确性，并获得满意的定量结论。如果定量描述否

---

① 向阳，于长锐．复杂决策问题求解的定性与定量综合集成方法．管理科学学报，2001（2）.

② 杨水旸．综合集成方法的特点、功能和运用．国际学术论坛，2005（7）.

③ 于景元，周晓纪．综合集成方法与总体设计部．复杂系统与复杂性科学，2004（1）.

定了原来的经验性假设与判断，那也是一种新的认识，专家们又会提出新的经验性假设与判断，继续进行定量研究和系统综合集成。

从计算机科学角度来看，我们所要处理的复杂系统或复杂性问题，都是非结构化问题，但目前计算机只能处理结构化问题。从上述综合集成过程来看，虽然每循环一次都是结构化处理，但其中已融进了专家体系的科学理论、经验知识和智慧，如调整模型、修正参数等。实际上，我们是用了一个结构化序列去逼近一个非结构化问题，逼近到专家们都认可和满意为止，这也体现了以人为主，而不是仅机器体系去判断，当然机器体系可以帮助专家体系去判断。

综合集成方法的应用需要有数据与信息系统的支撑。这就为复杂系统或复杂性问题的统计指标设计和系统观测方式，提出了新的要求。如有些社会系统问题用这个方法处理起来相当困难，即往往不是这个方法本身的问题，而是缺少统计数据支持，机器体系也不会有这部分资源。我国的统计指标，只有经济方面的统计指标比较多，其他方面统计指标较少，有些领域还没有统计指标。因此，综合集成方法的有效应用，必然要求具有较为完善的数据库资料。

思 考 题

1. 马克思主义科学技术方法论有哪些基本理论构成？其各部分之间的关系如何？

2. 科学技术的思维方法有哪些基本类型？如何理解和运用创造性思维方法？

3. 如何理解辩证思维方法、数学思维方法和系统思维方法？这些方法的运用对于科学研究是否具有创造性的作用？为什么？

4. 科学研究有哪些基本方法？它们相互之间的关系怎样？如何理解和运用这些基本方法？

5. 观察和实验等实践活动是否渗透着理念？恩格斯双重验证思想对科学实验活动有何意义？

6. 什么是理想化方法和数学模型化方法？它们之间的关系如何？怎样在科学研究中运用这些方法？

7. 如何理解恩格斯关于“只要自然科学在思维着，它的发展形式就是假说”？

8. 技术研发有哪些基本方法？它们之间的关系如何？怎样在技术研发中运用这些方法？

9. 系统工程有哪些类型？工程研究有哪些一般研究方法？如何理解和运用这些方法？

10. 如何把马克思主义科学技术方法论实际运用到自己的专业实践或工作实践中去发挥作用？

第四章

马克思主义科学技术社会论

马克思主义科学技术社会论是基于马克思、恩格斯的科学技术思想，对科学技术与社会关系的总的概括和进一步发展。从历史上看，随着古代以来科学技术的社会功能日益突出，至近代欧洲率先产生了不断增强的科学技术的社会建制，并同时逐渐在更多国家或地区形成了越来越组织化的科学技术的社会运行过程，这是马克思主义科学技术社会论的一种内在逻辑。自近代科学技术有社会建制以来，社会建制已成为科学技术与社会相互作用的中介和桥梁。现代总的来看，科学技术与社会相互之间是辩证统一的关系：一方面，科学技术是通过相应的社会建制，对社会发展产生重要的作用和影响；另一方面，社会诸因素也是在科学技术社会建制的规范中，对科学技术运行和发展也起着重要的制约和影响；这两个方面的相互联系、相互制约和相互作用，谱写着科学技术进步和人类社会发展的历史篇章。

第一节　科学技术的社会功能

科学技术是人类历史发展的火车头。2000 多年前，阿基米德说："假如给我一个支点，我就能撬动地球。"这是他第一次发现了力学杠杆的巨大作用。150 多年前，马克思和恩格斯说："分工，水力，特别是蒸汽力的利用，机器的应用，这就是从 18 世纪中叶起工业用来震撼旧世界基础的三个伟大的杠杆。"① 这是他们第一次明确指出了技术这个社会杠杆的巨大作用，并认为科学技术是"在历史上起推动作用的、革命的力量"②。科学技术是推动社会物质文明、精神文明发展以及社会变革的革命力量，是马克思主义科学技术社会功能观的集中体现。随着现代科学技术的发展和应用，出现了科学技术的异化现象或负面效应，并引发了有关科学技术异化的批判与反思。

---

① 马克思恩格斯全集．（第 2 卷）．北京：人民出版社，1960：300.

② 马克思恩格斯全集（第 3 卷）．北京：人民出版社，1995：777.

一、科学技术推动物质文明发展

社会文明是社会的进步和开化状态。社会的物质文明是人类改造自然界所取得的物质成果的总和，主要表现在社会生产力的发展、物质财富的增加、人民群众的物质生活条件的改善等方面。科学技术推动社会物质文明发展，集中表现在推动生产力要素变革、促进经济结构调整的发展过程中。

（一）推动生产力要素的变革

社会物质文明是人类社会文明的根本标志，是人类社会进步的基础，是社会生产力发展的根本体现。而科学技术在现代已成为影响生产力发展的第一位因素。科学技术的生产力功能是通过推动生产力要素的变革来实现的。

（1）通过教育和训练改善劳动者素质，转化为劳动者的技能和智力，提高劳动者的生产水平。劳动者是社会生产力中最积极最活跃的主导因素。劳动者的素质包括劳动者的智力和体力两个方面，劳动者之所以成为生产力中的主导因素，主要在于劳动者的智力。而要提高劳动者的智力水平，就必须加强学习科学技术知识，以达到对技术和工艺的理解及准确的掌握。现代生产力的发展依赖于劳动者的科学化，依赖于劳动者由过去的体力型向技能型、知识型转化。劳动者正是掌握了科学技术，才成为生产力中最积极最活跃的因素。

（2）科学技术通过发明创造的途径物化为劳动资料，特别是物化为生产工具，从而转化为直接生产力。以生产工具为主的劳动资料的使用，是人类脱离动物界的标志，是社会文明的重要标志之一，其使用状况也是衡量生产力发展水平的客观尺度，而以生产工具为主的劳动资料则是人类智力的物化。特别是在现代社会生产的自动化时代，由电脑设计，电脑程序控制、机器人操作等新的生产工具所组成的生产系统，使人类能用机器创造机器，用机器操纵机器，不仅用机器代替了人的繁重的体力劳动，也用机器代替了一部分脑力劳动，使劳动生产率大大提高。

（3）通过采用新技术和新工艺，充分利用自然资料，扩大劳动对象的范围，从而使科学技术转化为直接生产力。一般说来，所有的自然物都可以成为劳动的对象，但由于受科技水平的限制，实际进入人类劳动过程的仅仅是自然物的一部分。随着科学技术的进步，人们开发了新的劳动对象，如人们利用科学技术把石油、天然气、煤和许多矿藏开发了出来，变为促进生产力的要素。人们利用科学技术手段创造了自然界未曾有过的物质材料，形成新的物质材料，使生产面貌大为改观。如高分子化学的发展已制造出了合成橡胶、合成纤维、塑料等合成材料。人们还利用科学技术手段对自然资源综合利用，变废为宝，提高劳动对象的利用效率。如人们从煤焦油中提取出了多种有机化合物，并合成了染料、药品、炸药、橡胶、塑料等多种产品。

(4) 科学技术通过管理的中介，把生产力诸要素合理地组成一个整体，转化为现实的生产力。当生产力诸要素处于分散状态时，还不能构成现实生产力。只有运用科学技术进行科学管理，对生产力诸要素进行合理的优化的配置，在最佳结构状态下发挥最大功能，使单位投入的产出贡献显著增大，才能更好地发展生产力。现代科学管理为管理现代化提供了新的手段和工具。现代科学管理则依赖于先进的科学技术。现代科学技术与生产力诸要素的关系，可以用公式表示为

生产力 = 科学技术 × （劳动力 + 劳动对象 + 劳动资料 + 生产管理）

即管理已成为生产力的内生变量，科学技术是第一生产力。现代科学技术对生产力的影响日益突出：科技型人员日益成为主体劳动者；以电子计算机控制的智能型机器体系日益成为最重要的劳动工具；依靠科学技术的再生型和扩展型资源正在成为主要劳动对象；经济增长依赖于科学管理水平的不断提高。

（二）促进经济结构的调整

科学技术导致了新的产业结构和新的经济形势的产生，促进了整个生产力系统的优化和发展，提高劳动生产率，成为经济结构调整的内生变量。

1. 升级产业结构

原有产业部门得到改造，新的产业部门和朝阳产业开始出现，第三产业的比重迅速上升，而第一产业和第二产业的比重减少。科学技术使产业结构变革向高次化发展。人们通常把以农牧业生产为主的生产活动称为第一产业，把制造业、建筑业等主要从事以工业为主的活动称为第二产业，以金融保险业、高技术产业、文化教育业、商业和服务业等为主的称为社会第三产业。产业的高次化标志着科技知识在产业中的密集程度。对一个国家来说，各次产业率也反映着国家的发达程度。一次产业占优势的国家为农业国；二次产业率占优势的国家为工业国；三次产业率占优势的国家进入后工业化社会（或称知识经济社会或信息社会）。产业高次化不仅使不同产业部门的产值在社会总产值中的比重不同，而且也使劳动力结构、资本有机构成等发生重大变化，使有知识、懂技术的人日益成为社会活动的主力军、生力军，使科学技术的贡献超过劳力和资本。

2. 改变经济形式

新的经济形式如信息经济、生物经济等开始出现，成为新的经济增长点。信息经济是以现代信息技术等高科技为物质基础，信息产业起主导作用，基于信息、知识、智力的一种新型经济。生物经济是建立在生物技术基础上，以生物技术产品的生产、分配、使用为基础的经济。生物经济以开发生物资源为特征，生物经济的发展依赖于生物工程，涉及农业、工业、医学、环境、海洋与空间等生物技术。近 30 年来，知识经济、网络经济等发展迅速。

3. 转变经济增长方式

高消耗、低产出、高污染的粗放型经济，逐步被低消耗、高产出、低污染的集约型经济代替。生态经济、循环经济、低碳经济等被提出并得到贯彻实施。当代科学技术发展及其应用程度，使社会经济的增长模式发生了根本变革。过去的经济增长主要依靠人力和资金投入，只追求经济增长速度，追求企业利润等，是高消耗、低产出、高污染的粗放型经济。随着现代科学技术的发展，使人们更好地认识到人与自然、经济、社会、环境的和谐关系，人们开始把经济效益、社会效益、环境效益统一起来，生态经济、循环经济、低碳经济等应运而生，逐步形成了低消耗、高产出、低污染的集约型经济。

值得指出的是，科学技术推动社会物质文明还表现在，人类利用科学技术创造了日益增多的物质财富，不断满足人类日益增长的物质需要。现代科学技术发展及其应用，为人类提供了更加雄厚而优越的物质生活条件，如高楼大厦、高速铁路、手机电脑、医疗设备、网络银行等被应用于衣食住行的各个方面，人类正在走向以享用高科技物质产品为特征的一个新时代。

二、科学技术推动精神文明发展

社会文明的一个极为重要的标志是社会精神文明的程度。精神文明的进步表现为社会行为理性化程度的提高。科学技术把人类从蒙昧和野蛮的动物式行为方式引向离此越来越远的文明境界，是推动社会精神文明发展的“历史的有力杠杆”。科学技术推动社会精神文明发展，集中表现为增强人类的智慧和技能、提高人的思想和道德素养以及促进人类文化的进步。

（一）增强人类的智慧和技能

人类精神文明的智能和技能方面，主要是指社会的经验、知识、智慧和技能的状况。可以说这些方面的发展和提高，离不开科学技术。因为科学技术的根本任务在于认识自然的本质和规律，并用这种规律性的认识去指导实践，更好地改造自然。科学技术也正是人类认识和改造自然的经验、知识和智慧的结晶，同时科学知识的普及和传播能直接作用于人们的心灵，提高人的智慧和理智，改变着人们的思维方式。自然科学通过科学发现去揭示自然界的本质和规律，运用科学解释去说明自然界的各种现象，借助科学预见会预测自然界的未知事物和现象，并凭借技术发明不断增强人类变革自然的各种技能。

（二）提高人的思想和道德素养

科学技术是增强人们的思想素养和道德素养的重要基础。特别是科学技术发展中形成的科学思想、科学精神、科学知识和科学方法，能够促进人们的思想觉悟和行为方式的科学化。科学家们为追求和捍卫真理的献身精神、高度认真的社会责任感，以及他们的怀疑精神、批判精神、开拓创新精神和团结协作精神等，也都是最宝贵的道德资源，是推动社会道德发展的重要力量。同时，科学技术也是战胜迷信和愚昧以及解放思想的精神武器。自然科学是自然界本来面目的反映，它揭示了自然界的客观规律。科学本身是革命的，在本质上是批判宗教迷信、打破旧思想、旧习惯和旧传统，发展理性思维、解放思想的精神武器。此外，科学技术是唯物主义哲学的主要基础，并不断推动着哲学的发展。

（三）促进人类文化的进步

科学和技术都隶属于文化范畴，科学技术是整个社会文化的重要组成部分。科学技术的发展，其本身就意味着人类文化的进步，而且还会作用于文化的其他要素，导致文化在器物层次、制度层次、行为规范层次和价值观念层次上的巨大变化。如计算机文化是信息科学和计算机技术发展的产物，计算机不只是储存信息多、计算速度快、处理信息便捷的机器，它还导致产业结构、劳动力就业结构、人们的思维方式、行为方式、交往方式发生重大变化。科学技术作为一种社会文化现象，是个人社会化和社会整合的综合体现。科学技术的发展往往会与固有文化发生冲突，引起固有文化的变异、解体或重建，并通过社会整合导致文化的更新和繁荣。

科学技术也直接推动了社会教育的发展。古代的造纸术、印刷术，今天的激光照排、电化教学、多媒体运用、信息交互网络等，都不断地导致教育内容、教育手段、教育方式和教育方法的不断更新。科学技术的广泛应用，日益导致教育对象的扩大、教育功能的扩充、教育水准的提高、教育程度的普及和教育制度的完善。

科学技术还促进了艺术进步。科学技术不仅求真——探索真理、发现真理和发展真理；而且求善，即发展生产力、消灭贫困、促进人类生活的社会化、合理化，促进人类道德进步；还求美、完善美，即内容的和谐美、结构的对称美等。科学技术促进了文艺形式的变革、充实了艺术的内容。科学技术的发展也影响着人们的审美观点和审美情趣。科学技术的运用，美化着自然环境，也美化着人类自身。

三、科学技术推动社会变革与发展

科学技术是推动社会发展的“最高意义上的革命力量”。科学技术推动社会变革集中表现为推动生产关系调整和变革、促进政治上层建筑发生变革、增进人类自由而全面的发展以及促使人类走向新的社会发展阶段。

（一）推动生产关系调整和变革

生产关系是人们在生产过程中形成的一定的、必然的客观经济关系，包括生产资料所有制关系，人们在生产中的地位和产品交换关系，以及产品的分配关系和由此所直接决定的消费关系。科学技术在生产中的应用，集中体现在作为科学技术物化形式的劳动资料上。以生产工具为主的劳动资料不仅是人类劳动力发展的测量器，而且也是劳动借以进行的社会关系的指示器。人类社会依次出现的原始社会的生产关系、奴隶主占有制的生产关系、封建主占有制的生产关系、资本家占有制的生产关系和社会主义的生产关系的更替和变革，都是以生产工具为主的劳动资料的变革导致生产力变革的必然结果。马克思曾形象地说过，手推磨产生的是封建主为主的社会，蒸汽磨产生的是工业资本家为首的社会。同时，在一种社会制度产生后，科学技术的发展还会对相关的生产关系起到巩固其地位的作用。

20世纪的现代科学技术革命是与社会形态的调整和变革紧密联系在一起的。现代科学革命包括相对论革命、量子力学革命和分子生物学革命等。新技术革命以信息技术革命为核心，包括新材料、新能源、生物、海洋、空间、环境与管理等方面的技术革命。各种新兴科学技术，如信息科学技术、网络科学技术、基因科学技术、纳米科学技术等得到迅速发展和广泛的社会应用。这些都有力地促进了资本主义生产关系的在调整：多种所有制形式并存，如国有经济与国、私共有经济和跨国经济并存，私营企业、股份企业、国有企业、跨国合营企业或合资企业并存等；劳动者队伍整体素质提高，白领阶层开始出现，社会收入分配差距呈缩小趋势；资本主义社会经过自由竞争、私人垄断到国家垄断后，已发展到国际垄断阶段；科学技术的政治功能得到加强，专家治国、网络民主开始呈现。

现代科学技术与现代资本主义生产关系是复杂的。现代资本主义特别是其中的少数发达的国家，拥有相当强大的科学技术实力，使社会生产力水平得到较大的提高，这既加深了资本主义社会化大生产与资本主义生产关系的矛盾，也为新的社会制度奠定了物质技术基础；同时，新的科学技术成果的出现，科学技术的广泛应用，又为资本主义制度注射了强心剂，至今它还没有发展到使资本主义生产关系在根本上无法容纳的程度。马克思曾经说过："无论哪一个社会形态，在它们所能容纳的全部生产力发挥出来以前，是决不会灭亡的。"① 应当认识到，新制度的产生并不自发地、机械地决定于物质条件，更不单一地取决于科学技术水平，而是经济状况、政治状况和主观条件综合作用的结果。

同样，社会主义的生产关系必须建立在以更加先进的科学技术武装起来的高度发达的生产力之基础上。只有依靠科学技术的进步使社会生产力高度发展，社会主义的生产关系才能最终得以巩固和完善。

（二）促进政治上层建筑发生变革

自然科学不属于上层建筑，但它作为一种社会活动、知识体系和社会建制，

---

① 马克思恩格斯选集（第2卷）. 北京：人民出版社，1972：83.

又与上层建筑相互影响、相互作用。科学技术推动上层建筑的变革，它不仅推动政治思想、法律思想、道德、艺术、哲学等思想上层建筑的变革，也推动政治上层建筑的变革。

1. 科学技术影响社会制度的变化

自然科学是一种思想政治斗争的理论武器，促进新制度取代旧制度。历史上的许多反动统治阶级为了巩固自己的统治地位，还常常利用人们对自然的无知，制造种种荒谬理论，为现存的社会制度服务。如中国封建社会里，封建统治者大肆鼓吹天命论；中世纪欧洲封建统治者与宗教教会勾结，歪曲自然界的本来面目，神化托勒密的地心说，把大地看作宇宙的中心且静止不动，以此论证封建制度的合理性，禁锢人们的思想。因此，欧洲新兴的资产阶级为了夺取政权，举起科学和民主的旗帜，拿起自然科学这个武器，为资产阶级革命开辟道路。正如恩格斯指出的，科学和哲学结合的结果就是唯物论、启蒙时代和法国的政治革命；科学和实验结合的结果就是英国的社会革命。目前在我国，通过大力普及科学技术，提高全民族的科学文化素质，加速发展社会生产力发展，打牢社会主义的物质基础，才能不断满足人民群众日益增长的物质文化需要，充分体现出社会主义制度的优越性。

2. 科学技术影响军事和政治局势的变化

即科学技术运用于军事，改变军事力量对比，影响政治局势的变化。战争和军事斗争是政治斗争的继续，其最终目的是为了维护某种社会制度或摧毁某种社会制度。战争和军事斗争是敌对双方的物质力量、军事力量、科技力量的竞赛。科学技术是生产力，科学技术也是战斗力。在历史上，中国古代的科学技术发明传入欧洲后，被应用于军事，对当时许多国家的政治斗争产生深刻影响，加速了社会制度的变革。正如马克思所说，火药、指南针、印刷术是预告资产阶级社会到来的三大发明：火药把骑士阶层炸得粉碎，指南针打开了世界市场并建立了殖民地；而印刷术则变成新教的工具。现代科学技术又使军事技术和武器装备发生了更大变化，已经制造出导弹、核武器、激光武器、生物武器、化学武器，以及人造卫星、核潜艇、无人机、航空母舰等。用电子技术、计算机和信息技术装备大炮、坦克和飞机以及防空设备，创制出精确制导武器，提高了命中精确度，使战斗力极大提高。现代科学技术已使战争与战役的界限模糊，使战略与战术都发生着深刻的变化。现代科学技术的发展，还在世界范围内深刻地影响着国际政治、经济关系和世界格局的变化。

（三）增进人类自由而全面的发展

马克思认为，科学技术是人类最终走向自由的中介，能够作为解放的杠杆，增进人类精神生活的丰富和自我发展能力，有助于人的全面、自由的发展。

1. 将人类从繁重的劳动中解放出来

科学技术的应用，使得劳动生产方式从手工化走向机械化、电气化、自动化、信息化和智能化。第一次科学技术革命，以机器取代人手对机器的直接操作，实现了劳动生产方式的机械化；第二次科学技术革命，以电力作为生产动力，把人从动力供给中彻底解放出来，实现了劳动生产方式的电气化；第三次科学技术革命，用机器系统取代人的直接操作纵，控制生产按一定方式进行，实现了劳动生产方式的自动化；第四次科学技术革命即现代科学技术革命，是计算机科学技术和信息科学技术得到突飞猛进的发展，实现了劳动生产方式的自动化和智能化。所有这些不仅大大延伸了人的感觉器官、效应器官，而且还大大延伸了人的思维器官，将人类从繁重的体力劳动和脑力劳动中解放出来。

2. 对人类的生活方式产生深刻影响

人类社会的生产方式和生活方式紧密关联。科学技术推动社会生产方式变革的同时，也推动着人类生活方式的不断变革。马克思说："随着资本主义生产的扩展，科学因素第一次被有意识地和广泛地加以发展、应用并体现在生活中，其规模是以往的时代根本想不到的。"[①] 人类凭借近代科学技术革命，以工业时代商品经济生活方式替代农业时代的自足自给自然经济生活方式，充分地表明了马克思上述论断的正确性。随着现代科学技术革命的发展，使人类在社会交往方式、商品消费方式、家庭生活方式等各个方面都发生了前所未有的新变化，不仅衣食住行等基本生存需要得到满足，而且还能够使人的认知交往、审美、自我价值实现等发展需要得到满足。科学技术既提高了人的主体能力和主体地位，也为在满足人的需要前提下实现人的全面而自由发展提供保证，从而满足人类的解放。

（四）促使人类走向新的社会发展阶段

历史的发展充分证明，马克思主义科学技术功能观是正确的。原始荒野中的石器和火光与采集狩猎社会紧密关联；动植物培育和铜鼎铁犁铸就了农业文明；近代科学技术革命与西方市场经济革命以及政治革命一道，为人类带来了工业文明；现代科学技术革命更使人类社会发展进入了诸如一些未来学家所提出的各种社会发展新阶段，即第三次浪潮、后工业社会、知识社会等。这些观点，都是从科学技术革命、生产力革命所引起的社会变革提出来的思想学说，都有一定的道理，但也有不足。从马克思主义的观点看，社会形态是指同一定的生产力相适应的经济基础与上层建筑构成的统一体，不仅包括生产力，而且包括生产关系与上层建筑，不能把社会形态变革单纯地看成是科学技术和生产力自然而然发展的结果。社会形态变革归根到底生产力与生产关系、经济基础与上层建筑之间矛盾运动的结果。只有当这种矛盾运动发展到一定阶段，旧的、落后的生产关系严重阻碍生产力发展，旧的、落后的上层建筑严重阻碍经济基

---

① 马克思恩格斯文集（第8卷）. 北京：人民出版社，2009：359.

础时，并且具备了相应的政治形势和主观条件，社会变革才会发生。显然，科学技术只是影响社会形态变革的诸多复杂因素之一，任何夸大科学技术的社会作用，或“科学技术决定论”的观点，都是片面的和错误的。

四、科学技术的异化与反思

科学技术是一把“双刃剑”。它在给人类带来巨大利益的同时，也出现了其负面效应或异化现象。对此，深入解读马克思的劳动与技术异化思想，了解当今科学技术的异化表现，关注国外马克思主义流派有关批判理论的研究进展，以及根据马克思劳动和技术异化理论对科学技术异化进行批判与反思，对于正确把握科学技术的社会价值都是非常必要的。

（一）科学技术的异化及表现

科学技术本来是人类智慧的结晶，人们进行科学探索，开展科学活动和技术创新，目的是为人类服务，促进社会进步的。然而，科学技术是一把“双刃剑”。马克思指出，“在我们这个时代，每一种事物好像都包含有自己的反面。……技术的胜利，似乎是以道德的败坏为代价换来的。……甚至科学的纯洁光辉仿佛也只能在愚昧无知的黑暗背景上闪耀。……现代工业、科学与现代贫困、衰颓之间的这种对抗，我们时代的生产力与社会关系之间的这种对抗，是显而易见的，不可避免的和毋庸争辩的事实”。[①] “科学对于劳动来说，表现为异己的、敌对的和统治的权力。”[②] 在马克思看来，在资本主义社会中，资本主义的生产关系是技术异化产生的根源，而科学技术本身并不是罪恶之源。恩格斯进一步指出，“我们不要过分陶醉于我们人类对自然界的胜利。对于每一次这样的胜利，自然界都对我们进行报复。”[③] 根据马克思劳动和技术异化论，[④] 从现代科学技术的负面效应看，科学技术的异化是指在人们利用科学技术实现自身目的的过程中，科学技术作为一种独立的力量，转化成一种外在的、异己的敌对的力量，反制人类、危害人类的生存和发展。

随着现代科学技术的迅速发展和广泛应用，科学技术在给人类带来巨大利益的同时，科学技术的异化现象或负面效应也日益显现出来。例如：科学技术的应用使人类加速了对环境的改造，但也带来了环境污染，如大气污染、水质污染、土壤污染、噪声污染、电磁波污染、光污染等；科学技术的应用使人类加强了对自然资源的开发和利用，但也又造成了资源危机和生态平衡的破坏等；科学技术促进了生产力的极大发展，物质财富迅猛增加，人们生活水平迅速提

---

① 马克思恩格斯选集（第2卷）. 北京：人民出版社，1972：78－79.

② 马克思恩格斯文集（第8卷）. 北京：人民出版社，2009：358.

③ 马克思恩格斯文集（第9卷）. 北京：人民出版社，2009：559.

④ 参见本书第二章、第一节中的“劳动和技术异化理论”。

高，但又带来了肥胖症、“富贵病”、手机或计算机或网络依赖症、转基因食品恐惧症等；人们运用科学技术开发和利用核能，但又导致了原子弹在日本的爆炸和一些国家搞核军备竞赛、搞核讹诈和核威慑等；科学技术特别是医学科学和医疗技术的发展，大大降低了新生儿死亡率、成年人的病死率，大大延长了人类的寿命，但也带来了人口暴涨、人口老龄化、社会养老保障滞后等新问题；科学技术的广泛应用特别是工业自动化和计算机技术的快速发展，使人类从繁重的体力劳动和部分脑力劳动中解放出来，但也造成了失业人数激增、人类体力下降，以及不少人的语言表达能力、文字书写能力和心算能力的下降等。

（二）科学技术异化的批判与反思

科学技术在社会发展中所带来的双重效应，反映到思想文化领域引发了人们对科学技术异化的批判与反思。其中，既出现了赞美、推崇科学技术与反对、否定科学技术的二元反差，如唯科学主义与反科学主义、技术乐观主义与技术悲观主义、技术中心主义与人类中心主义、技术决定论与社会决定论等，这些观点都其有片面性；同时，也出现了法兰克福学派、生态马克思主义流派等提出的许多有价值的见解。

1. 法兰克福学派科学技术社会批判理论

法兰克福学派是西方马克思主义的重要流派，发扬了马克思的反资本主义精神，对现代科学技术革命和现代社会进行了反思批判。该学派认为，现代科学技术革命在发挥正面社会作用同时，使人变成伤心的奴隶、消费的奴隶，发达资本主义社会既是“富裕社会”、又是“病态社会”，造成了畸形的、“单向度”的人；现代科学技术不是价值中立的，具有明确的政治意向性，作为新的控制形式，具有意识形态的功能；工具理性成为唯一的社会标准，现代科学技术成为独裁的手段。

法兰克福学派如实地指出了科学技术的意识形态性，对科学技术的全面认识做出了重要贡献，在一定意义上发展了马克思主义科学技术论。但是，该学派将科学技术异化的批判转变为对科学技术本身的批判和否定，掩盖了科学技术异化现象背后的社会根源，偏离了马克思主义历史唯物主义的轨道，走向了社会批判初衷的反面。

2. 生态马克思主义的技术、环境与社会批判理论

生态马克思主义是西方马克思主义的一个新流派，其代表人物有高兹、莱斯、奥康纳、福斯特、阿格尔、克沃尔等。它形成于20世纪70年代，吸收了法兰克福学派以及其他生态学说，使生态马克思主义趋于完善。约翰·B·福斯特认为，“马克思和恩格斯对生态和进化问题都有着自己深刻而独到的见解，这对于我们理解社会和自然之间的相互关系具有重要的意义，我们可以把马克思和恩格斯的这些生态思想作为一种强有力的方法；但是，这种所包含的对自然和

人类历史唯物主义见解并没有被后来的评论者所完全认识。”① 到20世纪90年代，生态马克思主义形成了生态社会主义的思想体系。

生态马克思主义认为，在资本主义制度背景下，资本的逐利本性是技术沦为资本家牟利的工具，这是技术应用造成环境问题的根本原因；技术是解决环境问题的一个重要因素，要从根本上解决环境问题，真正实现人与自然的和谐，就必须把技术从资本主义生产的非理性动力中解放出来。生态马克思主义坚持认为，科学技术并不是产生生态危机的根本原因，生态危机源于资本主义的经济发展方式，是科学技术的资本主义使用方式所造成的。生态马克思主义区分了科学技术的价值理性与工具理性、科学技术的本性与资本主义制度下的实际运用，将生态维度的科学技术批判与资本主义批判结合起来，拓展了科学技术社会论的生态视域。

3. 马克思劳动和技术异化理论具有重要的启发作用

马克思对技术异化现象的批判是彻底而现实的，不是单纯就技术本身展开分析，而是对技术的人本主义批判同资本主义制度的社会批判有机结合起来。这既不是技术决定论的，也不是社会决定论的，对于我国现阶段科学技术应用具有重要的启发作用。

科学技术是一种社会现象，要发挥科学技术的正效应、消除或减少其负面影响，离不开科学技术自身的发展，更需要对社会关系进行调整和变革，有赖于整个社会的进步。恩格斯指出，“经过长期的常常是痛苦的经验，经过对历史材料的分析和比较，我们在这一领域中，也渐渐学会了认清我们的生产活动的间接的、比较远的社会影响，因而我们就有可能去支配和调节这种影响。”② 但是要实行这种调节，“单是依靠认识是不够的，这还需要对我们现有的生产方式，以及和这种生产方式连在一起的我们今天的整个社会制度实行完全的变革。”③ 社会主义制度消除了科学技术产生异化现象的根源，改变了先前剥削制度下科学技术作为资本的奴役的地位，发展科学技术的目的是与社会主义生产的目的相一致的。社会主义需要科学技术，科学技术也需要社会主义。

我国具有充分发挥社会主义根本制度的先进性和优越性，并为科学技术的合理性使用提供制度上的保障。但是，我们还应清醒地看到，我国社会主义建设是在现有生产力还不发达的前提下进行的，这就决定了资本在中国还有其长期存在的合理性。由此，必须改革和完善我们的经济制度和结构，使科学技术发展的资本导向和人本导向之间保持必要的张力，以充分体现科学技术应有的社会功能和正面效应。

---

① 约翰·B·福斯特．历史视野中的马克思的生态学．刘仁胜译．国外理论动态，2004（2）．

② 马克思恩格斯选集（第3卷）．北京：人民出版社，1972：519－520．

③ 马克思恩格斯选集（第3卷）．北京：人民出版社，1972：520．

第二节　科学技术的社会建制

科学技术的社会建制是一个历史过程，它是形成科学技术社会体制的前提。经济支持制度、法律保障体系等科学技术体制是根本，各种科学技术共同体的组织运行是保证，科学技术的伦理规范是导引。

一、科学技术的社会体制

科学技术的社会建制与社会体制之间有着密切的内在联系。科学技术的社会建制是进一步形成其社会体制的前提和基础，科学技术的社会体制是其社会建制的一个组成部分。

（一）科学技术的社会建制及形成

马克思认为，“只有在社会中，自然界才是人自己的合乎人性的存在的基础”[①]；“由此可见，一定的生产方式或一定的工业阶段始终是与一定的共同活动方式或一定的社会阶段联系着的，而这种共同活动方式本身就是‘生产力’；由此可见，人们所达到的生产力的总和决定着社会状况”[②]。这就是说，科学认识总要采取一定的社会形式，并且总是在一定的社会关系中展开的；科学活动是一种社会劳动，是社会总劳动的一项基本内容。这表明早在一百多年前，马克思就已经对科学的社会建制问题进行了思考。

所谓科学技术的社会建制，是指科学技术事业成为社会构成中的一个相对独立的部门和职业部类，是一种社会现象，主要包括社会体制、组织系统、活动机制、行为规范等要素。它们承载着科学技术活动的展开，并成为其必不可少的条件。科学技术的社会建制是在社会各类活动组织化、职业化、专业化趋势不断增强的背景下，在自身特有价值导向和经济基础支撑下，受包括国家宪法、法律和政策在内的制度体系调控和有关行政职能部门专门管理的，由数量日益庞大且具有明确分工协作关系的科学家、工程师职业角色、科学技术共同体从事科学技术研究和创新活动的体制化过程，最终结果是科学技术成为一个相对独立的社会机构和职业机构。

在科学技术社会建制过程中形成与发展起来的机构有：科学技术的决策、管理与咨询机构——随着科学技术渗透到社会的经济、政治、文化等活动中，国家专门设置的关于科学技术各层次的决策、管理与咨询机构；科学技术的活动组织机构——包括大专院校、科研院所、工业研究中心、科学技术学会等，

---

① 马克思恩格斯文集（第1卷）. 北京：人民出版社，2009：187.

② 马克思恩格斯文集（第1卷）. 北京：人民出版社，2009：532.

科学家和技术专家被组织到这些机构中从事科学技术活动；科学技术的传播机构——主要指各种科学技术工程出版物，为科学家和技术专家的学术交流与讨论提供平台；科学技术的人才培养机构——主要是大学和专科院校，为科学技术界提供源源不竭的智力资源；等等。科学技术组织机构的形成有一个过程，并随着历史的演化而变化，发挥着相应的功能，是科学技术活动顺利展开的组织保证。

（二）科学技术的社会体制及改革

科学技术的社会体制作为其社会建制的一部分，是在一定社会价值观念支配下，依据相应的物质设备条件形成的一种社会组织制度，旨在支持推动人类对自然的认识和利用。科学技术的体制化以相应的职业化为核心，其内涵随着科学技术的发展而不断拓展和丰富。科学技术的社会体制包括经济支持体制、法律保障体制、交流传播体制、教育培养体制和行政领导体制等。

1. 科学技术的经济支持体制

随着“研究与发展”（R&D）成为科学、技术与经济相结合的关键环节，必须建立相关科研经费制度，保证政府拨款，扩大科学基金，激励企业资助，建立合理的科研经费来源；必须调整基础研究、应用研究和试验发展之间或者战略性研究与非战略性研究之间的科研经费比例，完善科研经费在国家 R&D 中的支出以及在执行部门，如研究与开发机构、企业、高校和其他单位之间的合理分配。

2. 科学技术的法律保障体制

科学技术活动离不开法律保障。新的科学技术体制需要以法律形式加以确认：以市场为引导的科学技术活动良好秩序的建立需要法律的指引，科学发现的优先权以及技术发明的专利权需要法律的保障，科学技术纠纷需要有法律的解决，科学技术活动引起的新的社会关系需要有法律的调整。颁布并实施《科学技术进步法》《专利法》《技术合同法》《科学技术普及法》等科学技术法律是非常重要的。

3. 科学技术的交流传播体制

科学技术的交流、合作、传播非常重要。完善科学技术的交流传播体制，必须建立各种学会，推动科学技术共同体的交流与合作；必须创办各种期刊、杂志、会报，发布研究报告和论文；必须进行同行评议、专家评审、进行奖励，激励科学技术人员创造和创新；必须完善科学技术中介服务体系，尤其是高风险的研发投入中介服务机构，促进科学技术的有效应用。

4. 科学技术的教育培养体制

科学技术教育是保证科学技术人才不断成长的基本条件。政府应建立培养科技人才的教育制度，如设立综合技术学院、工业学院、农业学院、医学院等。

进入21世纪，文、理、工结合的教育发展，催生了更为多样灵活的人才教育制度，如“带薪式”的科研教学体制，研究生培养的导师制，按工农业劳动发展的需要设置科系等。

5. 科学技术的行政领导体制

推进科学技术的发展和应用，已经成为国家战略的一部分。国家为了指导、支持与组织科学技术活动，必须建立有关的组织机构，以规划、统筹科学技术的教育、科研及经费使用、发展战略以及企业的研究与发展方向等。

积极推进科学技术体制改革，完善科学技术体制，使其与当代科学技术的发展规律相适应，对提高国家的科学技术水平和能力，增强综合国力和国际竞争力，具有决定性作用。了解科学技术体制的主要内涵，对理解我国科技体制改革的方向和目标有重要意义。科学技术研究资源的合理配置和科学技术活动的法律保障，是科学技术体制改革的主要内容。

二、科学技术的社会组织

科学技术的社会组织形式是随着历史的演进而不断发展的，各种不同的社会组织形式都具有各自的特质和作用。科学技术的社会组织是由非正式的和正式的组织形式构成的科学技术共同体，它是科学技术活动顺利进行的组织保证。现代意义上的科学技术共同体始于17世纪，其表现形式可区分为：科学学派、无形学院、“创新者网络”等非正式组织形式；科学学会、科研机构、科研中心等正式的组织形式。当代科学技术的发展及其应用，使得其研究取向与组织机制呈现出了新的特点。

（一）科学技术共同体的非正式组织形式

1. 科学学派

科学学派是在同一学科领域中由于学术观点的一致而形成的科学家群体。科学学派是在学术争鸣中产生，并随着学术争鸣而不断发展和壮大的。各种学派的形成和发展，不同学派的争论和争鸣，是科学发展的重要条件和内容。在科学共同体中，科学学派具有不同于其他学术组织的基本特征，即它具有共同的、独树一帜的学术观点和方法，具有自然形成的学术权威、学术带头人，具有在学术思想上的排他性和研究风格的独特性。科学学派对科学的继承、创新和发展具有重要意义，它是培育科学新的生长点的重要基地，是教育和培养新一代科学家的摇篮，通过不同学派之间的争鸣推动学术繁荣发展。

2. 无形学院

它是由一些不同方面的科学家组成的非正式群体。当一个学术组织的人员太多时，从正式的学术团体中分化出非正式的子团体，由此就可形成一所“无形学院”。无形学院的成员分属于不同的正式研究机构，他们通过交换未定稿论文，或在不同时期到不同的研究中心进行短期合作研究。与科学学派相比，无形学院中的成员往往不是单科性的而是多科性的，因而在学术观点、研究风格上不尽相同，其目的在于彼此交流和借鉴，因而在学术思想上的传统性和排他性不强。无形学院作为科学共同体内的一种组织形式，要求科学家不但要和本学科领域的科学家有联系，还要和学科之外的其他领域的科学家进行思想交流。这种开放性直接表现为“学科际的无形学院”，而这种多学科的无形学院往往成为新学科特别是交叉学科、边缘学科的生长点。

此外，技术共同体有一种重要的交流形式即“创新者网络”。它提供创新者非正式直接互动的机会，从而提高创新活动的效率。

（二）科学技术共同体的正式组织形式

1. 科学学会

科学学会是具有学会章程并受国家法律保护的职业科学家团体。它是科学共同体诸形式中包括人员最为广泛的社会组织形式。历史上出现最早的学会是1662年由英王查理二世特许成立的“英国皇家学会”。现在世界各个国家几乎每一学科都有一个专门学会。众多学会不但已覆盖各国的科学共同体成员，而且已经走向国际性的联合。科学学会最重要的职能是进行学术交流，促进学科繁荣。同时，它还依照学会章程维护会员的合法权益，是培养和发现科学人才的园地。在现代国家里，各种学会已成为政府领导科学技术的智囊团和思想库，是普及科学知识、推动社会科技事业进步的重要力量。

2. 科研机构

由于各国的社会制度、经济和文化条件不同，形成了具有不同特点的科研组织系统。社会主义国家属于集中型，科研机构主要集中在国家科学院和政府部门建立的各类研究院所；欧美国家属分散型，科研机构主要分散在高等学校和企业。当代这两种类型的科研管理体制，都在不断互相吸收对方的长处而进行改革。各国的科研机构，总体上分为国家、地方、高校和企业等几种隶属机构。国家级的科研机构是国家为推进具有战略意义的科学技术领域的研究而建立的直属研究机构，主要侧重于基础研究、综合性应用研究；地方科研机构隶属于地方政府，担负着区域性专业或综合性研究活动，侧重应用和开发研究；高等学校的科研机构，从事基础研究和部分应用研究；企业的科研机构，以开发研究为主，推进企业技术开发和产品更新，在一些研究实力强大的大型企业，也开展与产品开发有关的应用研究和基础研究。现代科学、技术、生产的一体化趋势，要求按新的原则来组织科技研究和生产过程，加速科技成果向生产力的转化。

3. 科研中心

科研中心一般是指具有内部情报、组织和经济联系，按行政系统组成的科研机构群。其主要特征如下：进行重要领域的综合研究，具有长远的研究目标；具有现代化的配套的实验装备和辅助设备；具有高质量的科研人才队伍。科研中心是一种刚性与弹性相结合的科研组织形式，它能够机动灵活地集中和分散研究力量，在规定的期限内完成重大的综合性科研任务。

科研中心可分为不同的类型。一是专业性科研中心。即某一专业或几个相近专业科研机构的联合组织，主要为综合研究某一学科或某一领域中的问题，如高能物理研究中心、海洋开发研究中心、空间科学研究中心等；二是综合性科研中心。如美国的布鲁克海文国家实验室，是高能研究中心，又是一个多学科综合研究所，利用其质子加速器等设备，进行物理、化学、生物、医学、能源及环境等多学科研究。法国科学研究中心，是包括核物理、工程物理、化学、数学、空间科学、生命科学及人文科学的综合性研究机构，还负责组织协调法国水平较高的科研机构的研究活动。这类研究中心，研究人员大多是流动的，课题也经常变化。

科研中心的组织形式是现代科学分化和综合化趋势在组织上的体现，它有利于各学科专家的协同攻关，提高研究效率；有利于完成大项目和综合性课题的研究；还有利于建立现代化的实验基地，开展国内与国际学术交流。它充分体现了大科学、高技术时代科学组织的特点。

此外，由于现代科学技术的许多研究领域越来越离不开大型复杂的仪器设备，这些仪器设备更新速度快、造价高、技术复杂，这就需要集中建设，统一调配使用，提高利用率。为此，当代社会还建立起了实验中心、测试中心。数据中心和计算中心等大型技术服务机构。这类机构的建立，有利于实行集中管理，最大限度地提高实验装备利用率；有利于实验仪器、设备和专职技术人的配合协作，保证实验工作质量，提高实验技术水平；有利于技术服务工作专业化，节省人力、物力，保证研究效率的提高。

（三）科学技术的研究取向与组织机制

科学技术共同体通过一定的组织机制从事科学技术活动。随着科学技术的发展及其应用的推进，科学技术活动的主题和形式都发生了一定的变化，从而使得其研究取向与组织机制相应地呈现出了一些新的特点。

1. 从基础理论研究到基础应用研究

基础应用研究概念的提出有其历史必然性。当代社会，企业等技术创新主体在技术创新的过程中遇到了各种各样的认识问题，需要科学去回答。不仅如此，科学、技术与社会的关系一定程度上已经由“科学－技术－社会”的发展模式，向“社会－技术－科学”的模式转变。在这一过程中，科学研究的进行就不只是由科学自身的发展引起，还可以由先导性的社会需求以及随之而来的技术创新的需求引起。更为重要的是现代社会已经进入风险社会，国家安全、环境、能源、资源、国民健康等领域的问题日益凸显出来，需要我们对这些相关问题进行科学研究。

基础应用研究与基础理论研究，在动机、资金支持、组织形式等方面是不同的。这就要求科学技术共同体的一部分走出学术象牙塔，更多地关注企业技术创新和社会经济发展过程中提出的科学问题，针对基础应用研究的特点展开相关研究，从而为技术创新和社会经济发展服务。

2. 从非战略性基础研究到战略性基础研究

科学在近代主要处在自由研究状态，科学研究活动主要是科学家个人的智力活动，属于“小科学”。其主要特点是：科学家自己解决研究经费，自己制造仪器设备，自己自由选题开展独立研究；研究人员比较少，研究规模比较小，研究成本比较低，这属于非战略性的基础研究。到了现代，科学研究的情况有所改变，有时涉及科学自身发展中的重大问题，有时涉及国民经济和社会发展过程中的重大科学问题。这类问题的研究，亦称战略性基础研究或“大科学”。它无论是对于科学自身的发展还是对于国家经济社会的发展，都具有十分重要的价值，事关一国的国家利益。“大科学”具有两个特点：一是围绕与国民经济和社会发展以及科学自身发展等相关的重大科学问题而开展，以国家战略利益为导向，突出国家利益，强调科学研究的知识目标与国家发展的战略目标的统一，具有明显的国家目标导向性；二是所涉及的科学问题更重大、更复杂，通常需要巨大的项目经费、大型仪器设备和基础设施的投入，需要由众多的人力资源组成的跨学科、跨单位甚至跨国的协作才能完成。由此，大科学日益受到国家和政府的重视，由政府加以规划、指导、组织、管理和资金支持。

3. 从学院科学到后学院科学

随着大科学时代的到来和工业实验室的兴起，科学活动出现了机制性分化。在学院科学存在的同时，产业科学和政府科学出现了，科学进入到后学院科学时代。所谓学院科学，简要地讲，就是在学术机构里进行的科学活动。其学术机构包括大学及其类似的组织机构，主要是进行科研与教学，其中学院科学家的主要目标是发表论文。所谓产业科学，就是在产业组织如企业研发机构或工业实验室中进行的科学活动，其中科学家进行科研的主要目标是提高企业的经济地位，而不是发表其研究成果，因为工业界很少允许企业内部的科学家发表其研究成果。政府科学指的是既由政府资助又在政府实验室里进行的科学活动，其中科学家主要进行的是那些既不能走向市场，又具有公共物品性质 R&D 项目。通过比较可以看出，大学主要从事基础研究，生产科学知识，企业则从事应用研究和开发研究，将知识转化为产品和工艺，而政府从事上述两者不能做的研发活动。

4. 从高校科研到“官产学”三螺旋

在当代，科学技术的发展及其社会应用正在发生急剧的变化，科学、技术、劳动日益呈现一体化趋势，科技成果的应用转化周期不断缩短，技术更新换代不断加快，科学技术已经成为社会大系统中的一个举足轻重的子系统，成为一种新的战略产业。由此，单纯由高校进行科研的传统格局发生改变. 国家主导的政府科学有所加强，工业研究发展迅速，政府、企业与大学之间的关系紧密，呈现出“政府－产业界－学术界”三螺旋发展态势。为了适应上述新的状况，需要政府、企业与大学的共同努力。即政府建立国家创新系统，在宏观层次上对科学技术知识的产生、交流、传播与应用过程进行总体规划，推动和影响新技术扩散的机构和组织组成不可分割的整体，更好地进行 R&D 活动，并将此成果转化为商品；企业对 R&D 的模式和类型进行重大变革，更加重视基础研究，并与外部组织进行 R&D 合作；大学在进行基础研究的同时，与政府和企业紧密联系，促进知识资本化和产业化。

5. 从正式的学术交流到非正式的学术交流

科学技术共同体的交流方式有两类：一类是迅捷的、非正式的学术交流系统。它常常出现于学科前沿和几个学科的边缘，为了尽快获得新的信息，研究人员大多通过直接交谈、通信等个人联系的方式进行非正式交流，亦即形成无形学院——地理上分散的科学家集簇，这些科学家处在较大的科学共同体之中，但是他们彼此之间在认识上的相互作用要比其他科学家的相互影响更加频繁。另一类是正式的学术交流系统，包括正规的学术会议、学术期刊、学术专著、文献摘要和目录索引等。

进入21世纪，计算的数量和信息的范围正以难以想象的速度扩张，由计算机和通信技术发展进程所推动，科研环境也发生了很大的变化，虚拟科研组织即“e－Science”开始出现。在虚拟科研组织中，科学技术共同体彼此信任，以虚拟组织的方式组织用户和成员，通过科学2.0、Web2.0、开放源代码、开放存取等，实现资源共享和协同工作。虚拟科研组织标志着人类正在进入开放科学的伟大时代，通过对所拥有的科研资源不再是集中的、可控的管理，而是跨组织的、跨地域的和分布式的管理，能够使跨学科、跨地域和跨文化的科学家群体共同协作，以完成大型的、高难度的现代科学技术研究工作。

三、科学技术的伦理规范

科学技术的伦理规范对于整个科学技术事业的发展具有重要的作用。在马克思科学技术伦理观的指导下，科学技术的伦理规范规定了科学技术工作者及其共同体应恪守的价值观念、社会责任和行为规范。同时，面对新兴科学技术的伦理冲击，也需要合理地加以应对。

（一）马克思科学技术伦理观

马克思认为技术活动有其道德合理性，科学技术发展的同时也推动了社会道德的进步。他指出，“凡是表现为良心的进步的东西，同时也是一种知识的进步。”① 马克思、恩格斯批判地继承了以往先进的科学技术伦理思想，论证了科学技术与道德之间的相互作用和辩证统一关系，提出了科学技术为人类服务的科学技术道德根本原则，并指出了科学技术伦理发展的最高目标，为科学技术共同体的道德规范提供了宝贵的思想财富。在马克思看来，自由应该建立在非异化的技术基础之上，未来技术的社会发展目标应该是实现自然主义与人道主义的统一，即“它是人向自身、向社会的即合乎人性的人的复归”。② 可以认为，献身精神、科学技术创新、实事求是、团结协作、谦逊勤奋等，集中反映了马克思主义科学技术道德的主要规范。

（二）科学技术共同体的社会责任和伦理规范

科学技术工作者是从事智力劳动的职业群体，具有特殊的社会责任，是在一定的价值观念和行为规范下开展工作的。由于科学和技术既有区别又有联系，因而它们在道德规范上也各有其相对不同的要求和价值取向。

1. 科学共同体的行为规范

英国皇家学会成立时，学会秘书长胡克所起草的章程明确指出科学的目标有两层含义：科学应致力于扩展确证无误的知识；科学应为社会服务。由此，科学共同体的首要使命是扩展确证无误的知识，这决定了科学共同体应该有相应的内部理想化的行为规范。1942 年，科学社会学家默顿将科学共同体内部行为规范概括为普遍主义、公有主义、无私利性和有条理的怀疑主义，以此凸显科学所独有的文化和精神气质。1999 年布达佩斯世界科学大会通过并颁布的“科学和利用科学知识宣言”声明：科学促知识，科学促进步；科学促和平；科学促发展；科学扎根于社会和科学服务于社会。

值得指出，默顿的科学社会规范“四原则”带有理想化色彩，主要适用于以纯粹求知兴趣为导向、与产业没有直接关系的纯科学、小科学或学院科学，是对科学共同体的理想要求。进入 20 世纪下半叶以后，科学自身的发展特点以及社会运行机制发生了巨大的变化：科学从纯科学、小科学和学院科学嬗变为应用科学、大科学和后学院科学。科学家不再只有学院科学家，还有产业科学家和政府科学家；一些新兴的技术科学，如信息科学技术、基因科学技术等，对知识的公有性产生了挑战；科研职位、学术地位、论文发表、奖励以及科研经费与资源的获取都充满了竞争，对获取科研成果的无私利性也产生了挑战。科学共同体内部分层呈现金字塔的形态，有着“马太效应”、优势积累等。这些都对科学共同体的行为规范产生影响，导致他们可能会为了追求个人利益最大

① 马克思恩格斯全集（第 1 卷）. 北京：人民出版社，1995：75.

② 马克思恩格斯文集（第 1 卷），北京：人民出版社，2009：185.

化而违反默顿“四原则”，产生一系列学术不端行为。对此，需要制定相应的科研诚信指南或行为准则，以指导和规范科学共同体的研究活动，使科学共同体实现科学的体制目标，充分彰显科学共同体的精神气质。

2. 科学共同体的研究伦理

科学工作者进行科学研究和医学实验，尤其是进行人体试验和动物实验，应该遵循社会伦理、生命伦理、动物伦理等。

（1）人体试验应该尊重人类的尊严和伦理。第二次世界大战期间，德国法西斯军医和日本731部队进行了一系列惨无人道的人体试验，引起世人极大的愤慨和担忧。由此，1946年在德国的纽伦堡军事法庭上诞生了世界上第一部规范人体试验的“法典”，即《纽伦堡法典》，开启了人类规范人体试验的先河。在此之后，人们以此为蓝本制定了包括《赫尔辛基宣言》《东京宣言》在内的一系列规范人体试验的国际“法典”，以此指导和规范人体试验。

（2）动物实验应该遵循“动物实验伦理”。即科学家利用动物做实验，应该遵循“动物实验伦理”。现在许多国家、大学和科研机构都制定了“动物实验伦理规范”，其内容主要包括：实验不合法认定，即任何一种动物实验都将被认为是不合乎道德的，除非实验者能够证明该实验的合理性；实验者要承担举证的责任，除非该实验的好处非常明显，否则该实验即为不合理；尽量提高被用于实验的动物的“福利”，减少动物所遭受的不必要的痛苦；尽量减少用于实验的动物数量；尽量寻求动物实验的替代实验等。

（3）科学研究应该增进人类福祉。科学应该是一项增进人类公共福利和生存环境的可持续性事业。但是，随着科学研究和科学组织的社会化，科学技术劳动一体化进程的加快，科学对社会的影响越来越深刻而强烈。这种影响是双重的，既能创造巨大的财富，也能产生深重的灾难。在这种情况下，一切严重危害当代人和后代人的公共福利、有损环境的可持续性的科学活动都是不道德的，科学共同体应该对科学研究及其应用后果承担相应的社会责任。

3. 技术共同体的社会责任和伦理规范

国外一些发达国家公布的工程师伦理准则明确指出，工程技术活动要遵守四个基本的伦理原则：一切为了公众安全、健康和福祉；尊重环境，友善对待环境和其他生命；诚实公平；维护和增强职业的荣誉、正直和尊严等。

技术共同体的主体是工程师。工程师既是工程活动的设计者，也是工程方案的提供者、阐释者和工程活动的执行者、监督者，还是工程决策的参谋，在工程活动中起着至关重要的作用，对社会的影响巨大。正因如此，对工程师的行为进行伦理规范就十分重要。目前许多发达国家都制定了工程师伦理准则，并对不同行业的工程师行为加以具体规范。技术工作者尤其是工程师，在技术活动中应该遵循相应的职业伦理和社会伦理准则，应该承担对社会、专业、雇主和同事的责任，应该对工程的环境影响负有特别的责任，切实规范自己的行为，为人类福祉和环境保护服务，向着“自然主义与人道主义的统一”的最高目标前进。

（三）新兴科学技术的伦理冲击及其应对

新兴科学技术是指那些出现不久或刚刚起步，但具有很大潜力，有可能在未来产生巨大影响的科学技术。典型的有：网络与信息科学技术、基因科学技术、纳米科学技术等。它们的发展应用有可能引发一系列的伦理难题，需要合理地加以应对。

以网络和信息技术为例。它涉及的伦理难题有：网络内容规制的伦理问题——是否应当限制不良信息（如色情信息、虚假信息、垃圾邮件、憎恨言论、在线恐吓、邪教言论、攻击政府的言论和反社会言论）？谁有权来对这些信息加以限制？应该采取什么样的方式加以限制？网络知识产权的伦理问题——网络环境下造成了什么样的知识产权困境？我们应该如何看待和处理网络空间中的知识产权问题，应该遵守什么样的知识产权伦理原则？网络隐私的伦理问题——在自由、开放和共享精神盛行的网络空间中，如何协调隐私权和自由知悉权之间的冲突？保护隐私权的伦理原则有哪些？网络犯罪的伦理问题——如非授权侵入他人网络系统、网络金融诈骗、电子盗窃、网络欺骗、窃取国家机密以及网络恐怖活动等。

对于新兴科学技术内含的伦理难题，应该如何应对？布丁格等人提出的解决伦理困境的“4A 策略”，可以作为科学技术伦理研究的基本框架：

（1）把握事实。具体准确地把握新的科学技术伦理问题中所涉及的特定的科学事实及其价值伦理内涵，分析其中涌现出的伦理冲突的实质，以此作为进一步研究的依据与出发点。

（2）寻求替代。在把握科学事实与伦理冲突的实质的基础上，寻求克服、限制和缓冲特定伦理问题的替代性科学研究与技术应用方案。

（3）进行评估。在尊重科学事实和廓清伦理冲突的基础上，通过跨学科研究与对话对替代性的科研与应用方案进行评估与选择。

（4）动态行动。在评估与选择的基础上采取相应的行动，并根据科技发展进行动态调整。①

第三节 科学技术的社会运行

科学技术的社会运行需要有经济、政治、文化等社会各方面的支撑，良好

---

① T. F. Budinger, M. D. Budinger, Ethics of Emerging Technologies: Scientific Facts and Moral Challenges, John Wiley&Sons, 2006, pp. 3-5.

的社会环境是科学技术顺利运行和保证。社会经济、社会政治和社会文化对科学技术发展的影响，是科学技术发展的重要外部条件。

一、科学技术运行的社会经济支撑

科学技术的社会运行离不开社会经济的支撑。社会的经济支持、经济需求和经济竞争对科学技术发展都具有重要作用。

（一）社会的经济支持对科学技术发展的作用

社会的经济支持是科学技术发展的最重要基础。在科学技术的社会运行中，经济是最根本的因素。科学的发展和技术的进步，依赖社会经济实力和水平所能提供的仪器设备和科研经费的支撑等。

任何科研仪器和设备的出现，都与特定时代的社会经济状况和发展水平密切相关。在古代社会经济水平十分低下的情况下，用于科学研究的手段极其简陋。随着近代资本主义商品经济的发展，人们陆续制造出诸如望远镜、显微镜、电压表、电流表等比较先进的计量和分析仪器，为近代科学的发展创造了必要的物质技术条件。作为现代科学技术发展水平重要标志的庞大、精密而复杂的仪器设备系统，诸如高能加速器、风洞、电子显微镜、射电望远镜、巨型电子计算机，以及人造卫星、空间探测器、航天飞机等崭新的科学观察和实验手段，只有依靠雄厚的社会经济基础作后盾，才能够制造出来，并获得广泛有效的应用，从而有力地支持现代科学技术的迅猛发展。

科学研究活动的经费，是保证科学技术系统顺利运行和发展的重要物质条件。科研经费的数量，反映着一个时代或一个国家对科学技术的重视程度及其发展的规模、水平和速度。然而，任何一个时代和国家所能提供的科研经费，归根到底取决于其生产力发展水平和社会经济状况。随着历史的进步和经济的发展，总的趋势是科研经费数量不断增长，科学活动的组织形式逐步由个人、集体发展到国家和国际规模，科技发展的水平越来越高，速度越来越快，整体化趋势日益增强。在小科学时代，科研活动所需资金，主要依靠贵族、资本家、慈善机构的捐款赞助。当今大科学时代，科学研究所需要的巨额经费，除主要依靠国家投资拨款外，也依靠全社会的大力支持。

随着现代“科学－技术－生产”一体化的推进，社会经济为科学和技术活动提供了人力、物力、财力以及科学技术发展所使用的物质手段。

（二）社会的经济需求对科学技术发展的作用

社会的经济需求是科学技术发展的最重要推动力。在马克思、恩格斯看来，社会需要特别是社会物质生产的需要是科学发展的根本动力。马克思指出，近代科学的产生、发展及其大规模应用，是与机器大工业和资本主义劳动方式紧密相联的，“而科学在直接生产上的应用本身就成为对科学具有决定性的和推动作用的着眼点"[1]。恩格斯指出，科学则在更大得多的程度上依赖于技术的状况和需要，社会一旦有技术上的需要就会比十所大学更能把科学推向前进。

我国《中长期科学技术发展规划纲要（2006—2020）》中指出，"今后15年，科技工作的指导方针是：自主创新，重点跨越，支撑发展，引领未来。……是我国半个多世纪科技事业发展实践经验的概括总结，是面向未来、实现中华民族伟大复兴的重要抉择。"[2] 显然，科学技术运行的根本目的在于适应和满足国家经济社会发展的需求，通过加快推进科学技术创新，促进经济社会的健康、协调、持续发展，服务民生，提高综合国力，以实现到2020年全面建成小康社会、2050年我国基本建成现代化强国的发展目标。

科学技术的发展和应用要为国家的经济社会发展、长治久安以及可持续发展服务。这方面的需求主要包括：制定实施有关工业化、信息化、城镇化等科学技术发展战略；制定并实施有关粮食安全、能源安全、国防安全等科学技术发展战略；制定和实施有关资源节约、环境保护、循环经济等科学技术发展战略。

科学技术的发展和应用要以人为本，加快民生经济发展，推进社会劳动资源与分配的公平与正义，使科学技术和经济发展有利于维护和谐社会建设。这方面的需求主要包括：大力发展最贴近百姓生活，直接服务于公民的科学技术——民生科学技术；发挥科学技术在增进就业、提高收入、缩小贫困差距、帮助弱势群体等方面的作用。这既符合马克思主义以人为本的价值取向，也契合当前我国经济社会发展的理论需求和实践取向。

诚然，要实现上述目标，就需要建立完善的国家创新系统，大力发展适应有关国计民生需求的科学技术。在大力进行基础理论研究的同时，加强基础应用研究；在大力进行战略性基础理论研究的同时，加强战略性基础应用研究；在积极发挥科学技术经济功能的同时，充分发挥其政治、文化以及环境保护的功能，以实现中华民族伟大复兴的发展目标。

（三）社会的经济竞争对科学技术发展的作用

社会的经济竞争是科学技术发展的最重要刺激因素。我国面对全球经济竞争的日益激烈的严峻形势，党的十八大报告明确提出，"要适应国内外经济形势新变化，加快形成新的经济发展方式，把推动发展的立足点转到提高质量和效益上来"；"以加快转变经济发展方式为主线，是关系我国发展全局的战略抉择"[3]。当代中国，在全球经济竞争中以转变经济发展方式为立足点，这种经济竞争与发展的巨大需求将有力促进科学技术的迅速发展。这方面的需求主要

---

① 马克思恩格斯文集（第8卷）. 北京：人民出版社，2009：195.

② 国家中长期科学和技术发展规划纲要（2006—2020）. 北京：人民出版社，2010.

③ 胡锦涛. 中国共产党第十八次全国代表大会报告 . 2012－11－8.

包括：

1. 实施创新驱动发展战略

着力增强创新驱动发展新动力，推动科学技术和经济社会的紧密结合，着力构建以企业为主体、市场为导向、产学研相结合的技术创新体系。完善国家和区域创新体系，强化基础研究、前沿技术研究、社会公益技术研究，提高科学研究水平和成果转化能力，抢占科技发展战略制高点。

2. 推进经济结构战略性调整

这是加快转变经济发展方式的主攻方向。以改善需求结构、优化产业结构等为重点，着力解决制约经济持续健康发展的重大结构性问题。强化需求导向，推动战略性新兴产业、先进制造业健康发展，加快传统产业转型升级。推动服务业特别是现代服务业发展壮大，合理布局建设基础设施和基础产业。建设下一代信息基础设施，发展现代信息技术产业体系，健全信息安全保障体系，推进信息网络技术广泛运用。

3. 推进绿色发展、循环发展、低碳发展

加强节能降耗，促进节能低碳产业和新能源、可再生能源发展。发展循环经济，促进生产、流通、消费过程的减量化、再利用、资源化。大力发展末端治理技术、清洁生产技术、生态化技术、低碳技术等，推动资源利用方式根本转变，形成节约资源和保护环境的空间格局、产业结构、生产方式和生活方式，从源头上扭转生态环境恶化趋势，为人民创造良好生产生活环境。

二、科学技术运行的社会政治环境

良好的社会政治环境是科学技术顺利运行的重要保证。社会政治对科学技术发展的影响，主要表现在社会制度、政策体制、军事对抗以及政治行为等方面。同时，对于科学技术的社会风险，需要公众参与进行社会控制，并制定恰当的公共政策。

（一）社会制度对科学技术发展的影响

在不同的社会制度背景下，科学技术发展的方向、规模和速度呈现出很大差异。一般来说，越是先进的、上升的、民主的、开明的社会制度，越是有利于科学技术的发展和繁荣，相反则不利于科学技术的进步。

历史上世界科学活动中心五次转移的事实就是例证。文艺复兴运动和宗教改革运动，动摇了西欧封建制度的思想基础，打破了教会的精神独裁，为自然科学的解放和发展创造了积极向上的政治环境，使意大利成为近代世界科学活动的第一个中心；1640—1688年的英国资产阶级革命，促使英国封建社会崩溃、资本主义制度诞生，扫除了科学发展的政治障碍，生产力得到进一步解放，英国成了第二个世界科学活动中心；1789—1794年的法国大革命，提倡科学、民主、自由、人权，确立了资本主义政治制度，促进了法国科学的崛起，使其成为世界科学活动的其三个中心；1848—1871年的德国资产阶级革命，结束了封建割据状态，资本主义制度在德国得以确立，为近代德国科学技术的崛起创造了条件，世界科学活动中心由法国转移到了德国；而美国成为世界其五个科学活动中心，也是在美国的南北战争以后，废除了封建农奴制度，扫除了资本主义在美国发展的最后障碍，为科学技术在美国的发展提供了社会条件。

社会主义制度的全部的经济活动都是为满足广大人民群众不断增长的物质和文化需要，是比资本主义更优越的社会制度。社会主义国家对科技事业实行统一的领导和管理，给科学技术的发展开辟了广阔道路。社会主义制度在自身的不断改革和完善过程中，社会主义制度的优越性日益突出，并从根本上为科学技术的繁荣发展提供了更加有利的社会条件。

（二）政策体制对科学技术发展的影响

科学技术政策和体制实际上决定了科学技术发展的方向、规模和速度，并对科学系统与整个社会大系统的关系起着整合或调整作用。不同的社会制度只是为科学技术的发展提供了不同的可能性，要把这种可能变为现实，必须通过具体的政策和体制来运行。例如，制定科学技术的发展战略和发展规划，改革和调整科学技术机构的设置与布局，完善科学技术运行的体制和机制，营造科学技术运行的良好政治环境，建立健全科学技术的政策法规体系、资金投入体系、人才保障体系、中介服务体系等。同时，必须处理好政府规划与自由探索，自主创新与技术引进，基础研究、应用研究与技术开发等相互关系。

（三）军事对抗对科学技术发展的影响

军事对抗与科学技术的相互影响，是社会政治与科学技术相互关系的一种特殊表现。战争是政治的集中体现，军事对抗是最激烈的政治行为。军事、战争对科学技术发展具有双重作用。

一方面，军事、战争对科学技术发展具有强烈的刺激作用。历史上，由于军事、战争的迫切需要，为某些学科的发展和急需技术的创造提出了新任务和新课题，从而加速了与军事对抗有关的新的尖端科学技术的突破。战争的紧急需要，迫使统治集团不惜血本，投入大量人力、物力、财力，建立大型研究中心和实验基地，研制和更新武器装备，提高军事战争力，以夺取战争的胜利，由此导致了某些科学技术领域或部门以超乎寻常的速度向前发展。显然，科学技术可以转化为军事战斗力。现代战争是高技术战争，是以现代科学技术为基础的经济实力和军事实力的抗衡和较量。现代的军工技术、计算机技术、核技术、空间技术等产生和发展，在不同程度上都是由军事对抗的刺激而推动的。至今，世界上诸多国家由于军事对抗的需要，对科学技术的导向、刺激和推动作用依然有增无减。

另一方面，军事、战争对科学技术又有着极大的阻碍和破坏作用。这突出地表现为：军事科研的保密性限制了科学情报的交流和传播；战争亦会打破科学技术发展的正常秩序和轨道；军事战争不仅会造成科研设施的破坏、科学人才的闲置、浪费和迫害，而且会导致科学技术的畸形发展。

（四）政治理念及行为对科学技术发展的影响

一般来说，懂得和遵循科学技术发展规律的政治理念及行为对科学技术发展起推动作用，否则，不顾科学技术发展的客观规律，在一个极端政治化的社会中，统治阶级往往会依据某些政治理念，粗暴干涉科学技术活动。在德国，希特勒法西斯对科学界严加控制，宣称建立“德意志物理学”、“日耳曼优生学”，宣扬“大学训练的目的不是客观科学，而是军人的英雄科学”，把科学看成是培养极端民族主义的手段，对科学技术的发展产生了负面影响。

（五）科学技术风险的社会控制与公共政策

1. 从专家治国到公众参与

科学技术的运行再给人类带来巨大正面作用的同时，也带来了一系列的负面影响，有可能产生各种各样的风险，如核电站的环境风险、转基因食品的健康风险、克隆人的伦理风险等，由此引发了一系列的争论，并在评价和决策上造成了困难。

在科学技术风险评价与决策的主体问题上，科学例外论和专家治国论并无实质性的区别。前者认为，科学是例外的，享有特殊的地位，具有特殊的品质，有关科学技术政策应该置于一个特定的范围，由科学技术专家进行。后者认为，科学家所能做的还是应该去做，不需要考虑其风险，科学技术专家能够正确地进行科技风险评价与决策，不需要公众参与。实际上，科学例外论和专家治国论都有其片面性。这是因为：绝大多数科学技术风险评价远远超出了科学技术专家的专业范围，也缺乏从社会和民众利益的层面上去实际感受科学技术风险可能带来的各种影响，再者科学技术专家难以做到绝对公正、价值中立等。许多科学技术风险具有不确定性、潜在性、增殖性、不可逆性等特征，风险一旦发生，就可能对自然环境、人类健康、社会经济等造成严重后果。显然，科学例外论和专家治国论是不可取的，而代之而起的是公众参与论。

公众参与论是指在科学技术风险的评价与决策中，基于公共选择理论和多元主义理论基础上的公共选择模式，针对公共决策的具体情境，强调决策公共性、正当性、可归责任性，形成有关理论、制度和实践框架，将公众作为行动者和权利人引入公共政策的制定过程，打破官僚精英、经济精英、科技精英联手形成的“三位一体”垄断决策，形成科学、民主的决策模式，实现科学技术的民主化。

2. 制定最优化的科学技术公共政策

在有关科学技术风险公共政策的制定上，应该全面评价科学技术风险－收益的各个方面，批判性地考察存有争议的科学知识或技术成果，分析相互竞争的利益集团和社会各方面的意见，理解专家知识和决策的局限性、公众理解科学的必要性以及外行知识的优势，明确政府、专家、公众在与科学技术风险相关的公共决策中的不同作用，辨别公众参与决策的可能方式，从而形成最优化的科学技术公共政策模式，制定恰当的公共政策，以达到对科学技术风险有效控制的目的。

例如，关于国家农业转基因生物安全政策。国外有学者分别对美国、欧盟、中国等国家1999—2000年的情况进行了分析，认为可分为鼓励式、禁止式、允许式、预警式四种模式。鼓励式的安全政策忽略了农业转基因生物的环境风险和健康风险，可能造成严重后果；禁止式的安全政策丧失了农业可能发展和应用现代生物技术的机会；允许式的安全政策对农业转基因生物的风险性估计不足，存在极大的隐患；预警式的安全政策，既对农业转基因生物可能出现的各种风险做好了应对准备，同时又兼顾了其经济、生态和社会效益，这应该是一种较为合理的农业转基因生物安全政策。

三、科学技术运行的社会文化背景

社会文化背景是科学技术运行的氛围和土壤，科学技术运行需要有良好的社会文化环境，应以先进的文化理念引导科学技术文化。同时，也应关注国外有关科学技术文化领域的研究动向和学术思潮，如女性主义、后殖民主义、科学主义和反科学思潮等，并力求做出适当的评析。

（一）文化教育对科学技术发展的影响

科学技术的产生和发展与一定的社会文化背景密切关联。历史上，科学技术的发展和繁荣是深深植根于社会文化土壤之中。进步的、有利于科学技术发展的文化环境，不仅是开创科学技术精英辈出、群星灿烂时代的基质，而且是造就科学技术实力雄厚、水平先进的民族和国家的重要保证。社会的物质文化和精神文化对科学技术发展都具有重要影响，同时教育是科学技术发展与繁荣的摇篮。

1. 社会的物质文化对科学技术发展具有基础作用

物质文化主要是以工具、器具、物品等形式反映出来的一种文化形态。器物是科学技术知识的物化。正如马克思所说，“自然界没有制造出任何机器，没有制造出机车、铁路、电报、走锭精纺机等。它们是人类劳动的产物，……是物化的知识力量。”① 一方面，科学技术知识以物化形式凝结和保存在器物之中，并随着器物的传播扩散而得以世代相传、广泛扩散，从而使器物成为保存和传

---

① 马克思恩格斯全集（第46卷）. 北京：人民出版社，1980：219.

播科学技术知识的一种物质载体。另一方面，科学技术的进一步发展还必须依赖已存在的器物作为自己的物质手段，科学技术知识以物化的形式又可以成为科学技术继续发展和不断创新的基础。

2. 社会的精神文化对科学技术发展具有主导作用

精神文化是以知识智能、价值观念和行为规范等形式表现出来的一种文化形态。科学技术的存在和发展，始终处在一定的政治、法律、哲学、宗教、伦理、美学、文学、艺术、教育、价值观念、行为规范等精神文化氛围之中。其中，价值观念和行为规范的集合构成了整个文化系统的核心和特质。价值观念和行为规范，经过历史的积淀形成强大的文化传统。这种文化传统，渗透在社会的各种制度以及人们的社会行为和生活方式之中，不仅对整个文化系统的变迁起着主导作用，而且对科学技术发展具有最深刻的影响。如中国封建社会自汉以后，形成以儒家学说为正统、道家学说为补充的文化思想结构，学者文人研究的重点是“穷天理、明人伦、讲圣言、通世故”，而缺乏探索自然、变革自然的研究。这种重伦理、轻自然的文化传统，阻碍了中国古代科学技术进步。价值观念不仅制约着科学家个人研究方向与研究领域的选择和判断，支配着科技成果的研发和应用，而且影响着国家和民族科学技术发展的进程和性质。

3. 教育对科学技术发展具有连续性作用

科学技术具有很强的继承新和连续性，而教育的主要功能就在于向人们传授前人或他人所获得的科学知识和技能。教育的发展水平直接影响着科学技术的发展水平，教育的普及程度直接影响着科学技术成果在社会中传播、消化、吸收和应用。因此，良好的教育是科学技术发展的前提和基础。

（二）以人文文化引导科学技术文化

1. 科学文化与人文文化的冲突与协调

这种冲突在当代主要表现为：科学家倾向于认为，人文学者智力水平低，只提供没有任何实际作用的闲言碎语和虚文，不关注外在的世界，缺乏远见，散漫不守规矩；人文学者倾向于主张，科学家只是那些善于思考与计算的机器，缺少对宇宙、自然、社会及人生的细微深入的体验与感受，缺乏对人的内心世界的关注，浅薄乐观，刻板老套。这就是科学文化与人文文化之间的冲突。要协调这种冲突，不妨从下两个方面来认识：

（1）科学文化与人文文化之间有较大的差别。自然科学与人文学科在认识对象、认识方法、认识特征、认识目的、评判认识的标准以及认识的功能上，都有着本质的不同，由此使得经过科学教育培养出来的人和经过人文教育培养出来的人，在科学文化和人文文化素养方面存在差异。一般而言，科学家更多地具有与理性、客观、实验、演进、条理、规范、效率等相联系的特质；而人文学者则更多地具有与感性、温情、诗性、浪漫、洞察、智慧、机缘等相联系的特质或气质。这表明，科学文化与人文文化各有其自己的研究领域和文化功能，任何抹杀二者之间的差别，将二者相互混淆、相互代替、相互改造的企图，都是行不通的，也是错误的。

(2) 科学文化与人文文化之间没有不可逾越的鸿沟。可以通过加强科学工作者与人文工作者之间的沟通和对话的途径，使两种文化气质相互宽容、相互借鉴、相得益彰。科学工作者要特别提醒自己，必须像人文工作者那样始终关注人与人的存在，具备更多的人文精神，如自由、平等、民主、博爱、权力、法制、公平、正义；仁慈、尊重、宽容、诚实等。而人文知识分子则很有必要借鉴科技专家的思维方式和工作方式，关注事实和功效，具备更多的科学精神，如探索求知的理性精神，实验证实的求真精神，实验证伪的认错精神，大胆怀疑的批判精神等。只有这样才能使求“真”的科学具有更多的“善”和“美”，也才能使求“善”和求“美”的人文具有更多的“真”。

2. 技术文化与人文文化的冲突与协调

技术文化是文化系统的一部分，其核心是技术理性。它本质上关注的是特定技术目的或功效的实现，但很少关心目的本身的合理性。技术理性追求发展的物的意义从而遮蔽了发展的人的意义，人被异化为技术和物的意义，成为“技术-经济人”等。技术文化是一种物的文化、一种控制的文化，它将物的文化代替人的文化，将物的关系代替人的关系。

要走出技术文化的上述困境，就需要社会先进文化的引领。不能一味地更新技术或拒绝技术，因为技术文化的异化实质上是人自身的异化，要批判的恰恰是人自身。现代人的生存危机在于生存意义的迷失和精神家园的失落，应该在追寻人类生存和发展意义的基点之上，通过技术文化的价值理性重建，使之走向人性化和民主化，为实现人与自然的和谐、人与人之间的和谐做出贡献。技术文化的理性价值重建，需要以社会先进文化引领技术文化，使技术发展和应用为经济社会健康全面发展服务。当前得到广泛提倡的环境科学技术、绿色技术、生态化技术、清洁生产技术、低碳技术等，就是为了协调人与自然之间的关系，以及协调技术与人的需求之间的矛盾所做出的努力，是技术文化与人文文化——绿色文化的良性互动产物，是技术回归人文的体现。

(三) 女性主义和后殖民主义及其评析

1. 女性主义

20 世纪 60 年代起，女性主义探讨科学技术史、科学哲学和科学社会学等相关问题，形成了女性主义的科学技术文化观。它对科学技术领域的性别分层原因、科学技术的性别化特征以及性别构建等问题做了深入阐述，给出了许多有价值的思想。

经考察不难发现，在科学技术领域中，女性人员数量偏少，职位偏低，且越到高层女性数量越少。这引起了一些学者对科学技术领域中的性别差异根源进行理论探讨。有观点认为，这种差异是由生理性别决定的，在科研能力上，男性更多地擅长理性的、逻辑思维和数学思维，女性则更多地擅长感性的、非逻辑思维。对此，女性主义者进行了反驳。她们指出，并没有充分的证据证明男性和女性在科研能力方面存在天生的差别，之所以出现科学技术的性别分层，是由于社会性别文化偏见造成的，如认为女性天生不适合于从事科学技术工作，从而没有创造更好的环境去培养她。她们认为，西方科学本质上是男权文化意义上的科学，更多地体现了理性、客观、严密等“男性本质”，科学就成了男性的特权和专利，这影响到女性对科学技术活动的参与。

女性主义者还将科学认识与技术产品本身与性别相联系。她们有人研究发现，在科学研究中尤其是生物学研究中，渗透了性别文化，体现了性别文化对科学的建构，如20世纪早期以来，精子通常被描述为主动的，而卵子被描述为被动的。并进一步指出，并非科学证据表明如此，而是人们受着性别文化的影响所致。还有女性主义研究者发现，技术具有高度的性别化的政治或文化色彩，技术中的性别角色的预设往往过分地强化了现有的性别结构，如制造商开发的某些自行车的外形特征就与这一社会文化观念相一致。甚至，有些女性主义研究者认为，新的技术远没有把女性从家庭中解放出来，相反使她们进一步陷入了性别的社会组织之中，如新的生育技术是父权制侵害女性身体的一种形式，新的家庭技术并没有使女性花在家务劳动上的时间减少。

2. 后殖民主义

后殖民主义对科学的多元文化起源与欧洲中心论进行了反思，认为地方性知识具有一定的合理性，西方科学并非唯一的科学知识，还有民族科学；西方科学的普遍与客观性是欧洲中心主义与男性至上主义的社会建构，成为剥削殖民地国家的手段；从西方发达国家输入科学思想和技术制品会导致依附性，会导致科学技术的殖民主义。反思扬弃这些思想，有助于深刻理解欠发达国家科学与西方科学及其关系，有助于正确处理消化引进与自主创新之间的关系。

后殖民主义从依附性理论视角，就科学技术对于欠发达国家的意义进行了探讨。所谓依附性是指欠发达国家无论社会经济结构还是科学技术的需求，都与发达国家有很大的不同，如果欠发达国家在科学上一味追随，技术上盲目引进，则很可能导致科学与社会经济的脱节，技术与经济社会发展不相适应，甚至会造成国家资源的不当配置，扰乱社会的劳动分工，阻碍经济的发展。依附性理论区分了本土科学知识与西方科学知识，看到了欠发达国家盲目发展和引进西方科学技术的不足，有可能引发科学、技术的殖民主义。

殖民主义又称为后殖民科学。后殖民科学有一定道理。因为欠发达国家在科技人员的创新能力、科学文献发表、研发资金等方面，都与发达国家有一定的差距，从而在科学上处于“外围”；欠发达国家追捧西方科学技术，只将研发资金的很少一部分用于研究与自身直接相关的问题，本土知识精英原理其所在的社会经济现实，忽略其相关的科学技术研究，缺乏把理论知识转化为技术应用的能力；欠发达国家的经济基础结构不适合西方技术，盲目依赖西方技术的转移，可能影响到欠发达国家的传统产业和公众就业。

但是，这并不意味着欠发达国家可以一味强调本国国情而拒绝发展和引进发达国家的科学技术，而是意味着欠发达国家应该意识到后殖民科学的存在，全面认识发达国家和欠发达国家在科学技术以及社会发展上的差异，正确处理消化引进与自主创新的关系，发展出既与西方科学技术接轨又能适合于本国国情的科学技术，以更好地、更快地推动本国的社会经济发展。

（四）科学主义和反科学主义及其评析

1. 科学主义

科学主义试图用科学的标准来衡量和裁决人类的认识和生活，把一切与科学不相符的人类认识与价值信仰看作是没有多少价值的或是错误的，把科学技术看成是解决人类一切问题的工具。

科学主义的产生有其社会、文化、心理等方面的原因，是人类在一定历史时期对科学的理想看法，体现了对科学的态度和对科学应用的态度，有一定的历史必然性与合理性。它能够推动科学建制的确立、科学技术发展及其应用，能够帮助人们解放思想，摆脱迷信，辨明是非。而且将科学方法应用到人文社会科学的研究中，确实在一定程度上促进了这些学科的发展。

但是，科学主义极端夸大了科学及其价值，这是片面的、错误的、不可取的。科学主义是对科学认识、方法和价值的正确性、普遍性的绝对肯定和夸大，同时有贬低乃至否定了其他人文社会科学的方法的有效性、认识的正确性以及对于人类社会生活的价值和意义，使用科学裁定和代替人文，用工具理性代替价值理性，把科学技术看成解决人类一切问题的工具，由此造成重科学轻人文思想以及科学技术在自然、社会各领域对人文的全面僭越，引发科学文化与人文文化之间的对立和冲突，导致人文精神的缺失，使人们产生科技乐观论、科技万能论，盲目滥用科技，从而加剧科技应用的负面影响。这是应该反思和批判的。

我们应该深刻认识到科学技术的价值限度，为人文信仰留下应有的空间，用正确的人文理念指导我们的生活。要知道，科学技术虽然够使人富足、舒适、博学、健康、长寿、快捷、方便等，但是却无法治愈不平等、犯罪、恶欲、屈辱、无爱、奴役、缺德、腐败等人类痼疾；相反，如果没有走出对科学技术的认识“误区”，就很可能会扭曲人生的价值和意义，造成生态环境的破坏，加剧环境危机和社会危机。

2. 反科学主义

20 世纪下半叶在西方学术界出现的反科学思潮，就是反科学主义的集中体现。反科学主义表现在激进的后现代主义、“强纲领”科学知识社会学、极端的环境主义者等相关论述中。其主要观点包括：科学知识是社会建构的，与自然无关，是科学共同体内部成员之间相互谈判和妥协的结果；科学与真理无关，多有知识体系在认识上与现代科学同样有效，应当给予非正统的“认知形式”与科学同等地位；科学是一种与其他文化形态一样的、没有特殊优先地位的东西；西方科学发展了西方霸权的工具，并导致了非西方的衰落等。反科学主义表明，科学事业是对科学研究纲领、技术设计以及相关的社会过程的选择，是一个困难而复杂的问题，应引起公众和决策层的注意。

但是，反科学主义在很大程度上否定科学，这是根本错误的。反科学主义的一些极端观点，实质上否定了科学的真理性，片面夸大了科学技术的负面效应，消解了科学的进步性、应用性和社会文化地位，走向了科学技术悲观论甚至反科学，有碍于科学技术的发展和应用。这也是应该反思和批判的。

基于反科学主义本身的复杂性，要求我们不能从反科学主义而走向反科学。我们完全可以在对待反科学主义的反思批判中做到：我们不否认科学对自然的反映具有相对真理性，但反对认为科学与自然无关、科学与真理无关、否认科学的真理性；我们不否认科学技术的应用不当会产生负面效应，但反对从根本上否定科学，把这种负面效应看成是科学技术本身的问题；我们主张推进科学技术的发展和繁荣、以科学技术推动经济社会发展以及把科学技术的方法应用到人文社会科学中去，坚决反对消解科学技术的进步性、广泛的应用性和重要的社会文化地位；我们既反对科学主义、科技乐观论、科技万能论等极端化的错误观点；但也反对走向另一个极端的科技悲观论甚至反科学的错误观点。

我们对待科学需要有一个正确态度，充分肯定科学技术的重要文化地位，清除反科学思潮、反科学主义的不良影响。自然科学作为反映自然规律的各门知识，具有真理性、准确性和有效性；技术是科学的物化、是变革自然的有力武器。科学技术是推动人类物质文明、精神文明、变革社会以及增进人类自由而全面发展的重要力量，对经济社会发展、人类生产生活具有独特而重要的作用和价值。它能够解决人类面临的很多问题，给人们带来幸福。科学技术进步有力地促进着人类社会以及人自身的全面发展。科学技术的负面效应并非科学技术本身所致，而是在于未能恰当地应用科学技术成果造成的。认清乃至避免科学技术的负面效应，是铲除反科学主义思潮、反科学主义影响的土壤或温床。正确地发展和应用科学技术与人文社会科学，必须加强和发挥自然科学与人文科学的联盟及其作用，共同抵制科学主义与反科学主义、科技万能论与科技悲观论以及其他各种错误思潮的不良影响。

思　考　题

1. 马克思主义科学技术社会论由哪些基本理论构成？其各部分之间的关系如何？
2. 为什么说“科学技术是一种在历史上起推动作用的、革命的力量”？
3. 什么是科学技术的异化？如何看待科学技术的异化？
4. 科学技术的社会体制和社会组织对科学技术的发展有何意义？
5. 当代科学技术的研究取向与组织机制有哪些新特点？
6. 科技工作者及其共同体有哪些社会责任和伦理规范？
7. 如何保障科学技术在社会中健康、持续地运行？
8. 如何理解科学技术文化与人文文化之间的冲突与协调？
9. 如何看待科学主义与反科学主义？

第五章

中国马克思主义科学技术观及其实践

中国马克思主义科学技术观是基于马克思、恩格斯的科学技术思想，对当代科学技术及其发展规律的概括和总结，是马克思主义科学技术论的重要组成部分。中国马克思主义科学技术观是马克思主义科学技术观与中国具体科学技术实践相结合的产物，是中国化的马克思主义科学技术观。毛泽东、邓小平、江泽民、胡锦涛的科学技术思想，既一脉相承，又与时俱进。中国马克思主义科学技术观为人们认识和改造自然，促进科学技术与自然、社会的和谐发展，创新型国家建设和两化融合提供了重要的思想武器。

第一节 中国马克思主义的科学技术观

新中国的科技发展在半个世纪里走完了西方发达国家数百年的里程。以毛泽东、邓小平、江泽民、胡锦涛为核心的中国共产党领导集体在锐意进取和艰难跋涉中，逐步探索出适合中国国情的发展科学技术的战略思想，为中国科技赶超世界先进水平和经济社会的全面进步指明了方向。

一、中国马克思主义的科学技术思想

毛泽东、邓小平、江泽民、胡锦涛在各自的时代背景下，在探索中国社会主义建设的过程中，将马克思主义科学技术观与中国具体科学技术实践相结合，他们的科学技术思想既一脉相承，又与时俱进，形成了中国马克思主义科学技术观。

（一）毛泽东的科学技术思想

毛泽东的科学技术思想是毛泽东思想的重要组成部分。毛泽东在新中国科学技术相对落后的条件下，提出了一系列关于科学技术发展的理论观点，形成了毛泽东的科学技术思想。

科学技术促进生产力发展。毛泽东系统总结了世界各国科学技术经济发展

的经验，指出“资本主义各国，苏联，都是靠采用最先进的技术，来赶上最先进的国家，我国也要这样”[①]；“不搞科学技术，生产力无法提高”[②]。

向科学进军。毛泽东提出社会主义建设要依靠科学技术，号召向科学进军，目标是世界科学技术前沿，努力接近与赶上世界科学发展的先进水平。他提出“我国人民应该有一个远大的规划，要在几十年内，努力改变我国在经济上和科学文化上的落后状况，迅速达到世界上的先进水平”[③]。

开展群众性的技术革新和技术革命运动。毛泽东指出，“技术革新和技术革命运动现在已经成为一个伟大的运动，急需总结经验，加强领导，及时解决运动中的问题，使运动引导到正确的、科学的、全民的轨道上去”[④]。

自力更生与学习西方先进科学技术。毛泽东为我国科学技术发展确定的根本原则是自力更生为主，争取外援为辅。毛泽东说：“我们的方针是，一切民族、一切国家的长处都要学，政治、经济、科学、技术、文学、艺术的一切真正好的东西都要学。但是，必须有分析有批判地学，不能盲目地学，不能一切照抄，机械搬用。”[⑤]

建立宏大的工人阶级科学技术队伍。毛泽东一再强调要造成一支宏大的工人阶级科技队伍。为了建成社会主义，工人阶级不能没有自己的技术干部的队伍。他指出，“无产阶级没有自己的庞大的技术队伍和理论队伍，社会主义是不能建成的。”[⑥]

（二）邓小平的科学技术思想

以邓小平同志为核心的党的第二代中央领导集体做出把党和国家工作中心转移到经济建设上来、实行改革开放的历史性决策，明确提出走自己的路、建设中国特色社会主义，科学回答了建设中国特色社会主义的一系列基本问题。邓小平的科学技术思想是邓小平理论的重要组成部分。邓小平结合改革开放和当代科学技术发展的新态势，提出了一系列关于科学技术发展的理论观点，形成了邓小平的科学技术思想。

科学技术是第一生产力。邓小平根据世界科学技术经济发展的新趋势，概括了人类实践所提供的新经验和新成果，第一次明确提出“科学技术是第一生产力”[⑦] 这一当代马克思主义的重大理论命题，成为邓小平科学技术思想的理论核心。

---

① 毛泽东文集（第8卷）. 北京：人民出版社，1999：126.

② 毛泽东文集（第8卷）. 北京：人民出版社，1999：351.

③ 毛泽东文集（第7卷）. 北京：人民出版社，1999：2.

④ 毛泽东文集（第8卷）. 北京：人民出版社，1999：152－153.

⑤ 毛泽东文集（第7卷）. 北京：人民出版社，1999：41.

⑥ 毛泽东文集（第7卷）. 北京：人民出版社，1999：309.

⑦ 邓小平文选（第3卷）. 北京：人民出版社，1993：274.

科学技术为经济建设服务。邓小平指出，“科学技术主要是为经济建设服务的。”① 他强调“四个现代化，关键是科学技术的现代化。没有现代科学技术，就不可能建设现代农业、现代工业、现代国防。没有科学技术的高速度发展，也就不可能有国民经济的高速度发展”②。

尊重知识、尊重人才。邓小平强调“尊重知识，尊重人才”③，他提出“把尽快地培养出一批具有世界第一流水平的科学技术专家，作为我们科学、教育战线的重要任务”④。

发展高科技，实现产业化。邓小平认为，“中国必须发展自己的高科技，在世界高科技领域占有一席之地。”⑤ 他提出了“发展高科技，实现产业化”的号召，进一步明确了我国发展高科技的指导方针，形成了高科技发展的战略思想。

进行科技体制改革。邓小平为我国的科技体制改革的原则、内容及任务指明了方向。他指出，“新的科技体制，应该是有利于经济发展的体制。双管齐下，长期存在的科技与经济脱节的问题，有可能得到比较好的解决。”⑥

学习和引进国外先进科学技术成果。邓小平指出，“科学技术是人类共同创造的财富。任何一个民族、一个国家，都需要学习别的民族、别的国家的长处，学习人家的先进科学技术。”⑦ 我国要扩大对外开放，增强国际交流，吸收先进成果，追踪科学技术前沿，填补科学技术空白。

（三）江泽民的科学技术思想

以江泽民同志为核心的党的第三代中央领导集体坚持党的基本理论、基本路线，依据新的实践确立了党的基本纲领、基本经验，确立了社会主义市场经济体制的改革目标和基本框架，确立了社会主义初级阶段的基本经济制度和分配制度，开创全面改革开放新局面，成功把中国特色社会主义推向21世纪。江泽民的科学技术思想是“三个代表”重要思想的有机组成部分。江泽民在世纪之交科学技术迅速发展、知识经济初见端倪的新形势下，提出了一系列关于科学技术发展的理论观点，形成了江泽民的科学技术思想。

科学技术是先进生产力的集中体现和主要标志。江泽民指出，“科学技术是第一生产力，而且是先进生产力的集中体现和主要标志。”⑧ 这一重要论断，指明了科学技术在先进生产力发展中的关键地位和决定作用。

---

① 邓小平文选（第2卷）. 北京：人民出版社，1994：240.
② 邓小平文选（第2卷）. 北京：人民出版社，1994：86.
③ 邓小平文选（第2卷）. 北京：人民出版社，1994：40.
④ 邓小平文选（第2卷）. 北京：人民出版社，1994：96.
⑤ 邓小平文选（第3卷）. 北京：人民出版社，1993：279.
⑥ 邓小平文选（第3卷）. 北京：人民出版社，1993：108.
⑦ 邓小平文选（第2卷）. 北京：人民出版社，1994：91.
⑧ 江泽民文选（第3卷）. 北京：人民出版社，2006：275.

实施科教兴国战略。江泽民指出，“科教兴国，是指全面落实科学技术是第一生产力的思想，坚持教育为本，把科技和教育摆在经济社会发展的重要位置，增强国家的科技实力及向现实生产力转化的能力，提高全民族的科技文化素质，把经济建设转到依靠科技进步和提高劳动者素质的轨道上来，加速实现国家繁荣强盛。”①

科学技术创新是经济社会发展的重要决定因素。江泽民反复强调“创新是一个民族进步的灵魂，是一个国家兴旺发达的不竭动力”②，并认为“如果自主创新能力上不去，一味靠技术引进，就永远难以摆脱技术落后的局面。一个没有创新能力的民族，难以屹立于世界先进民族之林”③。

重视和关心科学技术人才。江泽民高度重视科学技术人才在科学技术进步和创新中的重要作用，多次强调创新的关键在人才。他说：“科技要发展，人才是关键。”④“科技进步、经济繁荣和社会发展，从根本上说取决于提高劳动者的素质，培养大批人才。”⑤

加强科技体制改革和科技法制建设。江泽民指出，“如何促进科技与经济的有机结合是我国经济和科技体制改革需要着力解决的根本问题。”⑥“在我国加强科技法制建设，就是要按照依法治国、建设社会主义法治国家的要求，努力建设有中国特色的科技法制，保证党和国家的科技工作方针得到全面贯彻落实，推动建立适应社会主义市场经济体制和科技自身发展规律的新的科技体制。”⑦

科学技术伦理问题是人类在21世纪面临的一个重大问题。江泽民指出，“在21世纪，科技伦理问题将会越来越突出。核心问题是，科学技术进步应服务于全人类，服务于世界和平、发展和进步的崇高事业，而不能危害人类自身。”⑧

（四）胡锦涛的科学技术思想

以胡锦涛同志为总书记的党的中央领导集体在全面建设小康社会进程中形成和贯彻了科学发展观，成功在新的历史起点上坚持和发展了中国特色社会主义。科学发展观是马克思主义同当代中国实际和时代特征相结合的产物，是马克思主义关于发展的世界观和方法论的集中体现，是马克思主义中国化的最新成果。胡锦涛的科学技术思想是科学发展观的重要组成部分。胡锦涛在经济全球化的背景下，立足于我国科学技术与社会发展的现实需要，提出了一系列关

---

① 江泽民文选（第1卷）. 北京：人民出版社，2006：428.
② 江泽民文选（第3卷）. 北京：人民出版社，2006：64.
③ 江泽民文选（第1卷）. 北京：人民出版社，2006：432.
④ 十三大以来重要文献选编（中），北京：人民出版社，1991：788.
⑤ 江泽民文选（第1卷）. 北京：人民出版社，2006：233.
⑥ 江泽民. 论科学技术，北京：中央文献出版社，2001：52.
⑦ 江泽民. 论科学技术，北京：中央文献出版社，2001：97.
⑧ 江泽民. 论科学技术，北京：中央文献出版社，2001：217.

于科学技术发展的理论观点，形成了胡锦涛的科学技术思想。

提高自主创新能力，实施创新驱动发展战略。胡锦涛多次强调，“自主创新能力是国家竞争力的核心。……必须把建设创新型国家作为面向未来的重大战略”[①]。科技创新是提高社会生产力和综合国力的战略支撑，必须摆在国家发展全局的核心位置。要坚持走中国特色自主创新道路，加快建设国家创新体系，把全社会智慧和力量凝聚到创新发展上来。

实施人才强国战略，深化科学技术体制改革。胡锦涛指出，“走中国特色自主创新道路，必须培养造就宏大的创新型人才队伍。人才直接关系我国科技事业的未来，直接关系国家和民族的明天。”[②] 他为深化科学技术体制改革提出了明确的指导方针，提出“要始终把科学管理作为推动科技进步和创新的重要环节，不断提高科学管理水平”[③]，深化科技体制改革，推动科技和经济紧密结合，不断推进理论创新、制度创新、科技创新、文化创新以及其他各方面创新，不断推进我国社会主义制度自我完善和发展。

重视科学技术和环境和谐发展，深入贯彻可持续发展战略。胡锦涛指出，“大力发展能源资源开发利用科学技术”；“大力加强生态环境保护科学技术。……要注重源头治理，发展节能减排和循环利用关键技术，建立资源节约型、环境友好型技术体系和生产体系。”[④] 必须更加自觉地把全面协调可持续作为深入贯彻落实科学发展观的基本要求，全面落实经济建设、政治建设、文化建设、社会建设、生态文明建设五位一体总体布局。

选择重点领域，实现跨越式发展。胡锦涛指出，“要坚持有所为有所不为的方针，选择事关我国经济社会发展、国家安全、人民生命健康和生态环境全局的若干领域，重点发展，重点突破，努力在关键领域和若干技术发展前沿掌握核心技术，拥有一批自主知识产权。”[⑤]

坚持以人为本，大力发展民生科学技术。胡锦涛指出，“我们必须坚持以人为本，大力发展与民生相关的科学技术，按照以改善民生为重点加强社会建设的要求，把科技进步和创新与提高人民生活水平和质量、提高人民科学文化素质和健康素质紧密结合起来，着力解决关系民生的重大科技问题，不断强化公共服务、改善民生环境、保障民生安全。”[⑥]

---

① 十六大以来重要文献选编（下），北京：人民出版社，2008：62.

② 十七大以来重要文献选编（上），北京：人民出版社，2009：502.

③ 十六大以来重要文献选编（下），北京：人民出版社，2008：63.

④ 胡锦涛．在中国科学院第十五次院士大会、中国工程院第十次院士大会上的讲话，北京：人民出版社，2010：8，10.

⑤ 十六大以来重要文献选编（中），北京：人民出版社，2006：119.

⑥ 胡锦涛：在中国科学院第十五次院士大会、中国工程院第十次院士大会上的讲话．北京：人民出版社，2010：7.

坚持中国特色道路，促进“四化”同步发展。胡锦涛指出，“坚持走中国特色新型工业化、信息化、城镇化、农业现代化道路，推动信息化和工业化深度融合、工业化和城镇化良性互动、城镇化和农业现代化相互协调，促进工业化、信息化、城镇化、农业现代化同步发展。”①

二、中国马克思主义科学技术观的基本内容

中国马克思主义科学技术观的内涵丰富，包括科学技术的功能观、战略观、人才观、和谐观和创新观等，涉及了科学技术的功能、目标、机制、战略、人才和方针等重大问题，是一个科学、完整的思想理论体系。

（一）科学技术功能观

新中国成立后，毛泽东特别关注科学技术的政治功能和经济功能，认为发展科学技术是一个严肃的政治问题。首先，毛泽东认为发展科学技术是建设社会主义现代化的先决条件。新中国成立初期，正赶上世界新技术革命浪潮刚刚兴起，毛泽东结合中国的实际和世界科技革命的形势，认为中国应当依靠科学技术推动社会主义现代化建设，他向全国人民发出了“向科学进军”的号召。吸取科学技术落后就要挨打的教训，毛泽东提出，要下决心，研究原子弹这样的尖端技术。其次，毛泽东认为科学技术是促进生产力发展的决定力量。毛泽东对科学技术与生产力的关系有如下的论述，他说，科学技术是提高劳动生产率的关键，不搞科学技术，生产力无法提高。从中可以看出毛泽东依靠科学技术推动生产力发展的思想是比较明确的。

邓小平依据20世纪下半叶世界科学技术发展的新趋势，提出“科学技术是第一生产力”的论断，发展了马克思主义科技观和生产力理论。邓小平还多次强调中国现代化的关键在于科学技术的现代化。邓小平说：“四个现代化，关键是科学技术的现代化。没有现代科学技术，就不可能建设现代农业、现代工业、现代国防。”上述观点指出了科学技术在社会主义现代化建设中的价值，把科学技术在社会主义现代化建设中的作用提高到了一个新高度。

江泽民同样重视科学技术的生产力功能，他继承并丰富了邓小平的科学技术思想，提出“科学技术是第一生产力，而且是先进生产力的集中体现和主要标志”的论断，指明了科学技术在先进生产力发展中的关键地位和作用。马克思主义的唯物史观告诉我们，推动人类社会发展的最终决定力量是生产力的进步，而科学技术的发展进步，促使人类不断用先进的生产力取代落后的生产力。先进生产力是由科学技术成果应用而产生的，科学技术的进步代表了先进生产力的前进方向，而中国共产党要始终代表中国先进生产力的发展要求。江泽民

---

① 中国共产党第十八次全国代表大会文件汇编．北京：人民出版社，2012：1.

“科学技术是先进生产力的集中体现和主要标志”的论断，其实质是上升到执政兴国的高度来看待科学技术的生产力功能。

胡锦涛继承邓小平、江泽民关于科学技术社会功能的思想，进一步认识到科学技术与生产力、科学技术与经济社会发展之间的关系，指出科学技术是第一生产力，是推动人类文明进步的革命力量，是经济社会发展的持久动力。胡锦涛还倡导科学技术要实现和环境的和谐发展，科学技术发展中要注意生态环境保护，实现可持续发展，大力发展节约资源和保护环境的科学技术，建立资源节约型、环境友好型社会，实现人与自然的共同发展。这实际上是在充分认识科学技术社会功能的基础上，提出了发展科学技术、发挥科学技术作用的同时，要实现人与自然协调发展的思想。

综上可见，马克思主义科技观对科学技术生产力功能的认识越来越深刻，同时，对科学技术社会功能的认识越来越全面，越来越揭示了科学技术的本质。

（二）科学技术战略观

中国马克思主义科技观在发展的过程中，将科学技术战略提升至国家层面，将科学技术置于经济和社会优先发展的战略地位，予以高度重视，但不同历史阶段科学技术战略的侧重点各有不同。

新中国成立初期，以毛泽东为核心的第一代中央领导集体，提出了“向科学进军”的科学技术发展战略，主张开展科技革命。1956年4月，中共中央制定了十二年的科学技术发展远景规划纲要，这个规划纲要调整了科研力量和机构设置，确立了新中国科学技术事业发展的基本框架。为了适应世界新科学技术革命发展的形势，提升中国的科学技术水平，这个规划纲要还提出了中国国家建设急需解决的多项科技任务，特别是在尖端科学技术方面，为了缩短中国科学技术与发达国家之间的差距，提出了发展高新技术的设想。这些战略决策的实施，走出了一条中国人自己的科学技术发展道路，初步改变了中国科学技术落后的面貌，推动了中国工业化进程和科学技术事业的发展。

20世纪80年代，面对世界高科技迅速发展的趋势，邓小平提出中国必须在世界高科技领域占有一席之地，邓小平指出，21世纪是高科技发展的世纪，“世界上一些国家都在制定高科技发展计划，中国也制定了高科技发展计划。”邓小平还亲自领导了“863”计划等重大科技计划的实施。一些重大科技计划的实施，其示范带动作用突出，进一步促进了高科技成果商品化、产业化和国际化，促进了科学技术与经济社会的良性互动，促使中国向着“发展高科技，实现产业化”的道路迈进。

20世纪90年代，知识经济即将到来，科技实力、教育水平成为衡量一个国家综合国力的两大重要因素，世界上许多国家都在努力提高本国的科学技术和教育水平，以增强国家的竞争力。在这样的背景下，以江泽民为核心的党的第三代领导集体提出要在中国实施科教兴国战略，把科教兴国战略确立为新世纪中国实现现代化的发展战略，突出了科学技术与教育在社会发展中的显著地位。此外，江泽民认为，科学技术创新是经济社会发展的重要决定因素，在其科学技术创新思想的推动下，中国相继实施了国家知识创新试点工程、技术创新试点工程和“211 工程”，提升了中国的自主创新能力，彰显了科学技术的巨大社会作用。

21 世纪，针对科学技术发展的新态势，胡锦涛系统论述了提高自主创新能力，建设创新型国家的思想，胡锦涛指出，“自主创新能力是国家竞争力的核心。……必须把建设创新型国家作为面向未来的重大战略。”强调自主创新是胡锦涛科学技术思想的突出特点，胡锦涛提出，通过创新型国家建设，到 2020 年，中国要取得一批在世界上具有重大影响的科学技术成果，进入创新型国家行列，为全面建成小康社会提供支撑。

（三）科学技术人才观

毛泽东始终重视知识分子问题，在领导中国革命和建设事业的长期实践中，他运用马克思主义的立场观点和方法，分析了中国知识分子的特点，认识到知识分子在革命和建设事业中的重要地位和作用，提出了一系列关于知识分子的正确的思想和理论。1956 年 2 月，毛泽东指出，知识分子的基本队伍已经是劳动人民的一部分。毛泽东始终重视科学技术人才的培养，把培养大批又红又专的科技人才看作是科技事业发展的关键，提出重视和爱护科技人员。这些思想和理论在民主革命时期和新中国建立初期，用来处理和解决中国的知识分子问题取得了很好的效果，激发了中国知识分子投身中国革命和建设事业的热情，发挥了知识分子的作用。毛泽东对待知识分子问题上的失误，发生在 1957 年反右运动以后，特别是十年“文化大革命”时期，毛泽东以政治标准来划分知识分子的阶级属性，使一大批科学技术工作者受到批判，由此造成科学技术人才资源的巨大浪费。尽管如此，我们还是要对毛泽东的科学技术人才思想进行科学的分析，而不能全盘加以否定。

改革开放以后，邓小平高度重视科学技术人才的培养和使用，提出发展科学技术必须依靠人才，要“尊重知识，尊重人才”。围绕“尊重知识，尊重人才”这个核心内容，邓小平就科学技术人才问题有着一系列的论述。第一，提出“尊重知识，尊重人才”的思想。邓小平认为人才问题关系到中国的现代化建设，全社会要形成“尊重知识，尊重人才”的良好氛围。邓小平还认为，“尊重知识，尊重人才”不能仅仅停留在思想层面上，应该化为全社会的实际行动，应该创造社会环境，采取具体措施，帮助科学技术人员解决一些具体问题，在工作和生活上关心科学技术人才，解除他们的后顾之忧，体现党对科学技术人才的关心和爱护。第二，确定知识分子的阶级属性和政治地位。邓小平改变了以往以脑力劳动和体力劳动的分工作为划分阶级属性的标准，极力扭转以往贬低科学压制知识分子的种种做法。1978年3月，邓小平指出，“总的说来，他们的绝大多数已经是工人阶级和劳动人民自己的知识分子，因此也可以说，已经是工人阶级自己的一部分。”这样，邓小平继承马克思主义关于知识分子阶级属性的思想，在分析中国知识分子现状的基础上，阐明了知识分子的阶级归属问题，确立了知识分子是社会主义建设主力军的政治地位。第三，提出科技人才的评价标准。邓小平提出又红又专、德才兼备是科技人才的评价标准。1978年3月在全国科学大会开幕式上的讲话中，邓小平专门讲到科学技术队伍建设问题，邓小平说：“我们向科学技术现代化进军，要有一支浩浩荡荡的工人阶级的又红又专的科学技术大军。”“红”主要指政治标准，最基本的要求是树立无产阶级世界观，热爱社会主义祖国，愿意为社会主义服务，为人民服务。“专”主要指在专业领域里有知识、有技术专长、有贡献，致力于社会主义的科学事业。

江泽民继承并发展了邓小平的科学技术人才思想，指出“科学技术人员是新的生产力的重要开拓者和科技知识的重要传播者，是社会主义现代化建设的骨干力量”。改革开放之初，邓小平确定知识分子的阶级属性“已经是工人阶级的一部分”，江泽民在新形势下，把科学技术人才定位为“先进生产力的开拓者”，这是江泽民对邓小平科学技术人才思想的新发展，是对科学技术人才属性认识的新跨越、新定位，也是新的历史条件下对知识分子地位和作用的充分肯定。江泽民十分重视人才在实施科教兴国战略中的地位和作用，指出实施科教兴国战略关键是人才。江泽民还高度重视科学技术人才在科学技术进步和创新中的重要作用，多次强调创新的关键在人才，指出“科技要发展，人才是关键”。江泽民科学技术人才思想的落实，极大地调动了广大科学技术人员的积极性和创造性。

21世纪，人才在经济社会发展中的作用愈发突出，被看成是第一资源，而且国际人才竞争日趋激烈，胡锦涛的科学技术人才思想，正是在这样的背景下产生的。胡锦涛对科学技术人才观的发展主要有以下两点：第一，第一次提出了人才强国战略。当代社会，人才是先进生产力的创造者、传播者、推动者，人才资源是经济社会发展的第一资源。知识经济时代，促进经济和社会发展的决定性资源已经发生了变化，人才资源取代自然资源和物质资源，成为促进生产力发展的首要资源。如此时代背景下，胡锦涛坚持毛泽东、邓小平、江泽民的人才思想，适应时代要求，适应全面建设小康社会的要求，做出了实施人才强国战略的重大决策。胡锦涛强调，人才工作要围绕兴邦强国这个重心来展开，要上升到国家战略的层面上来认识人才工作，确保人才工作的正确方向和旺盛活力。第二，重新界定人才的标准。胡锦涛突破原有的人才概念，创新人才标准，重新阐释了当代社会的人才标准，胡锦涛在2003年全国人才工作会议上指出，“只要具有一定知识和技能，能够进行创造性劳动，为推进社会主义物质文明、政治文明、精神文明建设，在建设中国特色社会主义伟大事业中做出积极贡献，都是党和国家的人才。”胡锦涛认为，在人才的标准上，应该兼顾能力和业绩，坚持德才兼备的原则，“把品德、知识、能力和业绩作为衡量人才的主要标准”。新的人才标准，体现了马克思主义人才理论与时俱进的属性，符合新时代的特征。

（四）科学技术和谐观

20世纪60年代之前，中国的环境问题并不突出，也没有引起人们的足够重视。

毛泽东在领导新中国进行社会主义建设的过程中，强调人们利用科学技术改造自然的同时，要尊重自然规律，指出“这是科学技术，是向地球开战……如果对自然界没有认识，或者认识不清楚，就会碰钉子，自然界就会处罚我们”。毛泽东在论及科学技术与生产力要素之一劳动对象的关系时，采取的是“并举”策略，一方面注重利用科学技术扩大劳动对象，另一方面强调充分利用、保护和改良现有的劳动对象。毛泽东指出，“天上的空气，地上的森林，地下的宝藏，都是建设社会主义所需要的重要因素。”毛泽东适应社会主义建设的需要，重视开发新的能源和工业原料，同时，毛泽东还十分重视保护和利用现有的劳动对象，他提倡科学种田，科学管理，合理利用中国的土地资源和水资源。

改革开放之后，邓小平在领导中国进行经济建设过程中，一贯重视环境保护、重视人与自然的和谐问题。1990年，邓小平在同中央几位负责同志谈话时，在讲了要抓农业和钢产量之后，邓小平说：“自然环境保护等，都很重要。”可见，邓小平已经认识到经济发展的同时，也要考虑环境问题，二者协调发展，才能既发展经济，又保护环境。邓小平还提出了一些环境保护的措施，其中很重要的一点就是依靠科学技术保护环境。科学技术的进步，能够提高自然资源利用率，开发新的资源，降低生产中对自然资源的消耗，降低单位产品的排污量。因此，邓小平强调，“……解决农村能源、保护生态环境等等，都要靠科学。”邓小平还提出，科学技术发展不仅是提高社会生产的重要手段，也是处理环境问题的有效方式。可见，邓小平依靠科学技术解决环境问题、促进人与自然和谐发展的思想是明确的。

20世纪90年代，全球性的环境问题愈加突出，江泽民论述了科学技术和谐观。这主要集中在：首先，科学技术发展必须坚持正确的伦理导向。科学技术是一把“双刃剑”，既能够造福于人类，也可能危害人类。随着科学技术的广泛应用，其负面效应逐渐显现，江泽民针对科学技术发展的社会后果问题进行了深入的思考，形成了他的科技伦理思想。江泽民指出，“核心的问题是，科学技术进步应服务于全人类，……不能危害人类自身。”江泽民提醒人们正确认识科学技术的社会作用，吸取历史教训，尽量避免科学技术用来伤害人类自身，人类应该从“善”的角度应用科学技术。其次，环境保护需要发挥科学技术的作用。江泽民说：“全球面临的资源、环境、生态、人口等重大问题的解决，离不开科学技术的进步。”江泽民强调，“要在调整人和自然关系的若干重大领域，特别是人口控制、环境保护、资源能源的保护和合理开发利用等方面取得扎实的成果。”可见，江泽民认为发展科学技术的过程中，要重视发展环境科学技术。

21世纪，在日益全球化，生态环境无国界的背景下，胡锦涛也阐述了科学技术和谐观思想。这主要集中在：首先，建设生态文明，促进人与自然的和谐相处。胡锦涛把人与自然的和谐问题上升到科学发展观的高度来认识，多次强调，要树立人与自然和谐相处的观念，人们要在尊重自然规律的前提下，实现对自然的合理利用。人类不但享有利用自然的权利，同时还有保护自然、建设自然的义务。为了人类的长远利益，我们要爱护和保护自然，向自然界索取的同时也要有保护性、建设性的投入，利用自然的同时建设自然，实现人与自然的协调发展。这表明胡锦涛在继承恩格斯“不要过分陶醉于我们对自然界的胜利”思想的基础上，对人与自然和谐关系的认识又赋予了时代新意。其次，依靠科学技术进步，建立资源节约型、环境友好型社会。建设资源节约型、环境友好型社会，需要相关的技术作支撑。胡锦涛指出，“突破能源资源对经济发展的瓶颈制约，改善生态环境，缓解经济社会发展与人口资源环境的矛盾，必须依靠科技进步和创新。”中国要依靠科学技术进步，解决经济发展中资源能源利用率低的问题，实现经济增长方式的转变，实现人与自然和谐发展，实现经济增长不以生态环境恶化为代价；中国要依靠科学技术进步，发展循环经济，降低污染物排放，推广清洁生产，实现经济社会可持续发展，实现科学技术和环境的和谐发展。

（五）科学技术创新观

科学技术创新是中国马克思主义科学技术观的重要内容。关于科学技术创新，毛泽东有一个基本观点，就是人类总是不断地有所发现、有所创新、有所前进，悲观主义是没有出路的。科学研究的本质就在于有所发现有所创新。毛泽东把科学实验当作是人类的一种基本实践，就是看重其创新的功能和带动其他的功能。他认为，学习国外的先进科学理论既是为了应用，也是为了创新。至于技术，则需要照办。毛泽东说，“在技术方面，我看大部分先要照办，因为那些我们现在还没有，学了比较有利”①，在仿造的基础上加以改进和创新。

邓小平科学技术思想的创新性十分明确，他一方面强调大胆地吸收引进，一方面强调自主创新。在谈到国际上高新技术快速发展而我国科学技术则明显

① 毛泽东文集（第7卷）. 北京：人民出版社，1999：42.

落后时，邓小平强调指出，“现在世界的发展，特别是高科技领域的发展一日千里，中国不能安于落后，必须一开始就参与这个领域的发展”[①]；“还有其他高科技领域，都不要失掉时机，都要开始接触，这个线不能断了，要不然我们很难赶上世界的发展”[②]。除了加大改革开放的力度，努力吸收先进科学技术以外，更重要的是加强科学技术的自主创新。

江泽民站在知识经济时代的高度，把创新提到了关系国家民族兴衰存亡的高度。[③] 21世纪，科学技术创新将成为经济和社会发展的主导力量，成为生产力发展的主要标志。江泽民认为，“我们进行科技创新，就是要使科学技术成为我国跨世纪发展的强大推动力量：面对世界正在发生的深刻的新科技革命，我们必须抓住那些对我国经济、科技、国防、社会发展具有战略性、基础性、关键性作用的重大科技课题，抓紧攻关，自主创新。坚持有所为有所不为的方针，瞄准世界科技发展的前沿，力争在有条件的领域实现突破，力争在基础科学上有所发现、在技术上有所发明，努力实现我国科学技术的跨越式发展。”[④] 世界各国综合国力的竞争归根到底就是科学技术创新的竞争。科学技术创新是民族振兴的重要条件和根本保证，只有不断提高自主创新能力，努力建设强大的民族高技术产业，才能减少对技术引进的依赖，提高参与国际市场竞争的能力。

胡锦涛在前人的基础上进一步丰富发展了科学技术创新观，提出了提高自主创新能力，建设创新型国家的新思想，并且准确地把握了知识经济时代对科学技术发展提出的新要求，即把自主创新、建设创新型国家提高到了前所未有的国家发展重大战略的高度，鲜明地体现了科学技术创新已经成为新的时代主题。胡锦涛指出，我们只有“把发展的基点放在自主创新上，才能真正掌握核心技术、抢占科技制高点、在世界高技术领域占有一席之地，才能牢牢把握发展的战略主动权、切实增强国家核心竞争力”[⑤]。胡锦涛的自主创新思想既与中国马克思主义科学技术创新思想一脉相承，又有所丰富发展；既准确地把握住了时代的新特点，又符合科学技术创新思想自身的发展规律，是中国马克思主义科学技术创新思想的最新成果。

三、中国马克思主义科学技术观的主要特征

中国马克思主义科学技术观具有时代性、实践性、创新性、科学性、自主性和人本性等六大主要特征。

---

① 邓小平文选（第3卷）. 北京：人民出版社，1993：279.
② 邓小平文选（第3卷）. 北京：人民出版社，1993：279.
③ 江泽民：论科学技术 . 北京：中央文献出版社，2001：99.
④ 江泽民文选（第3卷）. 北京：人民出版社，2006：65.
⑤ 十七大以来重要文献选编（上卷）. 北京：中央文献出版社，2009：84.

（一）时代性和实践性

中国马克思主义科学技术观具有时代性特征。20世纪中期，新中国成立后，面临着严峻的国际国内政治、经济形势，毛泽东重视科学技术的作用，深刻地认识到科学技术是社会进步的强大推动力量，充分认识到科学技术对于建设新中国的革命意义，毛泽东认为科学技术不仅是强大的精神武器，而且是强大的物质武器，具有认识、革命、生产力、国防等诸多功能。20世纪80年代，和平与发展成为时代主题，中国的科学技术发展面临国内改革开放、国外参与竞争的双重压力，正是在这样的时代背景下，邓小平提出“科学技术是第一生产力”的论断，发展了马克思主义科技观。20世纪末，知识经济初见端倪，科学技术成为世界各国综合国力竞争的焦点，为此，江泽民提出“科学技术是第一生产力，而且是先进生产力的集中体现和主要标志”的论断，进一步指明了科学技术对生产力发展的决定作用。21世纪，经济发展与科学技术竞争全球化，胡锦涛提出提升中国的自主创新能力、建设创新型国家、增强国家竞争力的思想。可见，从马克思、恩格斯到列宁、斯大林，再到毛泽东、邓小平、江泽民、胡锦涛，马克思主义科技观始终是时代的产物，具有时代性的特征。

同时，又具有实践性特征。毛泽东、邓小平、江泽民、胡锦涛的科学技术思想更具有强烈的实践性，他们的科学技术思想是伴随着中国社会主义建设实践而逐步形成的，在坚持马克思主义科技观的同时，毛泽东、邓小平、江泽民、胡锦涛等领导人结合中国的实际，发展了马克思主义科技观，在科技观理论创新、理论探索方面有所突破。同时，毛泽东、邓小平、江泽民、胡锦涛等领导人更加重视用马克思主义科技观的理论来指导中国社会主义现代化建设的实践。新中国成立以来，中国科学技术事业不断发展，科学技术在社会经济发展中的作用日益突出，中国的现代化建设取得了重要的成就，这充分说明了毛泽东、邓小平、江泽民、胡锦涛等领导人的科学技术思想是源自于中国社会主义建设实践，并且用于指导中国社会主义建设的实践。

（二）创新性和科学性

中国马克思主义科学技术观也具有创新性特征。中国马克思主义科技观在坚持、继承马克思主义科技观的基础上，一直随着时代变化和社会进步而不断创新。毛泽东认为，中国应当依靠科学技术推动现代化建设，为此，他倡导把发展科学技术事业摆到全党各项工作的突出位置上来，提出“向科学进军”“向自然界开战”，号召开展“技术革命”。毛泽东还认为，自然科学发展有其内在的规律，科学上不同学派之间的学术争论，应当通过讨论去解决，通过实践去解决，反对用行政力量强制抬高一个学派而压制另一个学派，为此，毛泽东正式提出“百家争鸣”的科学技术发展方针，促进了中国科学技术的发展。1988年，邓小平依据马克思主义关于科学技术是生产力的思想，结合科学技术在新的历史条件下的突出作用，创造性地提出“科学技术是第一生产力”的思想，赋予马克思主义原理与时俱进的新内容，继承的基础上发展了马克思主义，实现了马克思主义发展史上的又一次创新。江泽民继承并丰富了“科学技术是第一生产力”的思想，提出“科学技术是第一生产力，而且是先进生产力的集中体现和主要标志”的论断，指明了科学技术在先进生产力发展中的关键地位和作用。江泽民还多次强调科学技术创新问题，指出“一个没有创新能力的民族，难以屹立于世界先进民族之林”。21 世纪，胡锦涛提出提高自主创新能力，建设创新型国家的思想，强调自主创新能力是国家竞争力的核心。胡锦涛的科学技术思想还强调，科学技术要实现和环境的和谐发展，实现可持续发展，要大力发展节约资源和保护环境的科学技术，建立资源节约型、环境友好型社会。

同时，又具有科学性特征。进入 20 世纪，科学技术所呈现出的发展新特点、科学技术在社会中的作用，与马克思、恩格斯所处的时代已经不可同日而语。毛泽东面对的主要问题是如何利用科学技术巩固、建设社会主义，邓小平、江泽民、胡锦涛面对的主要问题是如何利用科学技术发展经济和社会，这些新问题、新情况，都是马克思、恩格斯那个时代所没有的。根据时代的特点，植根于实践的土壤之上，马克思主义科技观的继承者们不断总结人类实践活动、特别是科学技术实践活动的新特点，也不断丰富和发展着马克思主义科技观。新中国成立以来，在毛泽东、邓小平、江泽民、胡锦涛等领导人科学技术思想的指导下，中国科学技术事业和经济建设取得了辉煌的成就，这充分说明了中国马克思主义科技观是中国马克思主义的一部分，其科学性毋庸置疑。

（三）自主性和人本性

中国马克思主义科学技术观也具有自主性特征。中国马克思主义坚持理论自觉、理论自信，从中国具体的科学技术现实出发，针对中国科学技术发展问题，总结中国科学技术发展经验，并且同中国的历史传统和优秀文化相结合，不断赋予中国马克思主义科学技术观以鲜明的实践特色、民族特色和时代特色。因此，中国马克思主义科学技术观的自主性是马克思主义中国化的必然结果。

在科学技术发展过程中，中国马克思主义也一贯强调“独立自主，自力更生”，把坚持自主发展、自主创新作为国家科学技术发展的长远方针。毛泽东把这一方针贯穿到新中国科学技术的发展实践中，为通过自主发展取得科学技术进步确定了基本方向。邓小平在强调对外开放的同时，特别强调要坚持“独立自主，自力更生”的基本方针，提高我国科学技术水平，不能指望依赖外援，必须把希望放在自己身上，依靠自己的力量大力推动我国科学技术发展。江泽民也指出，关键是要在学习、消化和吸收国外先进技术的同时，加强自主创新。胡锦涛进一步强调，加快提高我国科学技术自主创新能力，并做出了中国科学技术自主创新的长远规划，把自主发展作为国家科学技术发展的长远方针。

同时，中国马克思主义科学技术观又具有人本性特征。这种人本性体现了马克思主义历史唯物主义的基本原理，科学技术发展必须服务于最广大人民群众的根本利益，这是中国共产党的根本宗旨和推动经济社会发展的根本目的。中国马克思主义科学技术观的人本性，坚持科学技术要从人民的根本利益出发谋发展、促发展，不断满足人民日益增长的物质文化需要；科学技术要切实保障人民依法享有各项权益，维护社会公平正义，满足人民的发展愿望和多样性需求；科学技术要关心人的价值、权益和自由，关注人民的生活质量、发展潜能和幸福指数，体现社会主义的人道主义和人文关怀。科学技术发展必须以人为本是立党为公、执政为民的本质要求，是中国马克思主义最鲜明的政治立场。

中国马克思主义科学技术观的人本性，强调科学技术要造福于民，服务于人的全面发展。毛泽东的科学为民所用的思想，如“向科学进军”的号召就反映了通过科学技术尽快发展生产力，提高人民群众的物质文化生活水平，通过科学精神帮助中国人民摆脱封建思想的束缚的殷切期望。邓小平也主张科技富国强民，造福人类，通过发展科学技术实现民族振兴。在新的历史条件下，江泽民指出，要使科学技术进步更加有效地服务于亿万人民群众；科学技术造福于民，普及科学知识，以科学技术知识武装社会。他主张建立和完善高尚的科学技术伦理，对科学技术的研究和利用实行符合各国人民共同利益的政策引导。科学发展观作为指导经济社会发展的重大战略思想，以人为本作为其核心就蕴涵着科学技术发展以人民的根本利益为出发点和落脚点的思想。胡锦涛指出，“我们必须坚持以人为本，大力发展与民生相关的科学技术，把科技进步和创新与提高人民生活水平和质量、提高人民科学文化素质和健康素质紧密结合起来，不断强化公共服务、改善民生环境、保障民生安全。”①

第二节　创新型国家建设

胡锦涛指出，“建设创新型国家，核心就是把增强自主创新能力作为发展科学技术的战略基点，走出中国特色自主创新道路，推动科学技术的跨越式发展。”②

一、创新型国家的内涵和特征

（一）创新型国家的基本内涵

创新型国家是指将科学技术创新作为国家发展基本战略，大幅度提高自主

---

① 胡锦涛．在中国科学院第十五次院士大会、中国工程院第十次院士大会上的讲话．北京：人民出版社，2010：7.

② 十六大以来重要文献选编（下卷）．北京：中央文献出版社，2008：187.

创新能力，主要依靠科学技术创新来驱动经济发展，以企业作为技术创新主体，通过制度、组织和文化创新，积极发挥国家创新体系的作用，形成强大国际竞争优势的国家。

中共中央提出，全面实施《国家中长期科学和技术发展规划纲要（2006—2020）》（以下简称《规划纲要》），经过15年努力，到2020年使我国进入创新型国家行列。胡锦涛指出，“科技进步和创新愈益成为增强国家综合实力的主要途径和方式，依靠科学技术实现资源的可持续利用、促进人与自然的和谐发展愈益成为各国共同面对的战略选择，科学技术作为核心竞争力愈益成为国家间竞争的焦点。我国已进入必须更多依靠科技进步和创新推动经济社会发展的历史阶段”①；“进一步深化科技改革，大力推进科技进步和创新，带动生产力质的飞跃，推动我国经济增长从资源依赖型转向创新驱动型，推动经济社会发展切实转入科学发展的轨道”②。

（二）创新型国家的重要特征

1. 科学技术进步贡献率较高

创新型国家的科学技术进步贡献率一般都在70%以上。20世纪80年代以来，美国、日本的科学技术进步贡献率高达80%，中国仅为40%左右。我国《规划纲要》提出，到2020年，力争科学技术进步贡献率达到60%以上，进入创新型国家行列。

2. R&D投入占GDP的比例较高

国际上公认的创新型国家R&D投入强度一般在2%以上。尽管美国R&D投入强度从未超过3%，但其GDP较高因而使美国的R&D经费50年来一直保持增长趋势；日本R&D投入强度近10年来一直保持在3%以上；芬兰2007年此指标为3.41%；多年来瑞典这一指标在3.6%～4.2%浮动；韩国R&D投入强度2000年为2.39%，2008年为3.36%，2011年已突破4%。我国R&D投入强度2010年为1.76%，2011年为1.83%，2012年为1.97%，2013年为2.08%，与上述创新型国家差距较大。《规划纲要》提出，到2020年，我国R&D投入强度提高到2.5%以上，进入创新型国家行列。

3. 对外技术依存度较低

国际上公认的创新型国家对外技术依存度一般在30%以下，美国和日本仅为5%，我国为54%左右。目前我国大中型企业中有71%没有技术开发机构，67%没有技术开发活动，特别是航空设备、精密仪器、医疗设备、工程机械等具有战略意义的高技术含量产品80%以上尚依赖进口。国内拥有自主知识产权

① 十六大以来重要文献选编（下卷）. 北京：中央文献出版社，2008：236.

② 胡锦涛. 坚持走中国特色自主创新道路，为建设创新型国家而努力奋斗. 北京：人民出版社，2006：6.

核心技术的企业仅为0.03%左右。《规划纲要》提出，到2020年对外技术依存度降低到30%以下，进入创新型国家行列。

4. 自主创新能力较强

目前，世界创新型国家所获得的三方专利（美国、欧洲和日本授权的专利）数占绝大多数。国外20个创新型国家的发明专利占全世界的99%，而且技术含量高，多在高科技领域。2010年中国发明专利申请超过39.1万件，虽然位居世界前列，但是与美国、日本等创新型同家相比，还有较大差距。《规划纲要》提出，到2020年本国人发明专利年度授权量和国际科学论文被引用数均进入世界前5位，进入创新型国家行列。

二、创新型国家建设的背景

（一）世界新科学技术革命使得传统经济发展模式发生重大变革

世纪之交，人类社会步入了一个科技创新不断涌现的重要时期，也步入了一个经济结构加快调整的重要时期。发轫于20世纪中叶的新科技革命及其带来的科学技术的重大发现发明和广泛应用，推动世界范围内生产力、生产方式、生活方式和经济社会发展观发生了前所未有的深刻变革，也引起全球生产要素流动和产业转移加快，经济格局、利益格局和安全格局发生了前所未有的重大变化。

进入21世纪，信息科技、生命科学和生物技术、能源科技、纳米科技、空间科技以及基础研究等领域的重大突破，使得传统的经济发展模式发生重大的变革，不断推动技术和经济发展呈现新的前景。

（二）科学技术竞争成为国际综合国力竞争的焦点

在世界新科学技术革命推动下，知识在经济社会发展中的作用日益突出，国民财富的增长和人类生活的改善越来越依赖于知识的积累和创新。美国、日本和欧洲等发达国家和地区纷纷把推动科学技术进步和创新作为国家战略，大幅度提高科学技术投入，加快科学技术事业发展，重视基础研究，重点发展战略高技术及其产业，加快科学技术成果向现实生产力转化，以利于为经济社会发展提供持久动力，在国际经济、科学技术竞争中争取主动权。

科学技术竞争成为国际综合国力竞争的焦点，创新型经济逐渐成为经济发展的主流形态，创新型国家成为科学技术强国的重要标志。当今时代，谁在知识和科技创新方面占据优势，谁就能够在发展上掌握主动。

（三）我国已具备建设创新型国家的科学技术基础和条件

大量国际经验表明，一个国家的现代化，关键是科学技术的现代化。中国共产党历来高度重视科学技术发展。新中国成立以来特别是改革开放以来，党和政府采取了一系列加快我国科技事业发展的重大战略举措，经过广大科技人员顽强拼搏，我们取得了一批以“两弹一星”、载人航天、杂交水稻、陆相成油理论和应用、高性能计算机、人工合成牛胰岛素、基因组研究等为标志的重大科技成就，拥有了一批在农业、工业领域具有重要作用的自主知识产权，促进了一批高新技术产业群的迅速崛起，造就了一批拥有自主知名品牌的优秀企业，全社会科技水平显著提高。目前我国科学技术人力资源总量已居世界第一，国际科学技术论文总量提升到世界第二，发明专利的授权量达到了世界第三，高新技术产业规模占国内生产总值的比例为8.8%。

这些科学技术进步成就，为推动经济社会发展和改善人民生活提供了有力的支撑，显著增强了我国的综合国力和国际竞争力，为建设创新型国家奠定了坚实的科学技术基础。

（四）我国科学技术发展同世界先进水平仍有较大差距

目前我国科学技术总体发展水平与世界先进国家相比仍有较大差距。主要表现为：关键技术自给率低，自主创新能力不强，特别是企业核心竞争力不强；农业和农村经济的科技水平还比较低，高新技术产业在整个经济中所占的比例还不高，产业技术的一些关键领域存在着较大的对外技术依赖，不少高技术含量和高附加值产品主要依赖进口；科学研究实力不强，优秀拔尖人才比较匮乏；科技投入不足，体制机制还存在不少弊端。

总之，我国当前的科学技术水平和科学技术事业的发展状况，与完成调整经济结构、转变经济增长方式的迫切需要，与实现全面建设小康社会、不断提高人民生活水平的迫切要求还不相适应，同世界先进水平仍有较大差距。

三、增强自主创新能力，建设中国特色的创新型国家

（一）自主创新的内涵及类型

自主创新是指通过拥有自主知识产权的独特的核心技术以及在此基础上实现新产品的价值的过程。自主创新的成果，一般体现为新的科学发现以及拥有自主知识产权的技术、产品、品牌等。自主创新以追求自主知识产权为目标，并根据创新源的不同，可分为原始创新、消化吸收再创新和集成创新。

1. 原始创新

技术创新源在创新主体系统（如研究机构、高校和企业）的内部，它是一种源于自主研发基础上的技术创新。它通常是指前所未有的重大科学发现、技术发明、原理性主导技术等创新成果，是科技创新能力的重要基础和科技竞争力的源泉。原始创新具有率先性，其他都只能是跟随者。

原始创新具有很大优势：

（1）有利于创新主体在一定时期内掌握和控制某项产品或工艺的核心技术，在一定程度上左右行业的发展，从而赢得竞争优势。

（2）在一些技术领域的原始创新往往能导致一系列的技术创新，带动一批

新产品的诞生，推动新兴产业的发展。

(3) 有利于创新主体先于竞争对手积累起生产技术和管理经验，获得产品成本和质量控制方面的经验。

(4) 原始创新产品初期处于完全独占性垄断地位，有利于创新主体较早建立原料供应网络和牢固的销售渠道，获得超额利润。

原始创新的应用具有较大难度：

(1) 需要巨额的投入。不仅要投巨资于研究与开发，还必须拥有实力雄厚的研发队伍，具备一流的研发水平。

(2) 高风险性。原始研发的成功率相当低，即使在美国，基础性研究的成功率也仅为5%，在应用研究中有50%能获得技术上的成功，30%能获得商业上的成功，只有12%能给企业带来利润。

(3) 周期长、市场开发难度大。

2. 引进消化吸收再创新

它也称二次创新，即在引进国内外先进技术的基础上，学习、分析、借鉴，进行再创新，形成具有自主知识产权的新技术。它的技术创新源在创新主体系统的外部，是一种源于引进技术基础上的自主创新。这种创新是在别的创新者率先创新的示范影响和利益诱导下，创新主体通过合法方式引进创新成果，并在此基础上进行的二次创新活动。一般来说，二次创新属于渐进的改进性创新。它是国际上技术相对落后的国家和地区实现跨越式发展的普遍做法，在国内各类企业中的应用已相当广泛。

二次创新不是指那种重复性的简单仿制，而是在原有范式内涵得以保存的前提下，在引进技术基础上的消化吸收、二次开发和再创新，如性能优化、产品换代和工艺创新等。二次创新可以省去创新的大量早期投入和风险投入，并着力于改进率先创新的薄弱环节，因而在资源分布上往往具有阶段聚积性。显然，这种方式具有技术上的跟随性、针对性、产品的差异化和市场适应性强等特点，以及研发周期短、开发成本低、风险小、资源聚积块、成功率高等优点。

但二次创新也具有明显的弱点，即在技术上具有跟随性、被动性，缺乏超前性。尤其是当新的原始创新高潮到来时，模仿创新往往处于从属地位的不利境地。同时，还可能受到率先创新者技术壁垒、市场壁垒的制约，有时还面临法律、制度方面的障碍等。

3. 集成创新

技术创新源来源于创新主体系统内外部创新要素的持续融合，它是一种源于系统创新要素集成基础上的自主创新。它通过对各种现有技术的有效集成，形成有市场竞争力的产品或者新兴产业。集成创新已成为国际上大型跨国公司制胜的法宝，目前在大中型企业中的应用日益突出。这种类型是创新主体利用各种信息技术、管理技术等，对各种创新要素进行选择、优化和整合，以最佳的结构结合成为一个有机整体，形成具有功能倍增和能适应更大目标的自主创新过程。大量的典型案例表明，集成创新具有系统的层面性、要素的协同性和持续的融合性等特征。

集成创新的显著优点是创新主体可以采用“拿来主义”，将世界上一流的技术与产品拿来为我所用；同时，又能够充分发挥自身的技术力量优势，通过对特定目标的各要素和各层面的系统集成，在较短时间内形成自己的产品，再配合自己的品牌战略，率先占领市场，从而取得经济竞争上的主动权。这同样是一种较大的创新过程，且成本低、周期短、风险小，具有重大的经济价值。

集成创新必然要求增强创新主体的集成能力。集成能力是一个创新主体能否有效整合内外部资源的综合能力，与单项能力如研发能力、制造能力、营销能力等相比，对它有着更高的要求和更大的实现难度，需要经历市场竞争的强烈磨炼才能够形成。

（二）建设创新型国家的目标和方针

1. 建设创新型国家的根本目标

即提高我国的自主创新能力，增强国家竞争力。提高自主创新能力是国家发展战略的核心，是提高综合国力的关键，是科学技术的战略基点，是调整产业结构、转变增长方式的中心环节。

提高自主创新能力必须走出一条有中国特色自主创新的道路，必须瞄准国际竞争力的提高，必须服务于经济社会的可持续发展，必须加快推进国家创新体系的建设。

建设创新型国家的核心，就是把增强自主创新能力作为发展科学技术的战略基点，走中国特色自主创新的道路，推动科学技术的跨越式发展；就是把增强自主创新能力作为调整产业结构、转变增长方式的中心环节，建设资源节约型、环境友好型社会，推动国民经济又好又快发展；就是把增强自主创新能力作为国家战略，贯穿到现代化建设各个方面，激发全民族创新精神，培养高水平创新人才，形成有利于自主创新的体制机制，大力推进理论创新、制度创新、科技创新，不断巩固和发展中国特色社会主义伟大事业。

2. 建设创新型国家的总体战略方针

即自主创新、重点跨越、支撑发展、引领未来。自主创新，就是从增强国家创新能力出发，加强原始创新、集成创新和引进消化吸收再创新。重点跨越，就是坚持有所为有所不为，选择具有一定基础和优势、关系国计民生和国家安全的关键领域，集中力量、重点突破，实现跨越式发展。支撑发展，就是从现实的紧迫需求出发，着力突破重大关键技术和共性技术，支撑经济社会持续协同发展。引领未来，就是着眼长远，超前部署前沿技术和基础研究，创造新的市场需求，培育新兴产业，引领未来经济社会发展。

（三）建设创新型国家的重点任务

中国特色的国家创新体系建设是一个逐渐明确和完善的过程。1996 年，国务院《关于“九五”期间深化科学技术体制改革的决定》确定了国家创新体系的基本框架。1999 年，《中共中央、国务院关于加强技术创新，发展高科技，实现产业化的决定》首次正式提出建立国家创新体系。2006 年，《国家中长期科学和技术发展规划纲要（2006—2020）》明确指出，国家创新体系是以政府为主导、充分发挥市场配置资源的基础性作用、各类科技创新主体紧密联系和有效互动的社会系统。

中国特色的国家创新体系由以下五个部分构成，并表明了我国建设创新型国家的重点任务。

（1）建设以企业为主体、产学研结合的技术创新体系。这是全面推进国家创新体系建设的突破口。只有以企业为主体，才能坚持技术创新的市场导向，有效整合产学研的力量，切实增强国家竞争力。只有产学研结合，才能更有效配置科技资源，激发科研机构的创新活力，并使企业获得持续创新的能力。必须在大幅度提高企业自身技术创新能力的同时，建立科研院所与高等院校积极围绕企业技术创新需求服务、产学研多种形式结合的新机制。

（2）建设科学研究与高等教育有机结合的知识创新体系。以建立开放、流动、竞争、协作的运行机制为中心，促进科研院所之间、科研院所与高等院校之间的结合和资源集成。加强社会公益科研体系建设。发展研究型大学。努力形成一批高水平的、资源共享的基础科学和前沿技术研究基地。

（3）建设军民结合、寓军于民的国防科技创新体系。从宏观管理、发展战略和计划、研究开发活动、科技产业化等多个方面，促进军民科技的紧密结合，加强军民两用技术的开发，形成全国优秀科技力量服务国防科技创新、国防科技成果迅速向民用转化的良好格局。

（4）建设各具特色和优势的区域创新体系。充分结合区域经济和社会发展的特色和优势，统筹规划区域创新体系和创新能力建设。深化地方科技体制改革。促进中央与地方科技力量的有机结合。发挥高等院校、科研院所和国家高新技术产业开发区在区域创新体系中的重要作用，增强科技创新对区域经济社会发展的支撑力度。加强中、西部区域科技发展能力建设。切实加强县（市）等基层科技体系建设。

（5）建设社会化、网络化的科技中介服务体系。针对科技中介服务行业规模小、功能单一、服务能力薄弱等突出问题，大力培育和发展各类科技中介服务机构。充分发挥高等院校、科研院所和各类社团在科技中介服务中的重要作用。引导科技中介服务机构向专业化、规模化和规范化方向发展。

（四）建设创新型国家的战略对策

1. 建设科学、合理的制度和政策体系

创新型国家的建设作为我国中长期经济社会发展的核心战略，已经贯穿到了政治、经济、科技、文化等各个领域，创新型国家建设必须有科学、合理的制度和政策体系作为保障。

建设创新型国家的制度体系包括知识产权制度、国家科技奖励制度和创新型人才培养制度。建设创新型国家的政策体系包括财政投入政策、税收激励政策、金融支持政策、政府采购政策、引进消化吸收再创新政策、人才培养政策、教育与科普政策、科技创新基地与平台政策、加强统筹协调政策、促进自主创新成果产业化的政策和开放式创新与产业研合作政策等。

2. 深化科学技术体制改革

深化科学技术体制改革的指导思想是以服务国家目标和调动广大科学技术人员的积极性和创造性为出发点，以促进全社会科学技术资源高效配置和综合集成为重点，以建立企业为主体、产学研相结合的技术创新体系为突破口，全面推进中国特色国家创新体系建设，大幅度提高国家自主创新能力。

深化科学技术体制改革的主要内容包括：支持鼓励企业成为技术创新主体；深化科研机构改革，建立“职责明确、评价科学、开放有序、管理规范”的现代科研院所制度；推进科学技术管理体制改革，即建立健全国家科学技术决策机制；建立健全国家科学技术宏观协调机制；改革科学技术评审与评估制度；改革科技成果评价和奖励制度。

3. 培养造就富有创新精神的人才队伍

党和国家领导人高度重视人才队伍建设。“科技竞争，说到底也是人才竞争。加快发展教育事业和科技事业，不断壮大人才队伍，是提高我国科技实力和国家竞争力的关键所在。”① “要始终树立人才资源是第一资源的观念，大力培养造就高素质的科技人才队伍。”② “着眼于我国科技事业的长远发展，以培养造就战略科技专家和选拔凝聚科技尖子人才为重点，努力造就一大批具有世界先进水平的科学家、工程技术专家和各类专门人才，使他们成为新世纪我国科技事业发展的中坚力量。”③

加快培养造就一批具有世界前沿水平的高级专家，充分发挥教育在创新人才培养中的重要作用，支持企业培养和吸引科技人才，加大吸引留学和海外高层次人才工作力度。同时，构建有利于创新人才成长的文化环境。倡导拼搏进取、自觉奉献的爱国精神，求真务实、勇于创新的科学精神，团结协作、淡泊

---

① 十六大以来重要文献选编（下卷）. 北京：中央文献出版社，2008：63.

② 十六大以来重要文献选编（下卷）. 北京：中央文献出版社，2008：63.

③ 十六大以来重要文献选编（下卷）. 北京：中央文献出版社，2008：63－64.

名利的团队精神。提倡理性怀疑和批判，尊重个性，宽容失败，倡导学术自由和民主，鼓励敢于探索、勇于冒尖，大胆提出新的理论和学说。激发创新思维，活跃学术气氛，努力形成宽松和谐、健康向上的创新文化氛围。加强科研职业道德建设，遏制科学技术研究中的浮躁风气和学术不良风气。

4. 发展创新文化，培育全社会的创新精神

培育创新文化必须坚持马克思主义理论的指导地位，要以传统文化的精华为基础，要充分吸收国外文化的有益成果，要与新形势下的实践相统一，要把握先进文化的前进方向，要大力推进文化创新，发展创新教育。创新文化是先进文化的重要组成部分。

一个国家的文化，同科技创新有着相互促进、相互激荡的密切关系。创新文化孕育创新事业，创新事业激励创新文化。中华文化历来包含鼓励创新的丰富内涵，强调推陈出新、革故鼎新，强调“天行健，君子以自强不息”。

（1）要大力发扬中华文化的优良传统，大力增强全民族的自强自尊精神，大力增强全社会的创造活力。

（2）要坚持解放思想、实事求是、与时俱进，通过理论创新不断推进制度创新、文化创新，为科技创新提供科学的理论指导、有力的制度保障和良好的文化氛围。

（3）要大力弘扬以爱国主义为核心的民族精神和以改革创新为核心的时代精神，增强民族自信心和自豪感，增强不懈奋斗、勇于攀登世界科技高峰的信心和勇气。

（4）要在全社会培育创新意识，倡导创新精神，完善创新机制，大力提倡敢为人先、敢冒风险的精神，大力倡导敢于创新、勇于竞争和宽容失败的精神，努力营造鼓励科技人员创新、支持科技人员实现创新的有利条件。

（5）要注重从青少年入手培养创新意识和实践能力，积极改革教育体制和改进教学方法，大力推进素质教育，鼓励青少年参加丰富多彩的科普活动和社会实践。

（6）要大力繁荣发展哲学社会科学，促进哲学社会科学与自然科学相互渗透，为建设创新型国家提供更好的理论指导。

（7）要在全社会广为传播科学知识、科学方法、科学思想、科学精神，使广大人民群众更好地接受科学技术的武装，进一步形成讲科学、爱科学、学科学、用科学的社会风尚。

第三节　信息化与工业化融合

我国推进信息化与工业化深度融合——以信息化带动工业化、工业化促进

信息化，是加快新型工业化进程、促进经济发展方式转变和工业转型升级的根本途径。

一、信息化与工业化融合的相关理论

（一）信息化与工业化的关系

1. 工业化和信息化的区别

工业化推动了人类从农业社会向工业社会的跨越。一般认为，工业化是指工业（尤其是制造业）在国民生产总值中比重不断上升的过程，以及工业就业人数在总就业人数中比重不断上升的过程；当上述两大指标超过50%时就意味着进入了工业社会。自18世纪70年代英国产业革命以来，主要经历了三次工业革命：以蒸汽机为代表的轻纺工业发展的第一次工业革命，以电动机为代表的重化工发展的第二次工业革命，以计算机为代表的新兴工业发展的第三次工业革命并以信息化为本质特征。工业化发展的历史进程，不仅反映了产业革命以来经济结构的主要变化，而且也是促进人类社会进步和繁荣的革命性力量。据研究表明，我国在总体上从2007年开始进入了工业化的中期阶段。①

信息化推动人类从工业社会向信息社会的转型。信息化是指利用现代信息技术对人类社会的信息和知识的生产进行全面变革的过程，并导致社会生产体系的组织结构和经济结构发生全面的变革，由此推动人类社会从工业社会向信息社会转型的发展进程；当一个国家或地区的经济活动有一半以上与信息活动有关、就业者的收入有一半以上来自与信息有关的职业时，就开始进入了信息社会。美国等工业发达国家先后从20世纪70年代实现了由工业经济向信息经济的跨越与转型。我国的信息化始于1986年，② 我国制定的《2006—2020国家信息化发展战略》中指出，信息化是在信息技术革命催动下，充分利用信息技术，开发利用信息资源，促进信息交流和知识共享，提高经济增长质量，推动经济社会发展转型的历史进程。

工业化的核心是发展大规模高效率的制造业，并通过工业制造技术和产品在农业和服务业等领域的应用，推动社会生产效率的提高，向社会提供丰富的物质产品。信息化的核心则是加快信息产业发展的基础上，不断提高国民经济各部门与社会各领域对信息技术和信息资源的应用程度，从而促进经济的快速、健康发展和社会的全面进步。

2. 信息化与工业化的联系

信息化与工业化又是相互依赖、相互作用和互相促进的。从产生、发展的

---

① 杨水旸，李俊奎，等著．中国县域信息化与工业化融合发展探索．北京：国防工业出版社，2014：7.

② 李俊奎，杨水旸，朱国芬．从中国制造到中国创造——中国信息化与工业化融合的理论与实践探索．杨凌：西北农林科技大学出版社，2014：54.

历史看，工业化是信息化的基础，没有工业化，信息化就成了无本之木；信息化是工业化的衍生物，但不是附属物，其发展会引导和带动工业化发展。从产业发展阶段看，工业化是工业社会的集中体现，同时又是信息化的依托，是信息化的发展环境和主要载体；而信息化是后工业社会的主要特征，是工业化的高级阶段，是工业化升级的主导方向和重要手段。从作用形式看，工业化是信息化的物质载体，直接影响社会发展和进步；而信息化是建立在工业化基础之上的，是工业化发展的向导和“催化器”，间接影响社会发展和进步。因此，促进信息化和工业化在工业生产和社会生活方式中的全面融合，以实现二者的相互促进、协调发展，进而带动社会的发展和进步。

（二）信息化与工业化融合的内涵和功能

1. 信息化与工业化融合的基本内涵

信息化与工业化融合（以下简称“两化”融合），是指以信息化带动工业化，以工业化促进信息化，实现二者的协调互动和融合发展。“两化”融合有狭义和广义之分。狭义的“两化”融合是指信息技术在工业尤其是制造业中的应用，即充分利用信息技术和信息资源，将信息化与工业化的生产方式结合起来，加快工业化的发展和升级，促进工业经济向信息经济转型的过程。广义的“两化”融合，是指信息技术在国民经济和社会发展的各个领域的渗透，包括以工业信息化为基础的农业信息化、服务业信息化和社会信息化，以及电子政务、电子公务、电子商务等信息化应用。狭义的“两化”融合是广义的前提和基础，广义的“两化”融合是狭义的目标和方向。“两化”融合具有全方位、多层次、跨领域、一体化等显著特征。

“两化”融合旨在改变信息化与工业化发展的分离状况，但不是工业化和信息化的简单组合，而是运用计算机、互联网等高科技手段，改善和提升传统工业在设计、生产、经营、管理等各环节的质量和效益，推动和催生新型工业化的可持续发展模式。“两化”融合的本质在于，在实现工业化的过程中，在国民经济各个部门和社会各个领域广泛应用信息设备、信息产品、信息技术，充分发挥信息化的作用，既要信息化带动工业化，又要工业化促进信息化，实现工业化和信息化的协调互动与融合发展，进而促使经济社会协调持续发展。

2. “两化”融合的基本功能

（1）以信息化改造、提升传统产业。一是对传统产业生产流程的改造和优化。企业通过应用信息技术向产品生产的作业流程各个阶段渗透、重组和创新，使生产方式由大批量、规格化的典型工业化生产，向市场需求型的高附加值的信息化生产转化和升级。二是对传统产业生产效率的提升和结构优化。信息技术的广泛应用，可以提高劳动者素质、促进管理创新，提高资源利用程度和产品加工深度，节能降耗，提高产业的劳动生产率。同时，信息技术在各产业领域的应用，可以促使工业结构、产业结构进一步软化和优化。三是促进传统产业生产要素的转移。始于20世纪90年代的信息化浪潮，冲击着传统的粗放型增长模式，使信息技术和信息资源已成为推动经济发展的关键要素，在生产力中的地位和作用日益凸现，进而产生了知识密集型产业、技术集约型产业和信息密集型产业。信息技术和信息资源的倍增性和共享性，推动了主要生产要素的转移，为实现经济发展方式从粗放型向集约型转变开拓了道路。四是为传统产业注入了新的动力和活力，催生了一系列新兴产业。例如，商业企业、运输企业、仓储企业等传统流通部门，通过信息技术重组产生了现代物流业和电子商务业。传统产业与信息产业相互渗透，使诸如汽车电子、医疗电子、机床电子、娱乐玩具电子、轮船电子等新兴产业应运而生。

(2) 以信息化改变生产、生活方式。信息技术与传统技术相结合，使信息化从外生变量转化成内生变量，在国民经济各个领域产生普遍的关联和带动效应，使得传统农业、工业和服务业的生产方式与组织形态发生变革。扁平化和网络化的新型企业生产形式正在形成，不断创造出新的经济增长点，衍生出新的产业形态，有效提高了经济增长的质量和效益。传统工业化是一种以分工分业、规模经济、批量生产、实体关联等为特征的迂回生产方式，而信息化是一种以产业融合、网络经济、柔性生产、虚拟关联等为特征的直接生产方式。同时，也将引起人类生活方式的变革。现代信息技术在政治、经济、军事、科技、文化、社会等各个领域的普及和应用，日益提高人们的信息化素养，影响人们的世界观和价值观，改变人们的工作、学习和生活方式，提高人们的生活质量。信息化的发展可增强人类利用信息的各种能力，带动技术创新、制度创新和观念创新，并促进科学、教育、文化、艺术的普及和繁荣，从而加快人的全面发展进程。

（三）信息化与工业化融合的阶段性和层次性

1. “两化”融合的阶段性

根据“两化”融合的广度和深度，“两化”融合过程可区分为以下三个阶段：

(1) 初步融合阶段。在这一阶段，信息化技术开始嵌入到各产业领域，信息化与工业化发展战略、信息资源与工业资源、信息技术与工业技术及其部分业务局部融合，同时也凸现了信息技术在企业、行业、区域各个方面加快应用的趋势，应用效率和效果日趋提高。我国目前绝大多数企业、行业处在这个阶段。

(2) 基本融合阶段。即信息技术全方位的满足企业、行业的需要和可能，同时信息资源在认识、管理和操作上成为企业和产业发展的基础性战略资源。现在我国仅有一些大企业已经进入了这个阶段，但大部分企业和行业尚未进入此阶段。

（3）深度融合阶段。即生产、经营和IT资源一体化阶段，实现信息产业与工业产业的全方位、多层次、跨领域、一体化的深度融合。信息技术和信息资源成为工业装备、工业能力、工业素质、工业活动的内生要素，从生产、经营、管理和观念等全方位地与工业化融合为一体。这是我国两化融合的发展方向。

2. “两化”融合的层次性

（1）企业层面。该层面的“两化”融合包括：设计、生产、管理、营销、创新能力等要素。企业“两化”融合要求利用信息技术提高研发和设计能力，加快企业生产、经营、管理与服务的信息化进程，以及核心业务数字化、网络化、自动化、智能化水平。目前，由于集成电路的小型化、大容量化，计算机的大型化和小型化并存以及运行高速化趋势，光通信、卫星通信、移动通信技术日新月异的发展，工业企业使用计算机辅助设计（CAD）和各种可视化技术进行产品的研发和设计，利用各种嵌入式系统和软件提高产品的科技含量和附加值，利用产品数据管理系统（PDM）和制造执行系统（MES）提高企业的经营管理水平，已成为增强企业市场竞争力的重要选择。

（2）行业层面。该层面的“两化”融合包括产业群、供应链、生产服务标准、公共服务等要素。行业尤其是工业行业的“两化”融合，旨在推动和促进产业集聚，形成互联互通的信息流和服务平台，优化供应链和提升产业档次，催生新应用、新标准和新业态，促进新型生产性信息服务业的产生和发展。行业“两化”融合的重点在于打造和形成特色产业集群，使集群内部的产业之间、企业集团之间不仅形成新的竞争关系，也形成广泛的合作关系和互补关系；注重加快信息技术对轻工、纺织、冶金、建材等传统产业的改造，促进信息技术与电子制造、石油化工、装备制造等主导产业的融合，推动信息技术与新能源、新材料、新医药、环保等新兴产业的融合，促进产业结构、行业结构的升级换代，实现经济发展方式由粗放型向集约型转变。

（3）区域层面。该层面的“两化”融合包括生产方式、生活方式、组织结构、产业规则、观念等要素。推进区域层面的“两化”融合，将引起企业生产、管理、组织等全方位变革，其中不仅涉及大量技术性问题，更多涉及企业组织结构的变迁、产业规则的变动、观念更新等经济社会制度问题。它要求围绕经济和社会发展整体目标，制定区域“两化”融合的宏观战略和发展规划，理顺管理体制、完善运作机制，建立健全生产性信息服务业支撑体系和政策法规保障体系，为促进工业社会向信息社会的转型营造良好的发展环境。由此，实现信息技术与传统生产技术融合，促进和解放生产力，提升社会生产效率；促进信息技术与传统生活模式融合，产生新的生活模式，进而有效提升人们的生活品质；促进信息文明最大程度的传播和形成，改变旧的生产生活观念与思维模式；加快社会信息化进程，促使工业社会向信息社会过渡。

（四）信息化与工业化融合的机制和模式

1. “两化”融合的运作机制

（1）政府引导机制。即加强政府的宏观调控与引导职能，制定“两化”融合的战略规划和发展计划，明确发展目标和主要任务，保证融合的连续性和有序性；完善和实施产业技术政策，健全法律法规和知识产权保护体系，有重点、有计划地推动“两化”深度融合的需求发展；协调各方面力量，加大信息基础设施、信息服务咨询等资金投入和扶持力度；发挥重点信息化项目的龙头和引导作用，积极开展试点示范工作，推广先进经验和实践成果。优先发展信息产业，注重资源整合，引导企业形成网络化产业集群，推进信息化与工业化深度融合，营造有利于“两化”融合的支撑体系和发展环境。

（2）市场推动机制。即运用市场规律，发挥市场的供求、价格、竞争、风险等要素之间互相联系及作用机理，促进信息化与工业化的深度融合。健全市场运作机制，借助市场这只无形的手起主导作用，采用联合、合作、股份制以及兼并方式，跨地区、跨行业推进“两化”融合的建设与发展。同时，通过财税优惠政策和资金支持措施，放开、搞活、鼓励各方面的积极因素，加大信息化软件、硬件等方面的投入，促进工业领域的信息化改造和信息领域的产业化发展，加快“两化”深度融合的发展进程。

（3）企业主导机制。企业是“两化”融合的主体，在“两化”融合过程中居于主导地位。企业坚持以市场为导向，充分发挥市场主体的作用，在市场供求关系的自发调节下，通过社会化筹集资金，利用信息资源和开发信息技术，积极参与地区或国家信息基础设施建设，广泛应用信息技术于产品设计、生产流程、电子商务、销售网络、企业管理决策，并参与信息产品制造、软件与系统集成、信息开放系统、信息服务等，从而提高企业竞争力，促进信息化和工业化的融合与发展。同时，企业信息化也将带动全社会普遍实现信息化、智能化，并促进工业化的跨越式发展。

2. “两化”融合的发展模式

（1）企业－产业互动模式。以企业信息化与所属行业信息化之间的相互制约和相互促进为特征。在这种模式中，企业信息化水平的提高，为所在行业的企业信息化建设提供示范和经验，促进和带动同行业其他企业的信息化建设；但同时，企业的信息化建设也依赖于本行业的信息化条件，如信息基础设施和信息共享平台等，并为企业信息化发展提供支撑和保障。该模式主要适合于对信息化依赖程度较高的企业与行业。

（2）挑战－应对模式。以企业受到内、外部压力而自发开展信息化建设为重要特征。企业发展为突破面临的制约因素或竞争压力而自发开展信息化建设，尤其是当企业产能达到一定规模时，传统生产方式就会遇到瓶颈的制约，此时企业主动采用信息化手段来突破瓶颈约束，为企业产能的提高提供有力支持。该模式体现了企业开展信息化建设有着内在的需求和动力，是中国企业最为常见的信息化建设模式，并主要适合于成长型企业。

（3）雁行模式。以不同企业、行业、区域在信息化方面形成序列化的差距、表现出犹如大雁飞行形状为主要特征。这种模式可分为以下四种：企业内雁行模式是指在企业不同部门、不同分支机构之间形成序列化的信息化差距，信息化先进部门和机构带动信息化落后的部门和机构；行业内雁行模式是指在行业内部不同企业之间形成序列化的信息化差距，信息化先进企业带动信息化落后企业；行业间雁行模式是指在不同行业之间形成序列化的信息化差距，信息化水平高的行业带动信息化水平低的行业；区域间雁行模式是指在不同地区之间形成序列化的信息化差距，行业或企业信息化水平高的地区带动行业或企业信息化水平低的地区。该模式主要适合于存在龙头企业的行业。

（4）区域集群模式。以企业间相互学习、相互模仿为重要特征。由于一些地方政府主动为其辖区内企业创造信息化建设的各种有利条件，或者在某个自然形成的经济区域内企业之间相互影响，使企业信息化或行业信息化程度明显提高，并呈现出区域集群发展的优势，如北京、上海、深圳以及长三角地区、珠三角地区等。该模式主要适合于产业集聚地区。

（5）混合型模式。以政府推动、市场化运作为主要特征。我国的“两化”融合处在工业化尚未完成，信息化浪潮又席卷而来，信息化在工业化的进程中相伴而生的背景下，单纯采用政府主导型模式或企业主导型模式都会带来一定的偏颇。根据我国工业化、信息化的现状和各地区的实际情况，采用混合型模式较为合适。即政府加强对“两化”融合的宏观调控与指导，参与信息基础设施建设，监管信息市场，引导企业逐步推进“两化”融合；企业则在政府的指引下，优化配置资源，大力发展信息产业，积极应用信息技术和信息资源于企业生产、经营的各个环节，从而促进整个社会的“两化”融合进程。该模式主要适合于“两化”融合处在初期、中期的企业。

二、推进信息化与工业化融合的背景和意义

推进信息化与工业化深度融合是时代赋予我们的历史使命，是中国特色社会主义建设的重要组成部分，是加快我国社会主义现代化进程的战略举措。

（一）推进信息化与工业化融合的背景

1. 信息化是人类社会发展的重要阶段

人类社会发展可区分为三个不同的历史阶段，即农业化阶段、工业化阶段和信息化阶段。

工业化与信息化在人类社会发展的历史进程中，既是一脉相承的两个重要的发展阶段，又存在明显的差异性和阶段特征。工业化是信息化的基础，信息化是工业化高度发展的形态。对于已实现工业化的西方国家来说，信息化目标的设定为其产业经济注入了新的活力，并作为新兴行业产生和发展的动力不断推动产业升级与创新。而对于发展中国家，既要进一步建立或巩固工业化的经济体系，又面临着世界信息化发展的机遇和挑战。因此，工业化与信息化两阶段的互动融合，已成为发展中国家实施现代化赶超战略中最为显著的特点。

在工业化和信息化互动融合的进程中，工业化为信息化提供雄厚的物质基础和巨大市场需求，成为信息化的强大动力源；信息化为工业化打造强大的技术平台并促进其效率提升，不但改变着传统工业的发展模式，推动传统经济的转型，而且推动着现代高新技术产业的形成和发展。当前，传统工业化意义上的机械化、电气化和自动化，与信息化意义下的数字化、智能化和网络化正在多领域深度融合，不断催生新理念、新应用和新产业，使微机操控、智能管理、机器人应用成为现实，并在流程控制、物流配送、大规模定制等领域发展迅猛。二者的互动融合，推动了生产力质的飞跃发展，深刻影响世界经济发展模式；加快“两化”互动融合发展，已成为当今中国经济与社会发展的必然选择。

2. 信息化是世界经济和社会发展的时代潮流

推进“两化”融合是当前世界经济与社会发展的时代潮流。20 世纪中期以来，信息技术不断创新、高度渗透，信息网络广泛普及，对世界经济与社会发展的影响日益深刻。特别是 2008 年全球金融危机爆发以来，美国、英国、新西兰、日本、韩国、德国等纷纷制定新的信息化推进计划，力争在未来全球经济与区域发展的竞争中占据更加有利的地位。当前，不仅航天工程、海洋工程、生物工程、新能源、新材料等新兴产业基于对精确控制、实时反馈、海量计算等条件要求必须依托于信息技术，而且传统产业甚至“夕阳产业”也由于信息技术的应用而重新焕发出了勃勃生机，“两化”融合的应用已渗透于世界经济与社会发展的各个领域，并呈现出强劲的发展势头。

3. 信息化是新一轮科学技术革命的大势所趋

目前，世界科学技术正处在新一轮革命性变革的前夜。从经济社会发展的矛盾和需求看，世界几十亿人追求现代化生活方式与资源供给能力、环境承载能力不足的矛盾，呼唤科学技术的革命性突破；从科学技术发展的内在可能性看，科学技术革命是在以往长期量变积累的基础上的突变；近代以来技术革命周期缩短的趋势，也预示着新技术的变革；近 20 年来知识爆炸呈增长态势，一些科学理论体系所呈现的内在不协调性，正在酝酿着新的理论突破。尤其是在信息科学和技术领域，信息技术将有新的突破，产生新的网络理论、云计算、人机交互、数据挖掘、集计算存储通信于一体的新一代芯片；数字技术将继续向高性能、低成本和智能化方向发展；全球互联网将不断实现代际升级。新一轮科学革命必将导致新的技术革命和产业革命；新技术革命将以下一代移动通信技术、网络化、大数据、云计算、物联网等技术为主要标志和显著特征；以信息技术为主导的新一轮产业革命将广泛应用于产业经济与社会发展的各个领域。信息科学技术发展及其在工业产业领域的广泛应用，也是新一轮科技革命的内在要求和发展趋势。

（二）推进信息化与工业化融合的意义

1. 走新型工业化道路的内在要求

推进"两化"融合是我国走实现新型工业化的内在要求。传统工业化道路虽然使我国工业得到了快速发展，但却付出了超常的代价。在新的历史时期，传统工业化道路很难再培育出新的竞争优势。如果继续沿着这条路走下去，我国原有的竞争优势可能会逐步丧失，所以必须走一条新型工业化道路。一方面，我国目前仍是一个以传统产业为主的发展中国家，经济发展主要依靠资本投入和增加物质资料的消耗，这种发展模式将给能源、资源、环境都带来灾难性的后果，因此迫切需要以信息技术为主导，改造和提升传统技术产业。[①] 另一方面，随着我国信息化的不断发展，信息技术的应用和信息化建设已经有了比较坚实的基础，初步具备与工业化在更高层次、更深程度和更大范围上融合的条件。抓住信息技术革命兴起和信息化快速发展的机遇，大力推进"两化"融合是走科技含量高、经济效益好、资源消耗低、环境污染少、人力资源优势得到充分发挥的中国特色新型工业化道路的根本要求。

2. 转变经济发展方式的根本途径

推进"两化"融合也是加快转变经济发展方式的根本途径。要实现"两化"融合，其关键在于使信息化从外生变量转化为内生变量，从传统工业化的单轮驱动（工业化）向新型工业化的双轮驱动（工业化和信息化）转变。工业化是一种以分工分业、规模经济、批量生产、实体关联等为特征的迂回生产方式；信息化则是一种以产业融合、网络经济、柔性生产、虚拟关联等为特征的直接生产方式。信息技术与传统技术相结合，在国民经济各个领域能够产生更强的关联和带动效应，使得传统工业、农业和服务业的生产方式与组织形态发生变革，不断创造新的经济增长点，衍生新的产业形态，有效地提高经济增长的质量和效益。目前我国处在工业化进程的中后期发展阶段，以往经济增长主要依靠增加物质资源消耗，而信息化要求从根本上改变经济增长的逻辑，即主要依靠科技进步、劳动者素质提高、管理创新来实现转变；依靠信息技术降低能源消耗或寻找可再生的物质资源和能源，提高资源利用程度和产品加工深度，节

① 许瑞超，杨健燕，原新凤．以信息化建设促进我国传统产业的跨越式发展．经济师，2005（1）．

能降耗、提高效益，从而实现经济、社会、生态可持续发展。

3. 发展现代产业体系的主导力量

现代产业体系是以高科技含量、高附加值、低能耗、低污染、自主创新能力强的有机产业群为核心，以信息技术（包括计算机技术、网络技术、智能技术、自动控制技术、通信技术、传感技术等）为灵魂，以科研、人才、资本、市场等高效运转的产业辅助系统为支撑，以环境优美、基础设施完备、社会保障有力、市场秩序良好的产业发展环境为依托，并具有创新性、开放性、融合性、集聚性和可持续性特征的新型产业体系。我国虽然有不少产品产量居世界前列，但整体水平与发达国家相比还有较大差距，在全球产业链上处于中低端。在企业层面、产业或行业层面上推进"两化"融合，有利于从根本上突破发展空间狭窄、资源能源匮乏、环境污染严重、贸易摩擦加剧等日益突出的发展瓶颈，促进企业在研发与设计、制造与生产、销售与服务、管理与监控等各个环节应用信息技术，深化新技术、新工艺、新产品的研发与应用，带动各产业、行业的生产经营和管理模式创新，推动我国经济从加工制造环节为主转向研发、制造、销售、服务与管理各环节均衡发展，不断催生新兴产业门类和完善现代产业体系。

4. 和谐社会建设的重要纽带

大力推进"两化"融合，不仅能够极大提高生产效率，扩大市场范围，推动管理方式的变革，促进资源配置的全面优化和充分利用，而且能够迅速改变人们的生活方式，提高人们的生活水平和质量。在行政管理领域，通过推行电子政务建设，有助于促进政府职能转变和管理方式创新，提高各级行政机关的社会管理和公共服务水平。在社会公共领域，通过推进文化教育、医疗卫生、社会保障、环境保护、公共安全等方面的信息化建设，有利于加快改善民生进程，促进生态文明建设。在个人生活领域，通过信息技术、网络技术、传感技术等广泛应用，以及网络化、数字化、智能化产品的进一步普及，将为人们的日常生活带来更大便利，视野更加开阔，获取信息和知识更加快捷，社会活动领域更加广阔，人们的精神生活更加丰富多彩。从总体上看，在社会层面上以推进"两化"融合为重要纽带，有助于推动以"民主法治、公平正义、诚信友爱、充满活力、安定有序、人与自然和谐相处"为总体要求的和谐社会建设，并为之提供强大的先进技术装备的支撑。

三、加快新型工业化进程，推进信息化与工业化深度融合

2011 年 4 月，工业和信息化部、科学技术部、财政部等联发《关于加快推进信息化与工业化深度融合的若干意见》，提出了加快推进信息化与工业化深度融合的发展要求，对于加快我国新型工业化进程、促进经济发展方式转变和工

业转型升级具有重要的现实意义。

（一）推进信息化与工业化深度融合的总体要求

1. 指导思想

以马克思主义和中国特色社会主义理论为指导，以加快转变经济发展方式为主线，坚持信息化带动工业化，工业化促进信息化，重点围绕改造提升传统产业，着力推动制造业信息技术的集成应用，着力用信息技术促进生产性服务业发展，着力提高信息产业支撑融合发展的能力，加快走新型工业化道路步伐，促进工业结构整体优化升级。

2. 基本原则

推进“两化”深度融合应遵循以下几个的基本原则：

（1）创新发展，塑造转型升级新动力。把增强创新发展能力作为“两化”深度融合的战略基点和改造提升传统制造业的优先目标，以信息化促进研发设计创新、业务流程优化和商业模式创新，构建产业竞争新优势。

（2）绿色发展，构建两型产业体系。把节能减排作为“两化”融合的重要切入点，加快信息技术与环境友好技术、资源综合利用技术和能源资源节约技术的融合发展，促进形成低消耗、可循环、低排放、可持续的产业结构和生产方式。

（3）智能发展，建立现代生产体系。把智能发展作为“两化”融合长期努力的方向，推动云计算、物联网等新一代信息技术应用，促进工业产品、基础设施、关键装备、流程管理的智能化和制造资源与能力协同共享，推动产业链向高端跃升。

（4）协调发展，统筹推进深度融合。发挥企业主体作用，引导企业将信息化作为企业战略的重要组成部分，调动和发挥各方面积极性，形成推进合力。切实推动信息技术研发、产业发展和应用需求的良性互动，提升产业支撑和服务水平。注重以信息技术应用推动制造业与服务业的协调发展，促进向服务型制造转型。

3. 发展目标

为加快我国新型工业化进程、促进经济发展方式转变和工业转型升级，“两化”深度融合取得重大突破，信息技术在企业生产经营和管理的主要领域、主要环节得到充分有效应用，业务流程优化再造和产业链协同能力显著增强，重点骨干企业实现向综合集成应用的转变，研发设计创新能力、生产集约化和管理现代化水平大幅度提升；生产性服务业领域信息技术应用进一步深化，信息技术集成应用水平成为领军企业核心竞争优势；支撑“两化”深度融合的信息产业创新发展能力和服务水平明显提高，应用成本显著下降，信息化成为新型工业化的重要特征。

（二）推进信息化与工业化深度融合的主要任务

1. 以信息化创新研发设计手段，促进产业自主创新能力提升

提高计算机辅助设计应用水平，鼓励从计算机辅助设计、计算机辅助制造向计算机辅助工程、虚拟仿真、数字模型方向发展。推进机械、电子、航空航天等行业研发设计环节计算机辅助技术的集成应用，创新研发设计模式。加快船舶、汽车、飞机等行业研发设计与制造工艺系统的综合集成，完善产业链协同设计体系，加快普及产品全生命周期数字化设计模式。完善服装、家具、玩具等行业个性化设计体系，建立和普及用户广泛参与的协同设计模式。围绕推动能源工业、原材料工业、装备工业、消费品工业、电子信息产业、国防科技工业等行业产品的高端化，逐步深化产品开发和工艺流程的智能感知、知识挖掘、工艺分析、系统仿真、人工智能等技术的集成应用，建立持续改进、及时响应、全流程创新的产品研发体系。提升工业产品的智能化水平，推动信息技术在重点产品的渗透融合，推动产品数字化、智能化、网络化，提高产品信息技术含量和附加值，推动工业产品向价值链高端跨越。

2. 推动生产装备智能化和生产过程自动化，加快建立现代生产体系

以研制数字化、智能化、网络化特征的自动化控制系统和装备为重点，提高制造业重大技术装备自动化成套能力。加快机械、船舶、汽车、纺织、电子、能源、国防工业等行业生产设备的数字化、智能化、网络化改造，深化研发设计、工艺流程、生产装备、过程控制、物料管理等环节信息技术的集成应用，推动信息共享、系统整合和业务协同，提高精准制造、高端制造、敏捷制造能力。在钢铁、石化、有色、建材、纺织、造纸、医药等行业加快普及先进过程控制和制造执行系统，实现生产过程的实时监测、故障诊断、质量控制和调度优化，深化生产制造与运营管理、采购销售等核心业务系统的综合集成。推动食品、药品行业建立生产过程状态监视、质量控制、快速检测系统，逐步完善产品质量和安全的全生命周期管理体系。

3. 推进企业管理信息系统的综合集成，加快建立现代经营管理体系

继续推进以质量、计划、财务、设备、生产、营销、供应链、人力资源、安全等环节为重点的企业管理信息化，加强系统整合与业务协同。在重点行业骨干企业推进研产供销、经营管理与生产控制、业务与财务全流程的无缝衔接和综合集成，建设统一集成的管理信息平台，实现产品开发、生产制造、经营管理等过程的信息共享和业务协同。提高大型企业集团信息化管控水平，促进企业组织扁平化、决策科学化和运营一体化，增强企业资源共享和业务整合能力。适应产业竞争格局的新变化，以提升产业链协同能力为重点，推动产品全生命周期管理、客户关系管理、供应链管理系统的普及和深化，实现产业链上下游企业的信息共享和业务协作。以支撑企业国际化经营为重点，支持重点行

业骨干企业跨国运营平台建设，建立全球协同的研发设计、客户关系和供应链管理体系。

4. 以信息化推动绿色发展，提高资源利用和安全生产水平

加快钢铁、石化、有色、建材等行业主要耗能设备和工艺流程的智能化改造，加强对能源资源的实时监测、精确控制和集约利用。在重点行业和地区建立工业主要污染物排放自动连续监测和工业固体废弃物综合利用信息管理体系。引导工业企业建立能源管理中心，加快合同能源管理、节能设备租赁等节能新机制推广。建设一批区域能效中心，完善面向重点用能企业和地区能源消耗的实时监测和监督管理体系。建立危险化学品、民爆器材的生产、储运、经营、使用等环节的实时监控和全生命周期监管体系。围绕危险作业场所的安全风险评估、多层防护、人机隔离、远程遥控、监测报警、灾害预警、应急响应和处置等方面，深化信息技术的集成应用，建立安全生产新模式。

5. 完善中小企业信息化发展环境，帮助中小企业降本增效创新发展

完善面向中小企业的研发设计平台，提供工业设计、虚拟仿真、样品分析、检验检测等软件支持和在线服务。提高网络环境下的企业间协作配套能力和产业链专业化协作水平，鼓励中小企业参与以龙头企业为核心的产业链协作。加快研发、推广适合中小企业特点的企业管理系统。推动面向中小企业的信用管理、电子支付、物流配送、身份认证等关键环节的集成化电子商务服务。建立并完善一批面向产业集群的技术推广、管理咨询、融资担保、人才培训、市场拓展等信息化综合服务平台。鼓励开展适合中小企业特点的网络基础设施服务，积极发展设备租赁、数据托管、流程外包等服务。

6. 推动信息化与生产性服务业融合发展，加快生产性服务业的现代化

（1）提高工业设计水平。支持工业设计软件的研究开发和推广应用。建立实用、高效的工业设计基础数据库、资源信息库等公共服务平台，加强资源共享。鼓励企业建立工业设计中心，引导和支持专业化的工业设计产业园区发展。支持拥有自主知识产权的工业设计成果产业化，加快工业设计产业发展。

（2）推动电子商务发展。推动大型企业电子商务应用深入发展，在提高网络采购和销售水平、扩大网络营销覆盖率基础上，向网上交易、物流配送、信用支付集成方向升级。支持制造业企业以电子商务为手段提高供应链协同和商务协同水平，带动产业链上下游企业发展。积极推动行业第三方电子商务服务平台诚信发展，支持提高面向产业集群和专业市场的电子商务技术支撑和公共服务水平。深化移动电子商务在工业和生产性服务业领域的应用。

（3）推动现代物流业发展。鼓励制造企业与专业物流企业信息系统对接，推进制造业采购、生产、销售等环节物流业务的有序外包，提高物流业专业化、社会化水平。支持物流企业加快信息化建设，提高综合服务水平。推动行业性、

区域性和面向中小企业的物流信息化服务平台发展。加快电子标签、自动识别、自动分拣、可视服务等技术在大宗工业品物流、工业园区和物流企业中的推广应用，提高物品管理的精准化水平。

（4）促进新型业态发展。支持制造企业围绕推动产品的智能化、高端化和服务化，创新商业模式，积极发展在线检测、实时监控、远程诊断、在线维护、位置服务等新业态。围绕提高重点行业骨干企业总集成、总承包服务能力和水平，加强企业项目设计、工程实施、系统集成、设施维护和管理运维等业务的信息化建设。适应制造业营销体系变革的新趋势，以信息化创新融资租赁业务模式，提高融资租赁服务水平提升，加快建立高效、便捷、安全的融资租赁体系。

7. 提升信息产业支撑“两化”深度融合的能力，促进信息产业发展

（1）大力发展工业电子。围绕汽车、飞机、船舶、机械、家电、电力等行业产品的智能化升级，推进信息技术与传统工业技术间的协同创新，加快汽车电子、航空电子、船舶电子、机床电子、信息家电、电力电子、医疗电子、智能玩具等产品的开发和产业化，不断提升信息技术支撑产品智能化转型的能力和水平。

（2）积极培育工业软件。面向研发设计、生产过程、经营管理、市场流通等环节的数字化、智能化、网络化，加强需求牵引，整合产学研用资源，突破一批关键技术瓶颈，大力发展高档数控系统、制造执行系统、工业控制系统、大型管理软件等工业软件，逐步形成工业软件研发、生产和服务体系，提高国产工业软件、行业应用解决方案的市场竞争力。

（3）加快和规范信息服务业发展。加强行业信息化整体解决方案的推广应用。大力发展信息化咨询、规划、实施、维护和培训等增值服务，提高个性化服务水平。支持有条件的企业开展信息服务业务剥离重组，推动信息技术及相关服务的社会化、专业化、规模化和市场化。积极推动信息系统运行维护服务外包，支持信息化外包服务业发展。重点支持一批信息服务企业，鼓励管理咨询机构从事信息技术服务，规范信息服务业的招投标行为，加强信息安全管理。

（4）积极推动云计算和物联网应用。支持云计算等关键技术研发取得突破，积极发展面向服务、支持制造资源按需使用、制造能力动态协同的云制造服务平台。围绕基础设施、工业控制、现代物流等重大应用领域，开展物联网应用示范。加快网络设备、智能终端、RFID、传感器以及重要应用系统的研发和产业化。加快建立产业发展联盟，培育综合集成服务能力。

8. 提高行业管理现代化水平，加强标准化基础工作

加快推动工业、通信业和信息化运行监测系统建设，加强信息共享，推进业务协同。加强行业信息发布，围绕信息技术在重点行业关键环节的深化应用

和信息技术成果普及、产业化重大专项、应用示范项目、信息化重大工程等工作，开展相关应用标准的调查、复审、修订，组织开展示范、宣贯和推广工作。抓紧制定和完善云计算、工业电子、物联网应用、移动电子商务等领域相关标准。

（三）推进信息化与工业化深度融合的保障措施

1. 创新“两化”深度融合推进机制

建立和推广实施工业企业“两化”融合评估体系和行业评估规范，加快建立第三方开展企业“两化”融合评估的工作机制，引导企业开展自评估，充分运用评估结果加强对企业信息化的支持。完善中央企业首席信息官制度，健全企业信息化领导机构，建立职责清晰、协调有力、运转高效的企业信息化推进机制。鼓励各地国有企业监管机构建立信息化评级和考核体系，引导各地企业根据自身实际建立首席信息官制度。引导和支持民营企业建立首席信息官制度。研究建立和推广企业信息化规划、项目管理规范、项目后评估方法和考核机制。建立定期沟通、协调行动的部门间协同推进工作机制。探索建立政府、企业、高校、研究机构、用户间战略对话机制。

2. 加大财政资金和金融支持力度

发挥技术改造专项资金、电子发展基金、中小企业发展资金等现有各类财政资金的引导和带动作用，整合资源，加大对“两化”融合中共性技术开发、公共服务平台建设、试点示范项目的支持。积极探索更有效的财政支持方式，加大对企业经营管理创新的引导和扶植，支持企业管理信息化建设。有条件的地方可设立“两化”融合专项资金。鼓励银行创新中小企业贷款方式，支持面向中小企业的电子商务信用融资业务发展。鼓励地方政府建立信息技术应用项目融资担保机构，鼓励金融机构对中小企业信息技术应用项目给予支持。

3. 组织广泛开展典型示范工作

在国家新型工业化产业示范基地建设中，围绕改造提升传统产业、发展生产性服务业、促进信息服务产业发展，推进“两化”深度融合典型示范。组织开展以促进“两化”深度融合为主题的巡回推广活动，大力宣传各地区、各行业和典型企业的成功经验和有效做法。积极通过媒体、网上展示和博览会等形式扩大推广范围和深度。做好“两化”融合试验区经验总结和推广工作。鼓励和支持地方树立示范企业、建立“两化”融合试验区。

4. 加快发展和完善行业信息化服务体系

研究组织实施“两化”深度融合服务行动计划，积极培育和发展集信息化规划、咨询设计、项目实施、系统运维和专业培训为一体的信息服务业。建立健全“两化”融合服务产业中心和园区的服务功能。发展和完善一批面向工业行业的低成本、安全可靠的信息化服务平台。组织实施企业信息技术服务业务剥离重组示范工程，提升行业信息化解决方案提供能力和水平。持续推进“两化”融合带动国产软硬件发展试点示范工作。依托国家新型工业化产业示范基地，健全信息基础设施，提升产业聚集区和园区智能化发展水平。

5. 加强人才队伍建设和国际交流

组织开展“两化”深度融合工作培训，依托高校、科研院所和企业培训资源，建立和发展一批培训和实训基地。围绕“两化”深度融合对专业技术人才的需求，加快实施创新人才推进计划、企业经营管理人才素质提升工程、国家中小企业银河培训工程、装备制造和信息领域国家专业技术人才知识更新工程、信息领域高技能领军人才培养工程等，大力培养各领域的骨干专业技术人才。完善高校学科和专业设置，加强信息技术职业教育，培养各级各类信息化专业人才。科学修订信息领域国家职业技能鉴定标准，积极推进行业职业技能鉴定工作和高技能人才选拔工作。鼓励开展信息技术联合创新、应用示范、人才培训和评估认证等领域的国际交流与合作，支持国内相关组织和企业参与相关领域国际标准的制定或修订。

思　考　题

1. 怎样认识毛泽东、邓小平、江泽民、胡锦涛科学技术思想的与时俱进？
2. 如何理解胡锦涛“大力发展民生科技”的重要思想？
3. 为什么说中国马克思主义科学技术观是一个科学、完整的思想理论体系？
4. 如何理解中国马克思主义科学技术观的理论精髓？
5. 在我国创新型国家建设中如何做出自己应有的贡献？
6. 在我国推进信息化与工业化融合实践中如何做出自己应有的贡献？

参考文献

[1] 编写组. 自然辩证法概论（教学大纲）[M]. 北京：高等教育出版社，2012.
[2] 郭贵春. 自然辩证法概论 [M]. 北京：高等教育出版社，2013.
[3] 杨水旸. 自然辩证法概论 [M]. 北京：国防工业出版社，2009.
[4] 编写组. 自然辩证法讲义（初稿）[M]. 北京：人民教育出版社，1979.
[5] 国家教委组. 自然辩证法概论 [M]. 北京：高等教育出版社，1989.
[6] 黄顺基. 自然辩证法概论 [M]. 北京：高等教育出版社，2004.
[7] 编写组. 自然辩证法：在工程中的理论与应用 [M]. 北京：清华大学出版社，2007.
[8] 黄顺基. 自然辩证法教程 [M]. 北京：中国人民大学出版社，1985.
[9] 曾近义，等. 自然辩证法总论 [M]. 济南：山东人民出版社，1990.
[10] 许为民，等. 自然科技社会与辩证法 [M]. 杭州：浙江大学出版社，2002.
[11] 张怡. 自然辩证法概论 [M]. 上海：上海教育出版社，2000.
[12] 陈昌曙. 自然辩证法新编 [M]. 沈阳：东北大学出版社，2001.
[13] 刘大椿. 自然辩证法概论 [M]. 北京：中国人民大学出版社，2004.
[14] 谭斌昭. 自然辩证法概论 [M]. 广州：华南理工大学出版社，2000.
[15] 栾玉广. 自然辩证法原理 [M]. 合肥：中国科学技术大学出版社，2002.
[16] 官鸣. 自然辩证法概论 [M]. 厦门：厦门大学出版社，1998.
[17] 张功耀. 自然辩证法概论 [M]. 长沙：中南大学出版社，2003.
[18] 杨光华，等. 自然辩证法导论 [M]. 南昌：江西人民出版社，2002.
[19] 许为民，等. 自然辩证法新编 [M]. 杭州：浙江大学出版社，1999.
[20] 宋子良，等. 自然辩证法新编 [M]. 武汉：华中理工大学出版社，1997.
[21] 刘大椿. 科学技术导论 [M]. 北京：中国人民大学出版社，2000.
[22] 陈昌曙. 技术哲学引论 [M]. 北京：科学出版社，1999
[23] 盛维勇，等. 科学技术哲学教程. [M]. 北京：中国环境科学出版社，2000.
[24] 张功耀. 科学技术哲学教程 [M]. 长沙：中南大学出版社，2001.
[25] 薛晓东. 自然辩证法概论 [M]. 成都：电子科技大学出版社，2003.
[26] 丁长青. 科学技术哲学经典著作导读 [M]. 南京：河海大学出版社，2001.
[27] 孙小礼. 现代科学的哲学争论 [M]. 北京：北京大学出版社，2003.
[28] 王兵，等. 自然辩证法教程 [M]. 南京：东南大学出版社，1997.
[29] 张纯成，等. 自然辩证法原理 [M]. 郑州：河南人民出版社，1999.
[30] 杨玉辉. 现代自然辩证法原理. [M]. 北京：人民出版社，2003.

[31] 傅家骥. 技术创新学 [M]. 北京：清华大学出版社，1998.
[32] 董景荣. 技术创新过程管理 [M]. 重庆：重庆出版社，2000.
[33] 杨爱华，等. 科学技术运行论 [M]. 北京：北京航空航天大学出版社，1997.
[34] 蔡齐祥，邓树增. 高新技术产业管理 [M]. 广州：华南理工大学出版社，2000.
[35] 陈永忠. 高新技术商品化产业化国际化研究 [M]. 北京：人民出版社，1996.
[36] 宋健. 创造环境，加速发展 [J]. 中国科技产业，1996 (6)：5-7.
[37] 国家科委. 国家高新技术产业开发区管理暂行办法，1996. 2. 9.
[38] 钟坚. 世界硅谷模式的制度分析 [M]. 北京：中国社会科学出版社，2001.
[39] 钟书华. 科技园区管理 [M]. 北京：科学出版社，2004.
[40] 梁琦. 产业集聚论 [M]. 北京：商务印书馆，2004.
[41] 王大洲. 技术创新与制度结构 [M]. 沈阳：东北大学出版社，2001.
[42] 程工. 企业技术创新论 [M]. 上海：上海财经大学出版社，2005.
[43] 盛昭瀚，等. 科技创新孵育体系与江苏的实践 [J]. 科技和产业，2003 (3)：54-58.
[44] 柳卸林. 技术创新经济学 [M]. 北京：中国经济出版社，1992.
[45] 吴贵生. 技术创新管理 [M]. 北京：清华大学出版社，2000.
[46] 王大洲. 技术创新与制度结构 [M]. 沈阳：东北大学出版社，2001.
[47] 吴金明. 高科技经济 [M]. 长沙：国防科技大学出版社，2001.
[48] 徐鹏航. 技术创新与企业竞争力 [M]. 北京：中国标准出版社，1999.
[49] 朱勇. 新增长理论 [M]. 北京：商务印书馆，1999.
[50] 夏保华. 技术创新哲学研究 [M]. 北京：中国社会科学出版社，2004.
[51] 吴永忠. 技术创新的信息过程论 [M]. 沈阳：东北大学出版社，2002.
[52] 自然辩证法百科全书 [M]. 北京：中国大百科全书出版社，1995.
[53] [古希腊] 柏拉图. 理想国 [M]. 北京：商务印书馆，2002.
[54] [古希腊] 亚里士多德. 物理学 [M]. 北京：商务印书馆，1997.
[55] [英] 培根. 新工具 [M]. 北京：商务印书馆，1997.
[56] 中华人民共和国国务院. 国家中长期科学和技术发展规划纲要 (2006-2020). 2005. 12.
[57] 古凤英. 技术创新机制略述 [J]. 经济论坛，2003 (15)：37.
[58] 潘连生. 促进企业成为技术创新的主体 [J]. 化工经济技术信息，2005 (9)：1-4.
[59] 钱学森，于景元，戴汝为. 一个科学新领域——开放的复杂巨系统及其方法论 [J]. 自然杂志，1990 (1)：3-10.
[60] 陈昌曙. 试谈对“人工自然”的研究 [J]. 哲学研究，1985 (1)：41-47.
[61] 张明国. 试论人工自然的本质和创造及其规律 [J]. 北京化工大学学报 (社科版)，2010 (2)：1-6.
[62] 赵亚男，刘焱宇，张国伍. 开放的复杂巨系统方法论研究 [J]. 科技进步与对策，2001 (2)：21-27.
[63] 王丹力，戴汝为. 综合集成研讨厅体系中专家群体行为的规范 [J]. 管理科学学报，2001 (2)：1-6.
[64] 王丹力，戴汝为. 群体一致性及其在研讨厅中的应用 [J]. 系统工程与电子技术，2001 (7)：33-37.
[65] 于景元. 关于复杂系统研究的学科发展情况 [J]. 发展论坛，1999 (3)：61-62.
[66] 向阳，于长锐. 复杂决策问题求解的定性与定量综合集成方法 [J]. 管理科学学报，2001 (2)：25-31.

[67] 胡锦涛. 坚持走中国特色自主创新道路 为建设创新型国家而努力奋斗. 2006. 1. 9.
[68] 陈至立. 加强自主创新是我国科技工作的首要任务 [J]. 中国科技产业，2005（4）：4－6.
[69] 徐冠华. 把推动科技自主创新摆在全部科技工作的突出位置 [J]. 中国科技产业，2005（5）：6－8.
[70] [奥地利] 约瑟夫·熊彼特. 经济发展理论 [M]. 北京：商务印书馆. 1991.
[71] 傅家骥. 技术创新学 [M]. 北京：清华大学出版社，1999.
[72] 高志亮，等. 系统工程方法论 [M]. 西安：西北工业大学出版社，2004.
[73] 贝尔纳. 科学的社会功能 [M]. 北京：商务印书馆，1986.
[74] 黄志坚. 工程技术基本规律与方法 [M]. 北京：国防工业出版社，2004.
[75] 李青山. 创造与新产品开发教程 [M]. 北京：中国纺织出版社，1999.
[76] 张华夏. 现代科学与伦理世界 [M]. 长沙：湖南教育出版社. 1999.
[77] 李伯聪. 工程哲学引论 [M]. 郑州：大象出版社，2002.
[78] 徐崇温. 全球问题和"人类困境" [M]. 沈阳：辽宁人民出版社，1986.
[79] 郭贵春，魏屹东. 科学大战与后现代主义科学观 [M]. 北京：科学出版社，2006.
[80] 田鹏颖. 社会技术哲学 [M]. 北京：人民出版社，2005.
[81] 罗利元，高亮华，刘晓星. 富强的曙光——技术创新与经济增长 [M]. 太原：山西教育出版社，1999.
[82] 李正风，曾国屏. 中国创新系统研究技术、制度与知识 [M]，济南：山东教育出版社，1999.
[83] [美] 杰拉耳德·霍耳顿. 科学与反科学 [M]. 霍耳顿. 范岱年，等译. 南昌：江西教育出版社，1999.
[84] 于光远. 论科学与伪科学 [J]. 自然辩证法通讯，1990（6）：22－27.
[85] 高光华. 企业致胜的关键——创新战略及管理 [M]. 太原：山西教育出版社，2000.
[86] 杨水旸. 简明科学技术史 [M]. 北京：国防工业出版社，2008. 7.
[87] 杨水旸，李俊奎，等著. 中国县域信息化与工业化融合发展探索. 北京：国防工业出版社，2014.
[88] 李俊奎，杨水旸，朱国芬. 从中国制造到中国创造——中国信息化与工业化融合的理论与实践探索 [M]. 杨凌：西北农林科技大学出版社，2014.
[89] 杨水旸. 高科技及其产业化谋略 [M]. 北京：改革出版社，1995.
[90] 杨水旸. 科技园区与技术创新 [M]. 北京：现代教育出版社，2008.
[91] 杨水旸. 现代科技革命与马克思主义 [M]. 北京：知识产权出版社，2004.
[92] 杨水旸. 论综合集成方法，复杂性方法国际学术会议（长沙）. 会议论文，2005. 3.
[93] 杨水旸. 高技术跨国公司的形成、趋向及对策研究 [J]. 科学学与科学技术管理，1997（12）：28－30.
[94] 杨水旸. 我国高新区二次创业的发展战略 [J]. 科学学研究，1997（3）：45－51.
[95] 杨水旸. 中国共产党与中国科学技术事业的振兴 [J]. 中国科技论坛. 1991（4）：3－9.
[96] 石诚. 复制科学实验，实践"补充科学" [J]. 自然辩证法通讯，2014（1）：30－35.
[97] 石诚. 科学仪器能保证科学知识的客观性吗？[J]. 科学技术哲学研究，2011（4）：38－43.